こどものあそび環境

仙田 満

鹿島出版会

こどものあそび環境

——その構造と計画の研究——

チンパンジーの仔を普通の椅子が一つだけおいてある部屋に入れてみると、軽く、強く、叩いてみたり、かんでみたり、嗅いでみたり、乗ってみたり、まずその椅子を調べてみることからはじめる。しばらくすると、こういうどちらかというと手当りしだいの活動がもっと構造的なパターンに変わって行く。例えばチンパンジーは椅子を体操器具に見たてそれを飛び越えはじめる。チンパンジーは跳び箱を「発明」し新しい体操を「創造した」のである。チンパンジーは以前にものを飛び越えることは学んでいた。しかし、それはこういうふうにではなかった。過去の経験をこの新しい玩具の調査に結びつける事によってチンパンジーのリズミカルな跳び箱とびという新しい行為を創造する。あとになってもっと複雑な器具を与えられると、チンパンジーは新しい要素を取り入れて、こういう最初の経験の上につみ上げて行く。

発明能力の開発はあそびが特に目ざす目標でないかもしれない。しかしそれにもかかわらず、あそびの支配的な特徴であり、その最も貴重なボーナスである。

THE HUMAN ZOO
by DESMOND MORRIS

『人間動物園』デスモンド・モリス著　矢島剛一訳　新潮選書　p.232

はじめに

私がこどものあそび場のデザインを始めて一五年になる。建築家が遊具を設計することに、自分自身、かつて抵抗を感じていたものであるが、今では児童館、幼稚園、学校等の、いわゆる児童施設を設計すると同じように遊具やあそび場をデザインすることを重要と考えている。

私が、そもそもこどものあそび場にかかわりをもったのは、大学を出て初めて勤めた菊竹清訓先生の事務所で、国立中央こどもの国の林間学校の設計を担当してからである。その数年後、独立して開いた環境デザイン研究所での最初の仕事が、大阪の夕凪宝くじモデル児童遊園[※1]の設計であった。その仕事は自分としては決してうまくいったとは思えなかったが、それを契機に、その後も引き続いて、毎年数ヵ所の児童遊園の設計をしている。

しかし、こどもの問題に関心ある多くの人々から「あなたは、なぜ、遊具とあそび場の設計をするのですか」と問われることがしばしばある。そういう人達の多くは「こども達は、与えられた遊具ではあそばない。遊具などなくとも彼らは、自分であそびを作り出していくものだ。彼らに、作られたあそび場などいらない。彼らは、どんなところでもあそび場にしてしまうからだ」という意見を持っている。私は、こういう疑問や意見を浴びるたびに憂鬱な気分になる。私もその意見の正しさをある程度は認める。

しかし、そういう意見を述べる人々の多くは、自らのこども時代の思い出を通して現代のこどもをみているに過ぎず、本当の現代のこどもの環境を認識していない。この二〇年間に、こども達のあそび環境が大きく変化していることを多くの人々は気づいていない。「こどもはあそびの天才である。だからあそび場をつくる必要はない」という意見が、こどものあそび場の建設をためらわせてきた。その結果、都市は、町は、こどもをあそびから疎外してしまっている。

かつては、こどものあそび場はつくられなくてもいたる所にあった。今、多くの都市でこどものあそび場はつくられなければ全くなくなりつつあるのである。なぜ「こどものあそび場をつくる必要があるのか」という問いに対して、私は「本当にこどもはあそびの天才なのか。もし天才ならば昔も今も、こども達は同じようにあそんでいるはずである」と逆に問わねばならない。私のような建築家が言うまでもなく、こどもにとってのあそびの重要性は、多くの学者や関係者が述べている。しかし、この問いの明確な解答をさがしだすことができなかった。

私は、あそび場あるいはあそび空間という観点から、こどものあそびをとらえた研究の必要性を感じ、昭和四八年から「こどものあそび環境の調査研究」を設計活動の傍ら進めてきた。

私の研究は、この二〇年間にこどものあそび環境がどのように変化したかという調査から始まった。そして本書では、あそび場の原点、すなわち原風景を考え、こどものあそび環境の構造をさぐり、あそびとあそび場がどのように変化したかを調べ、現代のこどものあそび環境の再開発の方法を提出しようとした。

私は、建築、造園、都市計画の立場から調査研究したのであるが、こどものあそび環境の問題は、単にハードな空間的、装置的な問題だけでなく、教育、文化、情報、組織等、ソフトな問題との関連性をみなければならない。

私はできるだけ現状をトータルに把握し、こどもの視点から都市をながめることに努めた。そうすることによって、こども達の住みよい都市をつくるための方法論を構築できると考えた。

なお、本書のベースをなす私の調査は一〇年間にわたるため、データも古くなったものもある。各調査にはその調査年月を記しているが、古いものも修正や補正をあえてしていない。またサンプルの少ない調査もあるが、最終的には計画、デザイン、プログラムの作成の資料として許容範囲であると考えている。

私の調査研究は現在進行形であるが、本書は一つの区切りとして提出したものである。読者の想像力によって足らざるところを補っていただければ幸いである。

※1　児童遊園とは児童公園と機能はほぼ同じであるが厚生省の所轄、児童福祉法四〇条による児童厚生施設

装幀　松永　真

目次

序章　こどものあそび空間

私はこどもの頃、あそびの得意なこどもではなかった。引っ込み思案で、友達も少なかった。それでも二つ違いの活発な兄の後にくっついて、近くの山や川にあそびに行ったものである。小さな頃、よく母に、兄が自分を一緒にあそびに連れていってくれないと、泣いて訴えた。兄にとっては、のろまであそびの下手な弟は邪魔でしかたなかったに違いない。小学校の高学年になってからは、そういうことはなくなったが、それにしても、もし兄がいなかったら、私のあそびの経験は半分以下のものになってしまっていただろう。

こどものあそびの経験とは、兄弟の有無や、友達、あそび場、住んでいる地域、母親の教育、その他の諸々の条件によって一人一人異なるものである。しかもあそびは、大人のだれもが必ず体験するもので、だれもがこどものあそびとあそび場の専門家になれる資格を持っている。だから私は本書のはじめに、私はどのようにこどものあそびとあそび場をとらえようとしているのか、を明確にしておく必要があると考えた。

序―1　あそびを考える前提

〈「あそび場」「あそび空間」「あそび環境」〉

本書でいうこどもの「あそび環境」は、単に「あそび場」だけでなく、あそび時間、あそび集団、あそび方法という四つの要素を含めた総合的な環境をさしている。また、本書でいう「あそび場」とは、こどものあそびが行なわれている具体的な場をさしている。そして「あそび空間」とは、「あそび場」とあそび方法によって構成される空間である。「あそび場」と「あそび空間」の関係は、建築空間論でいう実体と空間の関係（すなわち図と地の関係）ではない。それは、具体と抽象の関係である。比喩的に言うならば、建築における図書室、宿泊室という言い方は「場」であり、目的空間、管理空間という言い方は「空間」である。そして図書館、ホテルという言い方は「環境」ということになる。これと対応させてあそび環境をいうならば、こども達があそんでいる校庭、神社、原っぱ、公園という具体的な場はそれぞれ異なる「あそび場」を示し、広がりがあって、こどもが走りまわってあそべるオープンスペースといった場合、一つの「あそび空間」としてとらえられ、そこでこども達が何時間、どういうようなあそび方やあそび集団であそぶかまで考慮に入れた場合、「あそび環境」としてとらえられる。

従来、あそび場の研究は数多く行なわれているが、本書は単にこどもの「あそび場」を直接的に論ずるのでなく、「あそび空間」という概念を導入することによって包括的にとらえることを意図している。具体的には、〈自然スペース、オープンスペース、道スペース、アナーキースペース、アジトスペース、遊具スペース〉という六つのあそび空間を設定し、それに基づく調査によって「あそび環境」を研究するという方法をとっている。

〈対　象〉

こどもは大きく乳児（〇歳から二歳）、幼児（三歳から六歳）、小学校低学年（七歳から九歳）、小学校高学年（一〇歳から一二歳）、中学生以上（一三歳から）と、五つの段階に分けて考えるのが一般的であるが、本書は主に小学校高学年の男女を対象として調査研究した（部分的に年少のこどものあそびについてもふれている）。

従って、あそび及びあそび場の年齢隔差については言及していない。

〈あそびとあそび場の範囲〉

本書でいう「あそび場」とは、原則的に戸外あそび場であって、家の中を含んでいない。従って、本書でいう「あそび」は、原則として室内ゲーム、すなわちトランプ、将棋、カルタ等を対象としていない。但し、第一章「あそびの原風景」、第三章「あそび環境の変化」の各章で、あそび場としての室内と建築周辺空間及びそのあそびについて、他のあそび場及びあそびとの関連性において言及している。

また本書でいう「あそび場」とは、原則的に日常的な「あそび場」であって、春休みに行く「商業遊園地」や夏休みに行く「田舎の家」「山」「海」というような、非日常的な「あそび場」

について対象としていない。従って、そこでのあそびも扱っていない。

日常的な「あそび場」とは、こどもが毎日でも利用できる「あそび場」であり、徒歩ないしは自転車でいける「あそび場」である。すなわち日常的な「あそび」とは、こどもが毎日でもできる「あそび」である。

序―2　仮説と方法

〈公園の今昔〉

かつて、昭和二〇年代においては、大都市でさえ自然に恵まれ、道や、路地、神社の境内は、こども達の解放地であった。[※1] 現代のこども達は、車にあそび場であった道を奪われ、川を汚され、あそびの宝庫であった森や田畑は、宅地に変えられてしまっている。[※2] 昔は、こども達のあそび場は、計画されることが少なかった。にもかかわらず、余りあるあそび場を、こども達は探し出すことができた。児童公園は、幼児ならいざしらず、小学校高学年のこども達は、見向きもしなかった。公園の利用状況を示す尺度として、公園利用率というのがある。公園の全利用児童数の八〇％が住む区域（八〇％誘致圏という）内での全児童数に対する一日利用児童数を公園利用率（正確には、八〇％誘致距離利用率）という。日本で初めて公園利用実態調査を行なった大屋霊城氏が、大正一四年、一五年に大阪清水谷公園と九条小公園を調査した時の利用率[※3]は、四・四％

と四・二％であった。私が、昭和四六年、横浜市の児童公園である三春台公園と勝田第二公園で調査した利用率は[※4]、それぞれ一三・九％と九・八％であり、大屋氏の調査に比べると約二～三倍の利用率であった。しかも横浜三春台公園と勝田第二公園の周辺の児童密度は、六〇人／ha、四三人／haであったのに対し、大阪清水谷公園と九条小公園のそれは、一一四人／haと一五六人／haであった。

昔は、人口密集地域でも、公園の利用率は高くなかった。他にあそぶところが豊富にあったからである。現在、横浜だけでなく大都市においては、公園利用率は、高い値を示しているが[※5]、これは、公園が昔に比べ魅力がましたからでなく、こども達が公園でしかあそべなくなっているからにすぎない。

私達は、こども達のために都市の中に、地域の中に、あそび場を計画し、つくり出していかねばならない。その量も質も確保して行く必要がある。しかし、それでは、こども達のあそび場として、どのような空間がどのくらい必要なのか、というのは従来まったくわからなかった。私は、それを知る手がかりとして、こどものあそび空間には六つの種類があるという仮説を立て、こどものあそび環境の構造を明らかにしようと試みた。

〈六つのあそび空間〉

昭和四三年から携わってきた児童遊園の設計、計画の実務と、児童遊園にあそぶこども達の観察調査を通して、こどものあそび環境には、「自然スペース」「オープンスペース」「アジトスペース」「アナーキースペース」という四つのあそび空間があるという仮説を昭和四五年に立てた[※6]。

その後、昭和四八年に四つのあそび空間の仮説を基にした第一回あそび環境調査[※7]を行ない、新たに「道スペース」の存在が明らかになり、さらに昭和四九年のあそび環境調査では、「遊具スペース」を付加した[※8]。

こどものあそび場を現象的[※9]にとらえてみれば、学校の校庭、公園、神社境内など、場所を羅列してゆくことができる。しかしそれは単に物理的な場所を指すだけで、こどもがそこで何をするのか、どういうふうにしてあそぶのかという、こどものあそび行為を明らかにしていない。ここでいう六つのあそび空間は、特定の物理的場所を指すのではなく、こどものあそびの行為のイメージをもった実体的空間[※10]である。たとえば、公園というのは、空間的な大きさの規定がないから、三〇〇㎡の児童公園も一〇〇haの一般公園も、従来の現象的なあそび場の分類であれば、公園という範疇でくくられてしまう。一〇haの公園を考えてみよう。この広さだと、その内に園路があり、芝生の広場があり、野球のできるグラウンドがあり、林があり、池があり、遊具がありというように、多様な空間を内包している。実体的なあそび空間の分類によれば、それらは、道スペース、オープンスペース、自然スペース、遊具スペースというように分けることができる。つまり、この公園は、四つのスペースによって構成されているということができる。また、神社の境内も同様に、自然スペース、オープンスペース、アジトスペース、道スペースに分けることができるかもしれない。こども達にとって、公園の林も、神社の境内の林も同じである。公園の芝生広場も、神社の庭も同じである。公園、神社の境内という具体的な場所の名称や機能は異なっていても、こども達にとって、公園や神社の境内が必要なのではなくて、その実体的空間であるオープンスペースが必要なのである。また、空地、原っぱ、校庭のグラウンドという名称は異なっていても、そこで行なわれるあそびは、ほとんど同じである。すなわち実体的空間としては同一である。従って、それらはオープンスペースという「あそび空間」にくくることができる。このように、あそび場をその現象的な名称（たとえば校庭、公園、神社の境内等）から解き放し、実体的な六つのあそびの空間によって、すなわち従来の現象的あそび場分類を、実体的あそび空間の分類によって置換して再構成しようというのが、本書の最初の構想である。次に、その各空間の内容について簡単に述べてみよう。

(1)　自然スペース

こども達の自然あそび[※11]の基本は採集のあそびである。人類が原始的生活以来、文明の流れの中で行なってきた活動を個体の発達の過程として順次反復する、とG・スタンレイ・ホール[※12]は言っているが、自然あそびは、かつての狩猟、農耕、漁業の形態と類似的に見ることができる。カブト虫、クワガタ、カミキリ虫、カエル、ドジョウ、フナ、オタマジャクシ、ザリガニ、ウナギ、カニ、オニヤンマ、ギンヤンマ、カマキリ、アケビ、クリ、カキ、ヤマイチゴ、シイタケ、タケノコ、ヤマバト、キジ等々、これらはすべてこども時代、採集の対象となる動植物である。この採集のあそびは、他のあそび空間では体験できない、この空間固有のあそびである。自然スペースでは、そこに自然の生命と変化があることが重要である[※13]。ザリガニを捕っても、カエルをつかまえても、こども達は、自然のあそびを通して生きものの誕生や死に遭遇し、生命というものを知ることさえできる。そういう意味で、自然スペースというのは、こどものあそび空間の中でも最も基本的で、かつ重要なものである。川、池、森、雑木林、田、畑、それに類するあそび空間を自然スペースと呼ぶ。

序―1図　自然スペース　虫たちがこどもの友達

序―2図　川はプールになりスリル満点

(2)　オープンスペース

オープンスペースとは、こども達が力一杯走りまわれる、広がりのあるスペースである。運動場といってもよい。こども達の、体一杯のエネルギーを受容できる、広がりのある場所が、こども達に必要である。そこでは、多くの場合、こども達の集団ゲームが行なわれる。野球、サッカー、ドッジボール、バレーボール、カンケリ、隠れんぼ等々、これらのゲームは動的で、時には暴力的である。広々とした芝生の広場、海辺の砂浜も、こども達を思わず走りまわらせる。大きなオープンスペースは、こども達のエネルギーを誘発する。[※14] このスペースにおけるあそびの代表的なものは、ボール遊びと追跡あそびである。[※15] 追跡あそびとは、高鬼、鬼ごっこ、カンケリのような、オニと称するこどもが、他のこどもを追跡するゲームであって、走りまわり、駆けまわる広がりを必要とする。グラウンド、広場、空地、野球場、原っぱ等、これに類するあそび空間をオープンスペースと呼ぶ。

(3)　道スペース

かつて、自動車が都市に少なかった時代、道は都市のこども達にとって最大のあそび場であった。樋口一葉の有名な小説『たけくらべ』の中には、下町のこども達の生き生きとした道あそびの状況が描かれている。[※16] かつての道スペースは、今のオープンスペースの役割までも兼ねていた。道あそび空間の重要な性格は、こども達の出会いの空間であり、いろいろなあそびの拠点を連繋するネットワークの空間であるということができる。[※17] そういう意味では三輪車、自転車あそび、ローラースケート、ワッパまわし等の乗り物あそびが現代の道あそびの主流といってよい。後述

序—3図　オープンスペース

序—4図　広がりはなにもないこととはちがう

するアジトスペースでは、大人達に隠れたあそびが行なわれる。道スペースでは、逆に、大人達に見ていてもらいたいと思うようなあそびの形態がある。ゴム跳び、石ケリ、ローセキ描き等は、こども達があそびのうまさを大人にみてもらったり、大人にみられることによって、安心して遊ぶということがある。[※18] 住宅密集地の小路や、いわゆる路地のような道路は、車の通行が少なく、安全で、大人の目があり、こども達がたくさんいて、あそび空間としての「道スペース」の代表的なものである。[※19]

序―5図　道スペース　細く狭いがこども達の空間だ

序―6図　道はこども達の出会いの場

(4)　アナーキースペース

アナーキースペースというのは、廃材置場や、工事現場のような混乱にみちたスペースである。焼跡の空間も、この範疇に入る。整理計画されたあそび場よりも、工事現場の乱雑さの中で、こ

序―7図　アナーキースペース　見捨てられたものも魅力だ

序―8図　混乱したものからつくり出す楽しさ

ども達は彼らの想像力を刺激される。[※20]

どろんこ保育で有名な静岡県野中保育園の園長、塩川豊子氏は、「きれいな絵が貼ってある以外は何もない保育室よりも、おもちゃや、遊具が散らばって、いたずら書きがしたい放題してある部屋の方が、こども達に生き生きとした遊びをおこさせる」といっている。野坂昭如氏は小説『水虫魂』の中で、主人公に、こども達のために焼跡ランドを構想させている。これは、まさにアナーキースペースに対する願望を、野坂氏が体験的にとらえているように思われる。

アナーキースペースでのあそびは、いわゆるチャンバラ、ウルトラマンごっこ、射ち合い、戦争ごっこ、コンバットごっこ等の追跡、格闘あそびが多い。アナーキースペースは、こども達にあそびの背景として、多くのイメージをふくらませることができる。

(5) アジトスペース

親や先生、大人に隠れてつくるこども達の秘密基地をアジトスペースと読んでいる。こども達には、押入れ、隅っこ、机の下のような小さな隠れた空間に対する指向がみられる。こども達は、このように親や大人達から知られない独立した空間を持つことによって、独立心や計画性などを養い、精神的にも成長していく。そして、作り、守る過程の中で、こども達の共同体[※21]としての意識を育み、友情や思いやりだけではなく、ある時は、裏切りや暴力をも体験する。アジトスペースは、このように集団あそびの閉鎖的な空間としてこども達に必要なあそびスペースである。

(6) 遊具スペース

遊具スペースとは、文字通り、遊具を媒介としたあそびのスペースである。児童公園の建設とともに、着実にふえてきている。昭和二五年には一四八〇ヵ所だった児童公園が、昭和四八年では、一万八〇五ヵ所となっている。※22

全国調査の過程で、どうしても他のスペースに入れられず、また量的にも無視できないスペー

序—9図　アジトスペース　土管は格好のすみか

序—10図　自然の洞穴はすばらしい魅力

序―11図　遊具スペース　一人であそぶ

序―12図　友達とあそぶ↓

スとして、六つのあそび空間の最後に登場してきたスペースである。かつてクスやケヤキの大木は、こども達のあそび場のシンボルであったが、今日、遊具がそれにとってかわっている。

遊具スペースは、あそびが集約的であること、利用者の数に柔軟に対応できること、あそび場

あそび空間	あそび場の状態	あそび場
自然スペース	木，水，土を素材として**生きもの**がいる状態	山，川，田畑，水路，森，雑木林等
オープンスペース	**広がり**がある状態	グラウンド，広場，空地，野球場，原っぱ等
道スペース	**人が通る道**がある状態	道路，路地等
アナーキースペース	**混乱し，未整理な**状態	焼跡，城跡，工事場，材料置場等
アジトスペース	**秘密**の隠れ家の状態	山小屋，洞窟，馬小屋等
遊具スペース	**遊具**がある状態	児童遊園，遊具公園等

序—13表　〈太字は特に強調したい**語句**〉

の象徴性をもっていること[※23]等から、今後ますます重要なスペースになる。

以上六つのあそび空間について述べたが、多少直観的な記述のため誤解を招いてはいけないので、ここであらためてことわっておかなければならないのは、「あそび空間」と「あそび」が必ずしも一義的に対応するものではないことである。たとえば、自然スペースでは動物捕獲あそび、オープンスペースでは集団あそび、というようには必ずしもならない。動物捕獲あそびなどは、遊具スペースでは絶対に行なわれないが、集団あそびは、オープンスペースでも、自然スペースでも、道スペース、遊具スペースでも行なわれる。「あそび」と「あそび空間」は、きわめて密接な関係をもっているが、一対一的な対応関係ではない。「あそび」によって「あそび空間」を分類しているのでない。「あそび空間」を分類しているのは、「あそび場の状態」である。ある「あそび場の状態」が、特定の「あそび」と直接的な関係がある場合は、十分可能性として存在する。自然スペースの生きものがいる状態と、生物採集、動物捕獲とは直接的な関係があるし、オープンスペースの広がりがある状態と、野球あそびは強い関係がある。

ここで「あそび空間」と「あそび場の状態」の関係を、わかりやすく表にしてみると序―13表のようになる。

※1　第一章あそびの原風景の項参照
※2　第三章あそび環境の変化の項参照
※3　大屋霊城「都市の児童遊場の研究」昭和八年園芸学会誌第四巻第一号
※4　「横浜市公園利用実態報告書」昭和四七年三月環境デザイン研究所作成
※5　第三章5節児童公園の利用の変化の項参照
※6　「都市住宅」昭和四五年七月号
※7　「住宅と社会」昭和四九年三月号
※8　この過程については第三章あそび環境の変化を参照
※9　「現象的」とは武谷三男氏の自然認識の三段階に記述され、集められる現象の状態を示している。『弁証法の諸問題』一二九頁参照
※10　「実体的」とは武谷三男氏の自然認識の三段階の現象の構造が知られ、現象の構造が整理され法則性を得られる実体の状態を示している。
※11　第一章あそびの原風景を参照
※12　G・スタンレイ・ホール Hall, G. S., its education, regimen, and hygiene. New York, Appleton.（1907）.
※13、14、15　第一章あそびの原風景を参照
※16　明治三〇年頃まで
※17　第三章あそび環境の変化を参照

※18、19、20、21　第一章あそびの原風景を参照
※22　佐藤昌著『日本公園緑地発達史』九三頁
※23　第二章3節遊具の構造を参照

第一章　あそびの原風景

私は神奈川県横浜市保土ヶ谷という旧東海道の宿場町に生まれた。南北を丘陵に囲まれ、家の後ろを国鉄の東海道線が走っていた。私は昭和二三年に小学校に入学した。戦後の混乱にみちた時代であった。しかし、こどもにとっては、川も、山も、原っぱも、焼け跡もあって本当にたのしい時代であったように思う。私のもっとも強烈な印象をもって思い出されるあそび場は、防空壕である。横浜の丘陵に地下軍縮工場をつくろうと、縦横に掘られた隧道である。そこには一mほど水がたまり、プールをもたない私達は、ふんどしをしてそこで泳いだ。ろうそくをつけて探検ごっこをした。まっくらな闇と、ざらざらとした砂岩の手触りと、水滴の音を、今でもはっきりと思い出すことができる。

私は建築家であるが、こどものころのあそびの思い出と現在の私の職業の関係を直接的につなぐことはできない。しかし、心の奥深く私の建築的空間の志向に大きくかかわっていることは間違いない。私の友人のグラフィックデザイナーは東北の生まれであるが、彼の思い出は、町のこども達が、自分達で大のぼりをつくり、町内ごとに競いあい、赤や青や緑の色をはなやかにつけて、町中やあるいは山に登って陣地とりをしたことであるという。彼はその美しさを生き生きと語ってくれた。また写真家の友人は東京の芝で生まれ、緑豊かな芝公園の小高い山の上でいつもあそび、特に大きなコンクリート管を根城《ねじろ》にしていた。そのコンクリート管から、東京湾を眺めると、まるで海に大砲をうちこむような気分になるのだといっていた。また別の彫刻家は、女の子といっしょに空地でつくった泥人形のことを話してくれた。建築家の洞窟、グラフィックデザイナーののぼりの色、写真家のコンクリート管の中からみた海、彫刻家の空地の泥人形は、あまりにもできすぎといえるかもしれない。しかし、私は、こども時代に豊かなあそびの思い出をもつことが、特に創造的な仕事をする人々にとって、とても大切なことであると思う。

1—1　イラストによるあそびの原風景

私はこの一〇年ほど日本大学芸術学部の非常勤講師をしている。美術学科の住空間デザインコースという、いわゆるインテリアデザイナーあるいは建築デザイナーを養成するコースの三年と四年を指導している。そして毎年共同設計による「遊具の製作」の課題を出している。この課題に入る前に、学生達に自分のこどものころのあそびマップをつくることを命じる。従ってこの一〇年間の学生によるこども時代のあそび環境のイラストレーションがあつめられたことになる。指導する学生数は一〇～二〇人と少ないので、数として十分なものではないが、芸術学部だけあって学生はほとんど絵がうまい。特に漫画的にまとめるのは抜群である。この三年ほど早稲田大学の建築科の四年生も指導しており、彼らにもこども時代のあそびマップを提出してもらっている。これらの学生の絵はなかなかおもしろいもので、学生の気質とあそびマップが合致するところは愉快である。総体的に早大の学生の絵はきまじめで、説明的である。日大芸術学部の学生達はあそびがあり、楽しい。一般に都会出身者よりも地方出身者の方がおもしろいという傾向がある。しかしこの一〇年ほどの変化をみてみると、一〇年前の学生の方がいろいろあそびに変化があり、種類があり、学生も非常におもしろがって絵を画いてくれた。最近の学生は、こどもの頃の事をいっしょうけんめい思い出しながら、あまりおもしろそうもないあそびを、あまり楽しそうでないタッチで画いている。特に東京近郊出身者はひどくなっている。こんなにあそび体験が貧弱になってしまって、デザイナーや建築家になれるのだろうかと心配になる。1―1図は昭和四九年度、1―2図は五二年度の学生のあそびマップで、イラストレーションとしても大変楽しい。1―1図は広島県世羅郡出身の学生のもので、川や山と自然にめぐまれた田園の町の様子が描かれている。1―2図の学生は大分県別府市出身で、地方都市の中でもまだまだあそび場の多い様子とワイルドなあそびを描いている。両方の絵に共通していることは川があることである。そこでトンボとり、ホタル、カエルとり等の自然採集のあそびが行なわれている。1―2図では校庭でのカンケリ、ドッジボール、ゴム跳び、ブランコ跳び、線路ぎわでコンバットごっこ、隠れ家造《が》り、路地でのビー玉、パッチン（メンコ）、神社での野球など、ほとんど昔のあそびとかわらない。ところがこのようなイラストは最近の学生の絵にはみられない。

1―3図は昭和五七年度の東京都中野区出身の学生の絵である。都心のこども達の人工的で、あそびの少ない環境が描かれている。1―4図は同じ昭和五七年度の早大の学生（したがってこどものころは四七年頃）のあそびマップである。盛岡市近郊の田園地帯のまだまだ自然豊かな環境で、自然採集あそび、アジトあそび、カンケリ、隠れんぼ等の集団あそびが書きこまれている。「他人から与えられないあそびを自然の中から自分でつくりだすことができるのは、成長過程にあるこどもにとっていかに重要なことかを知ることができたような気がする」と学生は書いている。時代よりも地域の環境がこどものあそびに影響を与えているのがよくわかる。一枚一枚の絵はそれぞれおもしろく、そのこども時代とその環境をわかりやすく説明してくれているが、それ

1—1図　広島県出身の日大生（昭和49年在学）のプレイマップ

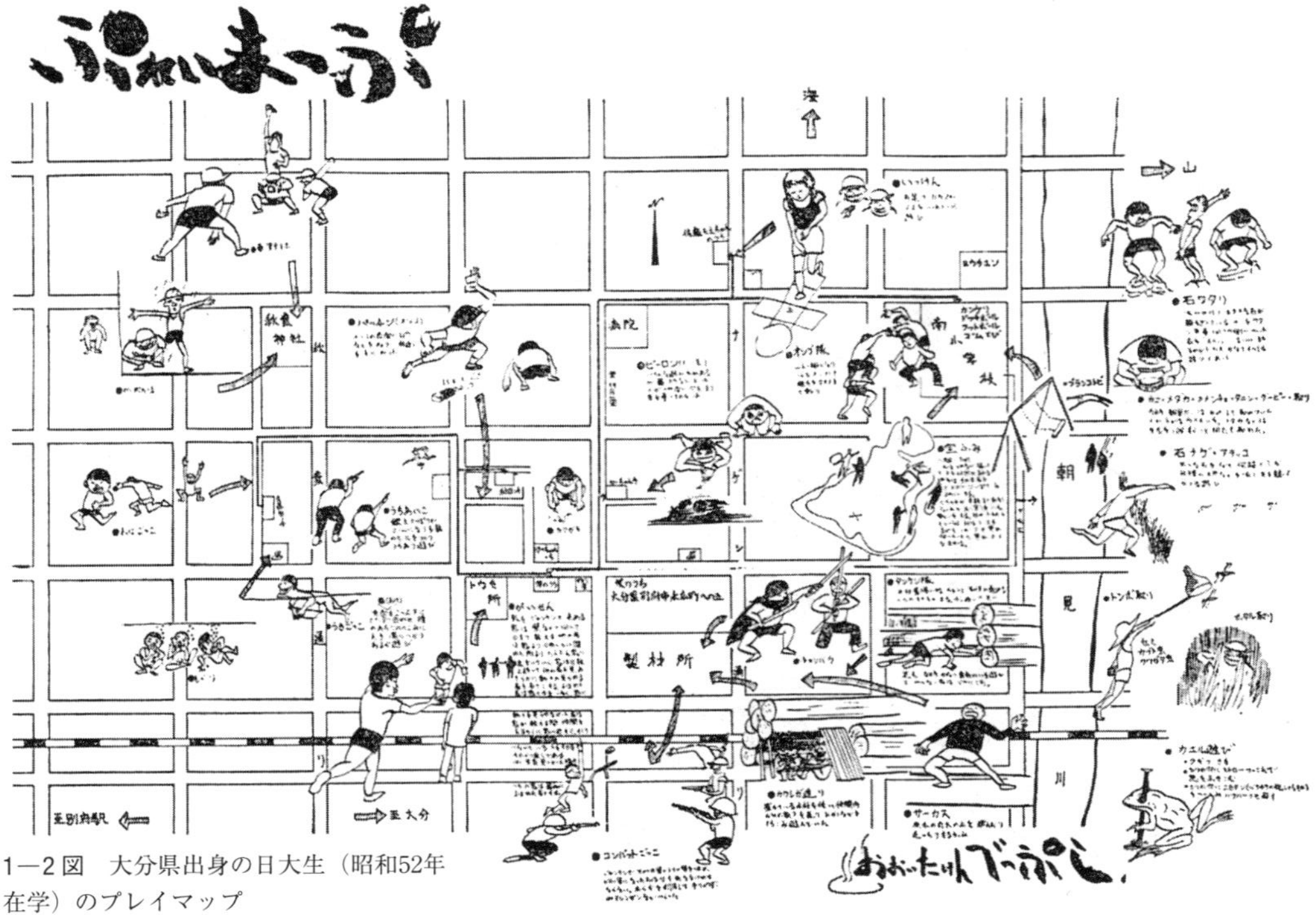

1—2図　大分県出身の日大生（昭和52年在学）のプレイマップ

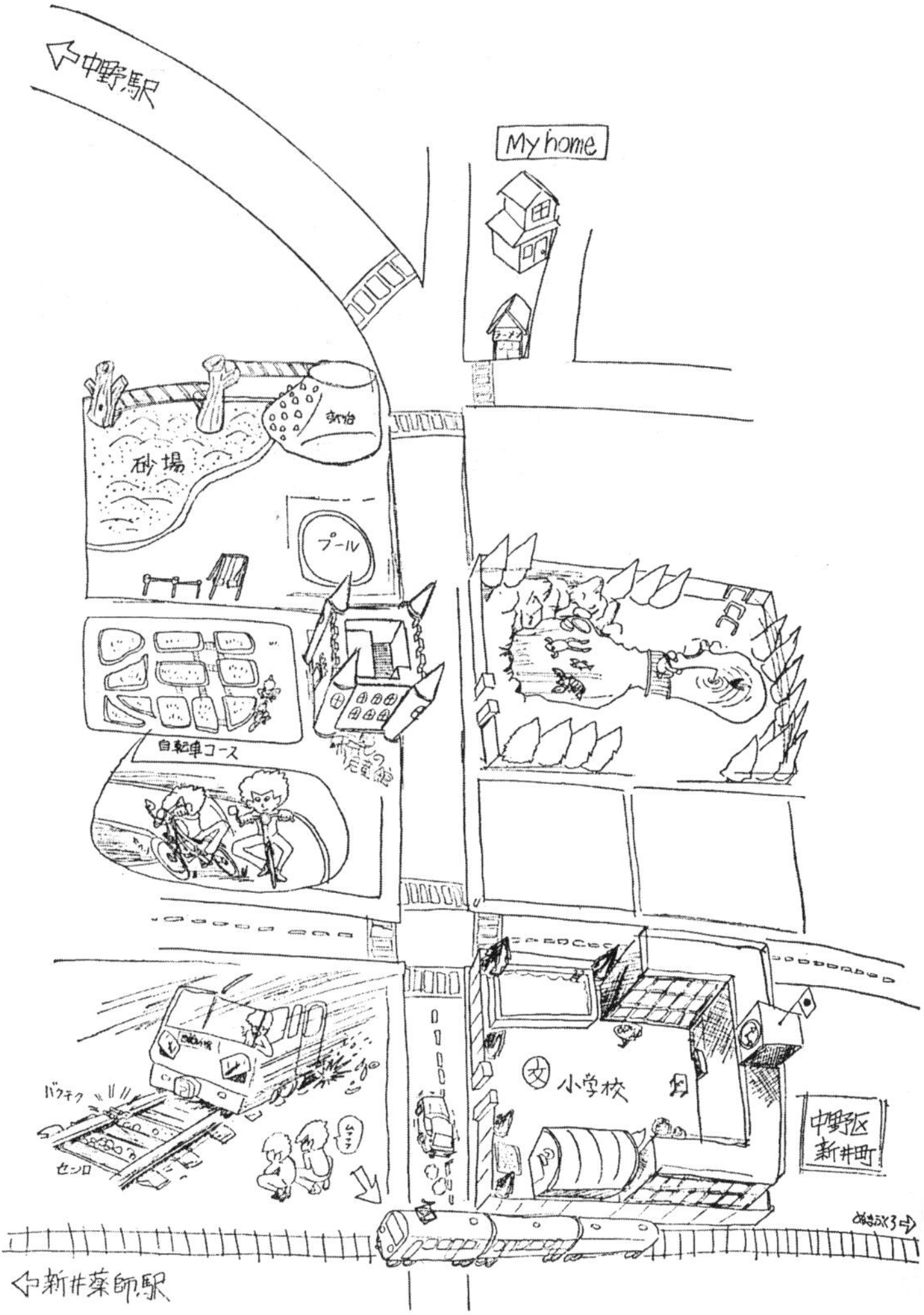

1—3図　東京都出身の日大生（昭和57年在学）のプレイマップ

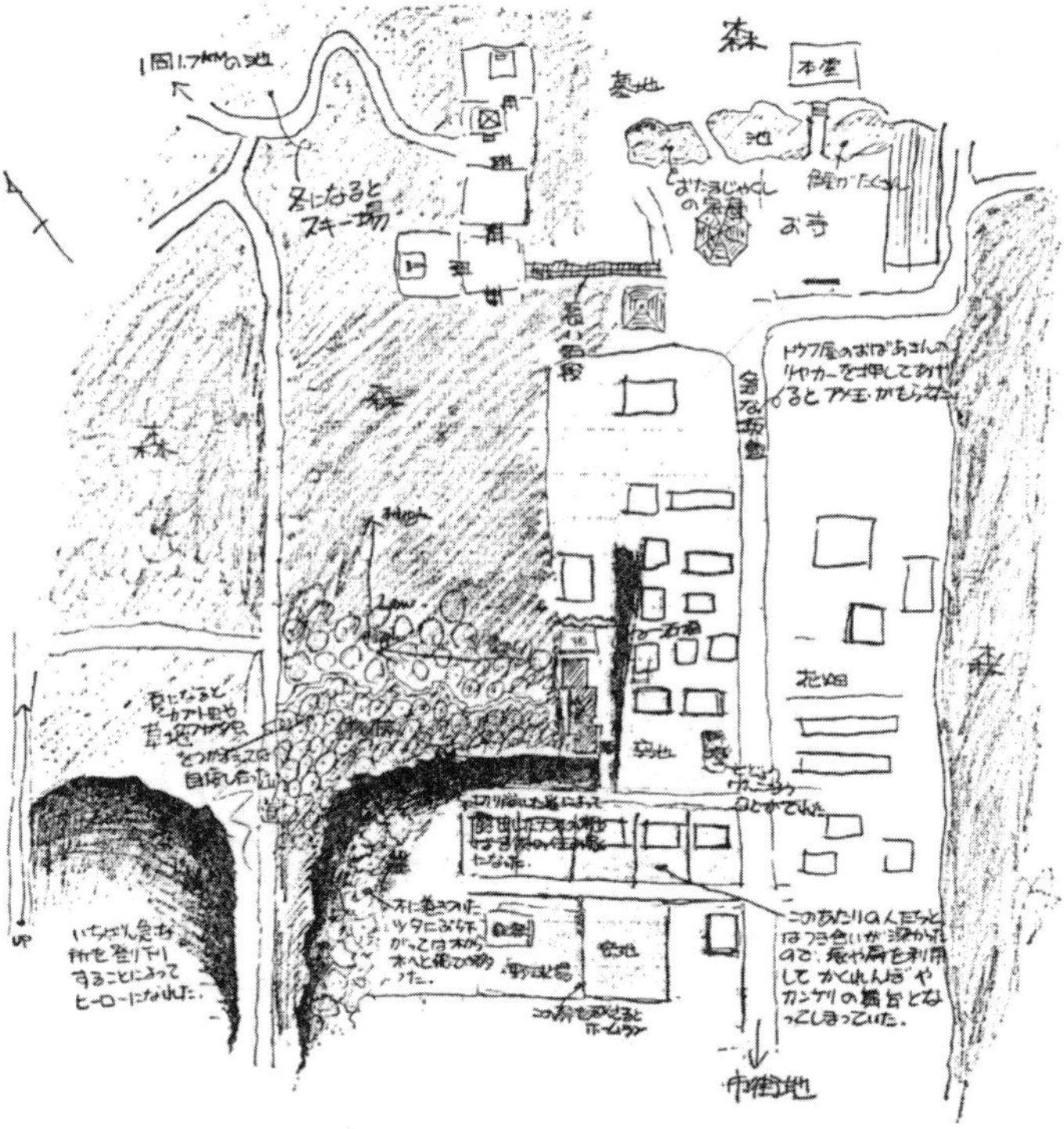

1―4図　盛岡市出身の早大生（昭和57年在学）のプレイマップ

をすべてとりあげるわけにもいかない。また年代別の比較をするにはサンプル数が少ない。

そこでここでは、一〇年間の学生のあそびとあそび環境を、あそび空間の分類（遊具スペースを除いた五つの空間）で整理してみた（1―5〜8図）。その量は絵に出たものをそのまままとめたものであるが、アナーキー、アジト、オープン、道、自然の各スペースのあらわれ方は、大ざっぱにいってアナーキーを一とするとアジトが一、オープンが二、道が二、自然が三というところであろうか。次

1—5図

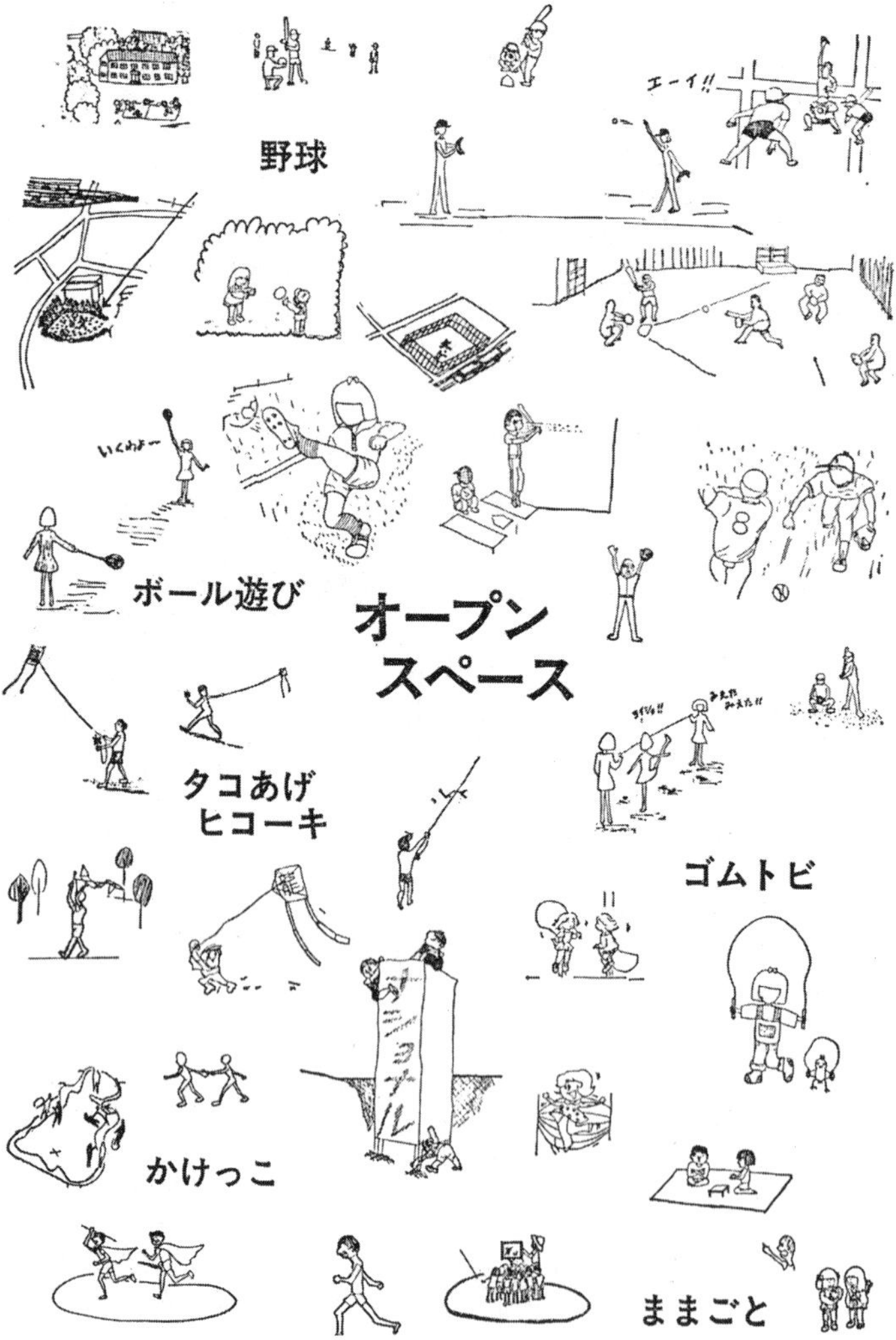
野球
エーイ!!
いくわよー
ボール遊び
オープン
スペース
タコあげ
ヒコーキ
ゴムトビ
かけっこ
ままごと

1—6図

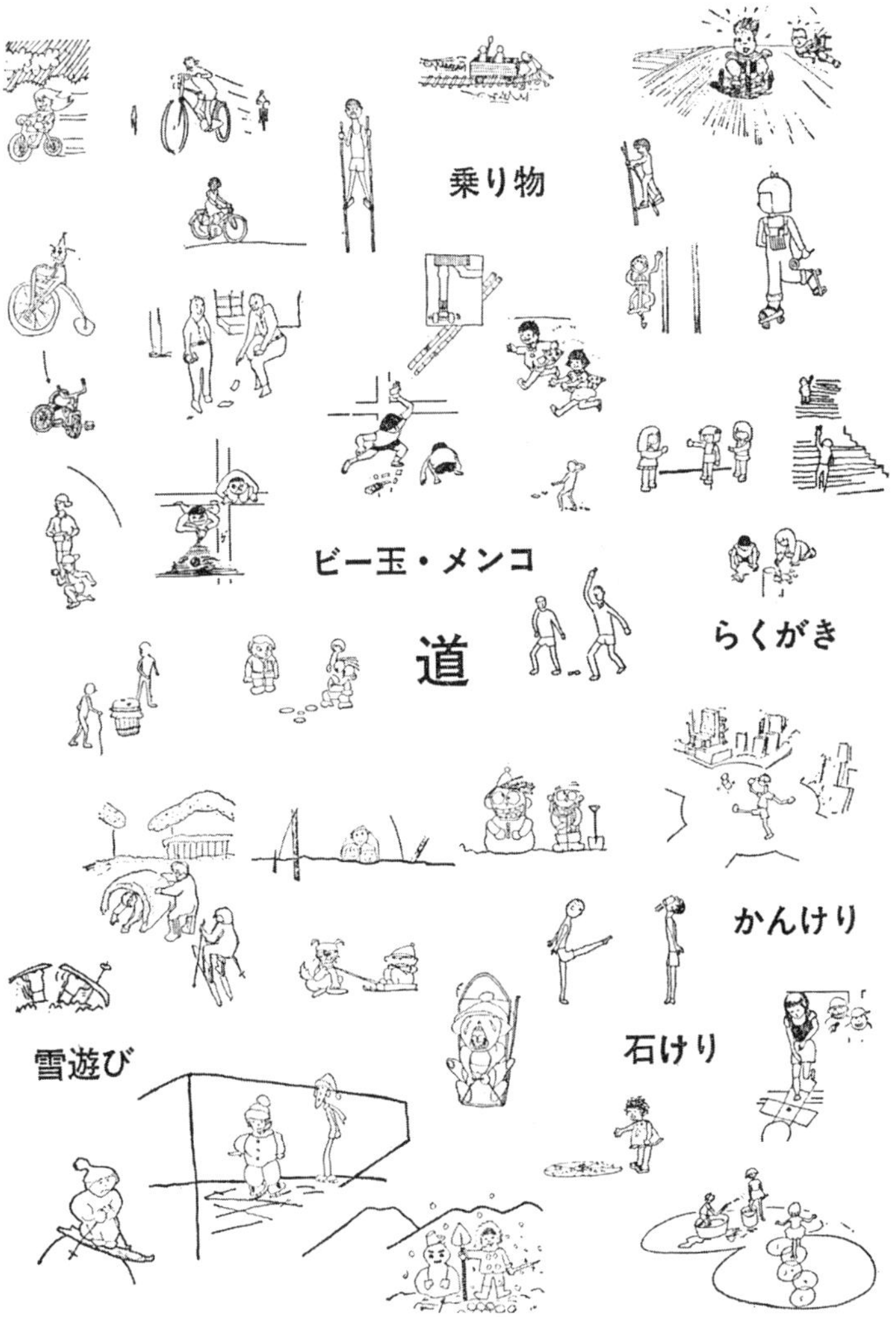
乗り物
ビー玉・メンコ
道
らくがき
かんけり
石けり
雪遊び

1—7 図

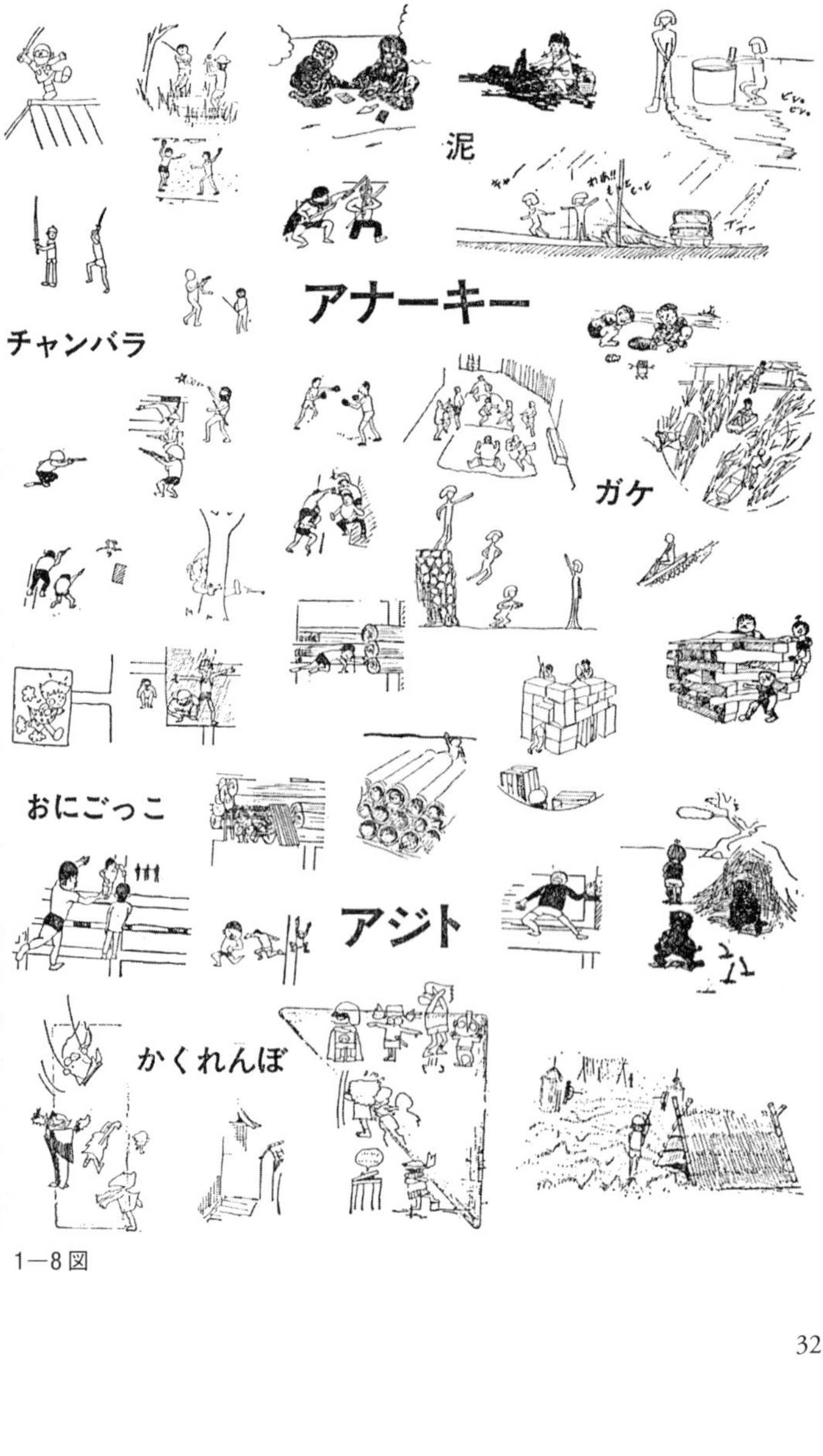
泥
アナーキー
チャンバラ
ガケ
おにごっこ
アジト
かくれんぼ

1—8図

項のインタビュー調査による結果と比較すると、アジト、アナーキーのあらわれ方が少し大きいが、ほぼ同じ傾向を示している。

1―2 原風景調査

奥野健男氏の『文学における原風景[※1]』や川添登氏の『東京の原風景』という著書によって、原風景という言葉は、一般化し親しみやすい言葉になっている。

私は、大人にとって数十年経た今も強烈なイメージとして残っており、時が経ても感情の高まりと共に思い出されるあそび場、心に強く焼き付いたあそび風景を、「あそびの原風景」となづけた。そしてあそびの原風景の成立条件を探すことによって、あそび空間の構造と、さらにあそび環境の必要条件を導くことができるのではないかと考え、二〇歳以上の男女約五〇人ずつ計一〇八人の面接調査を行なった。前項のように図を書くには多少の素養がいる。より多くの一般の人々のあそびの原風景をさぐるためには、面接調査し、その時の感情、感激を共に語ってもらうことの方が、ある面では正確である。もちろん被調査者の年齢、職業、生育地等が偏らないよう努めたが、つてをもとめて面接したため、東京と設計関係者が若干多い（1―9～13図表参照）。また調査は昭和五五～五六年にかけて行なった。

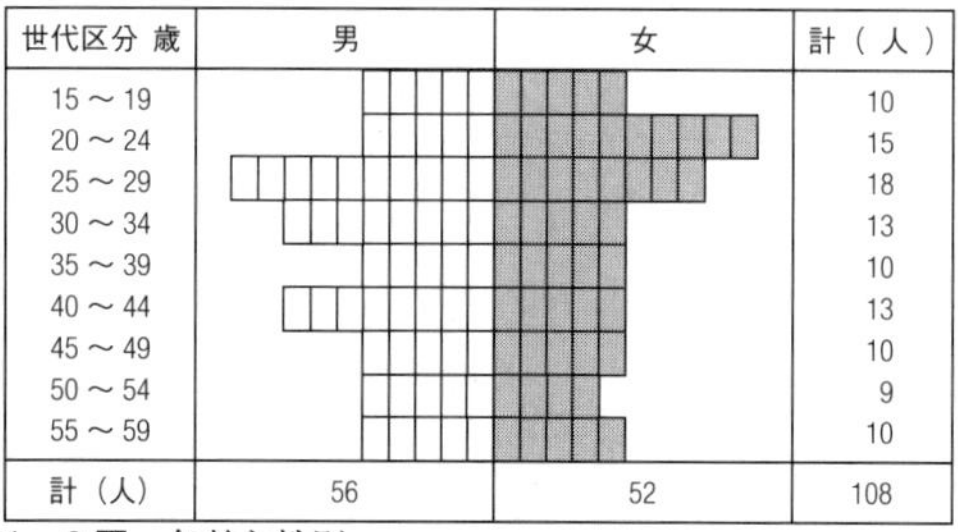

1—9図　年齢と性別

(職	業)	(男)	(女)	計
公務員	小学校教諭	1	1	2
	警備員	1	0	1
会社員・事務		18	12	30
会社員・技術	建設・設計	18	4	22
	保母	0	5	5
	小児療育師	0	1	1
自由業	医師	1	0	1
	彫刻家	1	0	1
	写真家	1	0	1
	放送作家	1	0	1
	経営コンサルタント	1	0	1
農林水産業	農業	1	0	1
商工業自営	民宿経営	0	3	3
無職	学生	7	12	19
主婦		0	13	13
製造販売		2	1	3
大学講師		3	0	3
計（人）		56	52	108

1—10図　職業

(1)　思い出のあそび場

被調査者にとって、最も印象にのこっており、心に焼き付いているあそび場を「原風景のあそび場」とよび、その他に被調査者があげたすべてのあそび場を「思い出のあそび場」となづけた。

「思い出のあそび場」は、一〇八人で七九一ヵ所であった。一人平均七・三ヵ所のあそび場をあげたことになる。まず全体的な傾向をみるため、調査のあそび場を六つのあそび空間によって分類してみた。ただし、六つのあそび空間は日常的戸外あそび空間を指すもので、採集されたあそび場の中にはそれ以外の「商業遊園地」や、「汽車で行った父の田舎」のような非日常的なあそび空間や建築的空間も含まれている。従ってここでは、1—14表のようにあそび場を分類した。なお、建築的空間は、室内空間と建築周辺空間とに分けている。

この分類に従って一〇八人の「思い出のあそび場」と「原風景のあそび場」をみてみると1―15図のようにまとまった。これから

1 「原風景のあそび場」は、自然スペースの三八%、オープンスペースの二八%、道スペー

区分	都道府県名	
	北海道	3
東北	岩手	4
	秋田	2
	福島	1
関東	栃木	2
	群馬	3
	茨城	1
	埼玉	2
	東京	45
	神奈川	3
	千葉	2
中部	山梨	3
	新潟	4
	富山	2
	長野	15
	静岡	6
	愛知	1
近畿	滋賀	1
	京都	1
	三重	2
	奈良	1
	大阪	4
中国	広島	1
	岡山	1
	山口	1
四国	愛媛	1
	香川	1
九州	福岡	4
	長崎	1
	熊本	2
	佐賀	1
	大分	1
	鹿児島	1
他	旧満州	3
	北朝鮮	1
	計	127

※注）転居により2ヵ所以上の生育地をもつ人が17名いたため，合計は108を越える。

1—11表　生育地

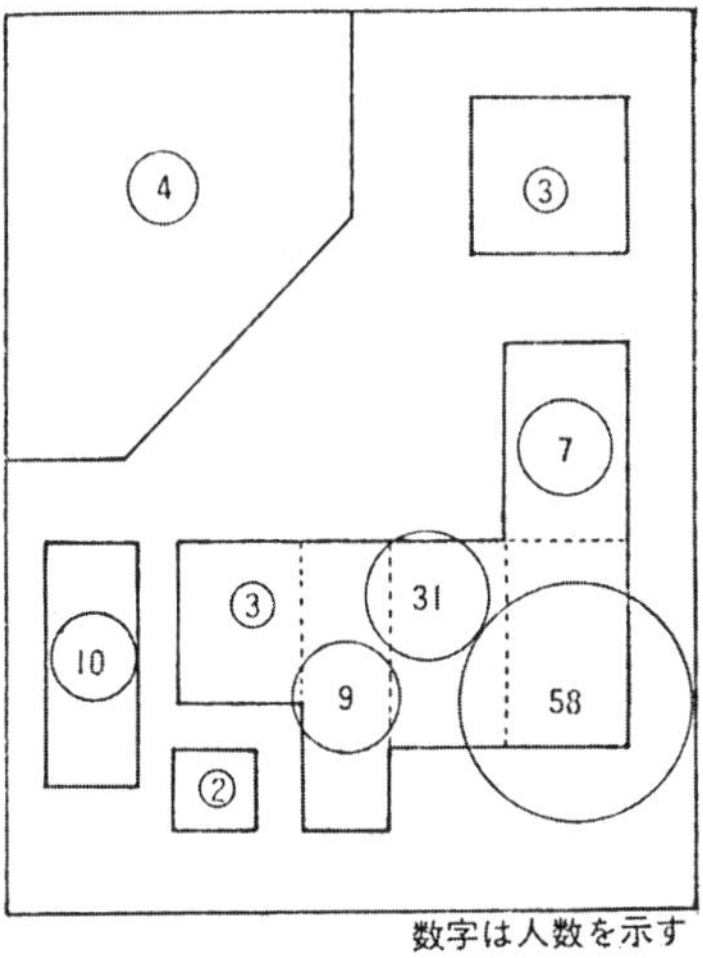

1—12図　生育地分布

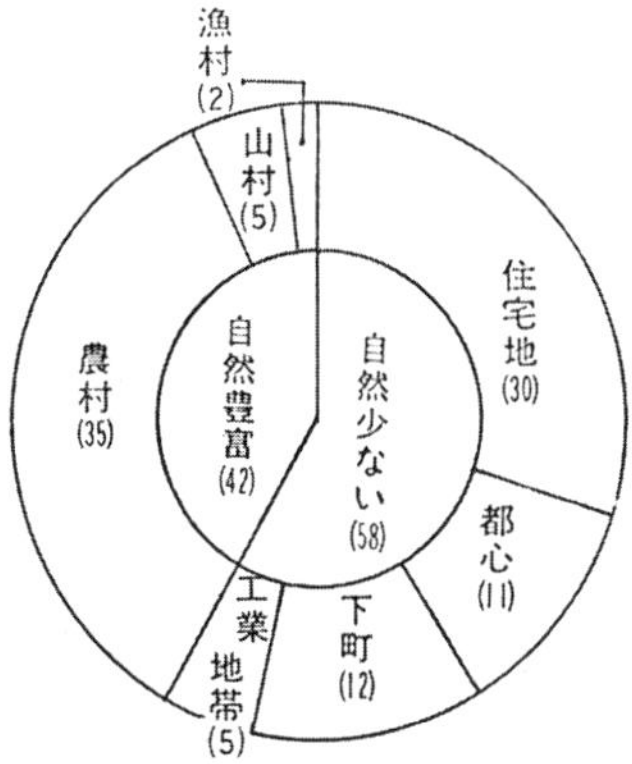

1—13図　生育地区分

1—14 表　あそび場の分類

山　田畑　土手　河原　砂地　砂山　ガケ　坂	土	自然スペース
川　海　池　湖　沼　滝　農業用水路　クリーク　入り江	水	
森　松林　竹やぶ　雑木林	木	
公園　校庭　グラウンド　神社　寺　広場　サッカー場　幼稚園の庭　保育園の庭　寮の庭　野球場		オープンスペース
空き地　原っぱ　田んぼの埋立地		
道路　路地　駐車場		道スペース
屋敷跡　城跡　焼跡　水道局跡　建設中の道路		アナーキースペース
洞窟　防空壕　山小屋		アジトスペース
公園の遊具　児童遊園		遊具スペース
自分の家　友達の家　学校の教室　塾の教室　教会　博物館　病院　デパートの屋上　青物市場　大浴場　土蔵　実験室　家の土間	室内空間	建築的空間
階段　縁側　屋根　塾のまわり　学校のまわり　池のまわり　屋上	建物周辺空間	
父親の実家　母親の実家　本家　田舎		非日常的空間

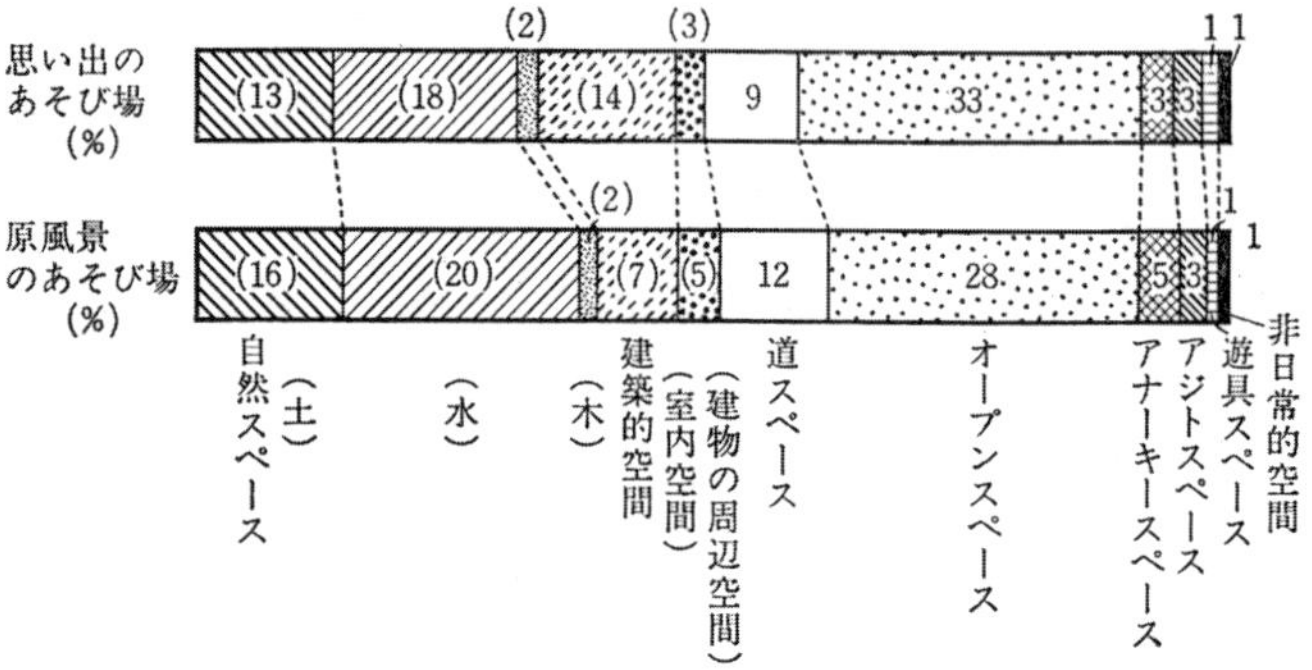

1—15 図　思い出したあそび場と原風景のあそび場（%）

1—16表　あそび場の原風景化率

	自然スペース	（土）	（水）	（木）	建築的空間	（室内空間）	（建物周辺空間）	道スペース	オープンスペース	アナーキースペース	アジトスペース	遊具スペース	非日常的空間	計
思い出のあそび場	246	(106)	(144)	(14)	131	(106)	(25)	75	264	24	20	5	8	791
思い出のあそび場（%）	33	(13)	(18)	(2)	17	(14)	(3)	9	33	3	3	1	1	100
原風景のあそび場	179	(75)	(94)	(10)	56	(34)	(22)	54	131	22	14	4	3	463
原風景のあそび場（%）	38	(16)	(20)	(2)	12	(7)	(5)	12	28	5	3	1	1	100
原風景化率（%）	68	71	65	71	43	32	88	72	50	92	70	80	38	59

ス、建築的空間の各一二%、アナーキースペース五%、アジトスペース三%の順であり、自然スペースが多くの人々に強い思い出をのこしていることを示している。

2　自然スペースの中でも特に水、水辺にかかわる空間が、木や林のような森林系の空間に比較して圧倒的に「原風景のあそび場」になっていることがわかる。

3　自然スペースに匹敵するように、オープンスペースが「原風景のあそび場」になっており、その重要性を示している。

4　「原風景のあそび場」の数を「思い出のあそび場」の数で除したものを原風景化率としてみると、高い値ほど、そのスペースが原風景になりやすいことを示し、低い値の時は、原風景になりにくいことを示しているといえる。1—16表のように、建築的空間のうちの室内空間は「思い出のあそび場」としては数多く上がっているが、原風景としては残っていない。すなわち、機会としては室内空間はあそび場として多くあったのであるが、印象的なあそび場として残るものが少ないことを示している。自然スペース、道スペース、アナーキースペース、アジトスペース、遊具スペース、建物周辺空間は高い値を示し、逆にオープンスペース、室内空間、遊園地等の非日常的空間は低い値を示している。

(2) 思い出のあそび

あそび場についてと同様、被調査者のあげたすべてのあそびをここでは「思い出のあそび」と呼び、「原風景のあそび」と区別することにした。一〇八人の「思い出のあそび」は総合すると一二九三例であった。即ち一人当り平均一二例のあそびをあげたことになる。後の第2章—1のあそびの分類表に基づいて、思い出のあそびを1—17表のように分類した。

全体的には、ⓑ生物あそび、ⓕ集団ゲームあそび、ⓞ水あそび・雪あそび、ⓖ小集団での個人戦あそびが多く、ⓒ収集あそび、ⓗ室内ゲームあそび、ⓙ伝達あそび、ⓚ悪戯、ⓟ頭のあそびが少ない。

さらにあそび場と同様、あそびの原風景化率を出してみると、ⓑ生物あそび、ⓔ冒険・探索あそび、ⓚ悪戯、ⓞ水あそび・雪あそび、ⓜ身体動作あそび等が高い値を示している。原風景化率が高いということは、原風景になりやすいあそびということであって、具体的なあそび名を見ていくと、ⓔでは冒険あそび・探検ごっこ・火あそび・隠れ家やアジト作り、ⓜでは木登り・屋根登り・馬跳び・ゴム跳び、ⓞでは水泳・ソリ・竹スキー、ⓚではどろぼうなどである。これら全体の傾向としては、スリルや緊張感を伴うものが多いこと、あそびに規則性が少なく偶然性が高いことなどがあげられる。

反対に原風景になりにくいあそびとしては、ⓒ収集あそび、ⓗ室内ゲームあそび、ⓓおもちゃあそび、ⓖ小集団での個人戦あそび、ⓛ行事がある、ⓒⓗⓛに関しては思い出したあそび数は少ないが、ⓓⓖは数が多い割に原風景化率が小さい。その原因として、ⓓでは人形あそび、ⓖではビー玉・メンコ・ベーゴマ・石ケリ・キャッチボールといったポピュラーな名称であるため、名を挙げやすいことが考えられる。原風景になりにくいあそびの全体的な傾向は、あそびに規則性があり、自由な発想や偶然性に乏しいことがあげられる。また、室内空間でのあそびも原風景にはなりにくい。

(3) 男女の差異

本調査で行なわれた被調査者の男女比は五六人対五二人である。

原風景のあそび場を、表にまとめてみると（1―18図）、女子の方が男子と比較して多いのが建築的空間、オープンスペースであって、逆に少ないのが、自然スペースとアナーキースペースである。女子の場合、具体的なあそび場として庭をあげているものが一番多かった。家のまわりを中心にあそんでいることが明らかにわかる。

原風景のあそびを男女別にまとめてみると1―17表、1―19図のようになるが、男子においては粘土・工作・模型作り等の物作り、動物捕獲、冒険あそび、攻防戦あそび、ビー玉などの取得

大分類			小分類		Ⅰ	Ⅱ 計	Ⅱ（男	女）	Ⅲ	遊びの具体例
X 物理的環境内でのあそび	A 物あそび		ⓐ造形あそび	①物作り	59	19	14	5	32	粘土・工作・模型作り・色水作り
				②組み合わせあそび	5	3	2	1		積木・ブロック・折紙・あやとり
				③描くあそび	11	6	2	4	55	絵を描く・ぬり絵・ローセキ
				④泥あそび	11	7	2	5	64	泥あそび・砂あそび・箱庭
			ⓑ生物あそび	⑤動物捕獲	143	91	55	36	64	昆虫採集・魚つり・スズメとり
				⑥植物採集	34	14	6	8	41	花摘み・つくしとり
				⑦動物とあそび	19	5	4	1	26	ネコ・ウサギの飼育・カエル競争
				⑧植物とあそび	16	2	1	1	13	草笛・松葉ずもう・笹舟
			ⓒ収集あそび	⑨収集あそび	11	2	1	1	9	おまけ集め・切手集め・宝物集め
				⑩発掘あそび	2	1	0	1		化石掘り
			ⓓおもちゃあそび	⑪飛び道具あそび	27	5	5	0	19	パチンコ・弓矢
				⑫空へ飛ばすおもちゃ	20	4	2	2	20	凧あげ・ブーメラン・竹トンボ・まりつき・ケン玉
				⑬継続あそび	22	5	0	5	23	縄跳び・お手玉
				⑭象徴的おもちゃ	24	7	1	6	29	ミニカー・人形ごっこ
	B 場あそび		ⓔ冒険・探索あそび	⑮軌道あそび	3	2	1	1		鉄橋渡り・へい渡り・つな渡り
				⑯冒険あそび	23	18	14	4	78	探検ごっこ・自転車で遠乗り
				⑰散策	14	6	3	3	43	山登り・ピクニック・散歩
				⑱見るあそび	2	2	1	1		汽車・シンカンセンを見る
				⑲火あそび	7	3	2	1		爆竹・花火・マッチあそび
				⑳穴掘り	4	3	2	1		穴掘り
				㉑アジトあそび	28	17	12	5	61	隠れ家作り・押入れで遊ぶ
Y 人的環境内でのあそび	C 人あそび	(C1 ゲーム)	ⓕ集団ゲームあそび	㉒攻防戦あそび	49	26	15	11	53	陣取り・馬のり・戦争ごっこ・水雷艦長・ケンカ
				㉓鬼あそび	92	42	14	28	46	鬼ごっこ・カンケリ・隠れんぼ・どろじゅん
				㉔ボールを使った攻防戦	28	5	1	4	18	サッカー・バスケット・ドッジボール
				㉕野球	35	17	12	5	49	野球・ハンドベース・ゴロベース
			ⓖ小集団での個人戦あそび	㉖ボールを打ち返すあそび	16	4	2	2	25	バドミントン・卓球・キャッチボール・テニス
				㉗取得ゲーム	108	28	19	9	26	ビー玉・メンコ・ベーゴマ・コマ・石とり・おはじき
				㉘地面あそび	34	10	6	4	29	石ケリ・クギさし・棒さし・ケンケンパ
				㉙じゃんけんあそび	9	4	1	3		八十八夜・オチャラカ・グリコ・花いちもんめ
			ⓗ室内ゲームあそび	㉚頭脳戦あそび	16	9	2	1	19	将棋・トランプ・オセロ
		(C2 コミュニケーション)	ⓘ模倣あそび	㉛受容あそび	18	8	4	4	44	映画・TV・マンガ・紙芝居
				㉜ままごと	37	21	1	20	57	ままごと
				㉝模倣あそび	29	9	6	3	31	学校ごっこ・ものまね・かくし芸大会
				㉞買物あそび	18	3	0	3	17	駄菓子屋あそび
				㉟おやつごっこ	2	2	0	2		おやつを作って食べる
			ⓙ伝達あそび	㊱歌う	1	1	0	1		歌う・楽器をならす
				㊲おしゃべり	4	2	0	2		おしゃべり・怪談・昔話
			ⓚ悪戯	㊳悪戯	11	9	9	0	82	落し穴・椅子引き・おどかしっこ・どろぼう
			ⓛ行事	㊴行事	23	7	2	5	30	祭り・縁日・花見
	D 行為のあそび	(D1 身体感覚あそび)	ⓜ身体動作あそび	㊵かけっこ	7	5	0	5		かけっこ・リレー
				㊶力くらべ	12	6	4	2	50	すもう・腕ずもう・プロレス
				㊷体操技あそび	8	1	0	1	13	鉄棒・バク転
				㊸木登り	16	8	4	4	50	木登り・竹登り
				㊹屋根登り	4	4	2	2		屋根登り・鉄塔登り
				㊺跳ぶあそび	51	19	4	15	37	馬跳び・ゴム跳び・タイヤ跳び・縄跳び
				㊻すべる	6	6	2	4		土手すべり
				㊼ころがる	1	1	0	1		植物の上をころがる
			ⓝ乗物あそび	㊽乗用遊具あそび	29	7	4	3	24	竹馬・ローラースケート・カンポックリ・自転車
				㊾固定遊具あそび	19	8	1	7	42	スベリ台・ブランコ・シーソー
			ⓞ水あそび・雪あそび	㊿水あそび	47	28	11	16	57	水泳・イカダ乗り・舟こぎ・石投げ
				(51)雪あそび	69	25	19	6	36	ソリ・カマクラ・雪合戦・スキー・スケート
		(D2)	ⓟ頭のあそび	(52)解読あそび	4	3	2	1		パズル・知恵の輪・探偵ごっこ
				(53)読書	5	1	1	0		読書
			計		1,293	544	278	266		

1―17表　あそびの分類と原風景化率

Ⅰ　思い出したあそび，Ⅱ　原風景のあそび，Ⅲ　原風景化率（%）

ゲーム等が圧倒的に多く、逆に女子が多いのは、おもちゃあそび、鬼あそび、ままごと等である。

生物あそびは男女共第一位を示しているが、男子の場合にはその割合が圧倒的である。まだ女

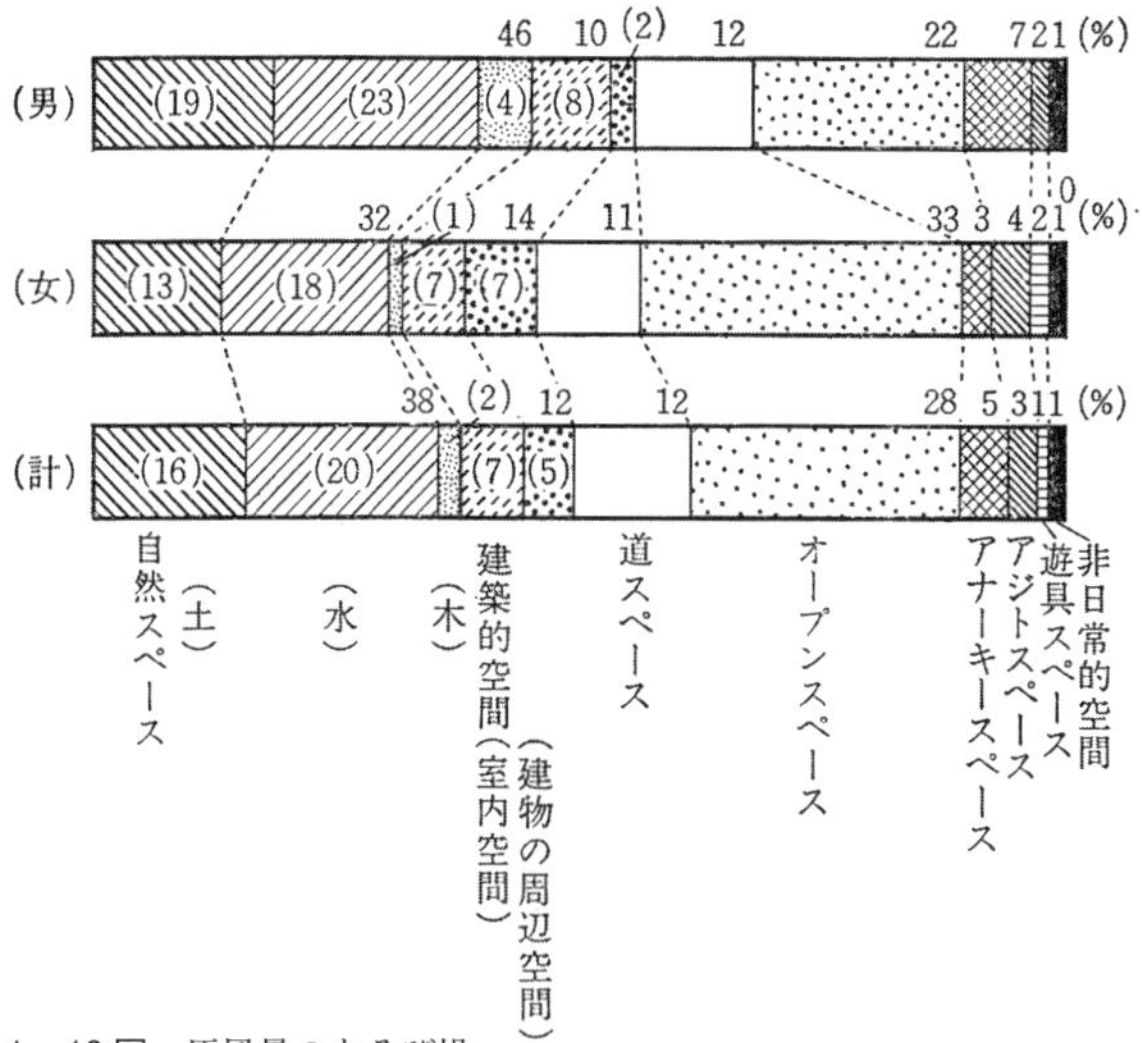

1—18図　原風景のあそび場

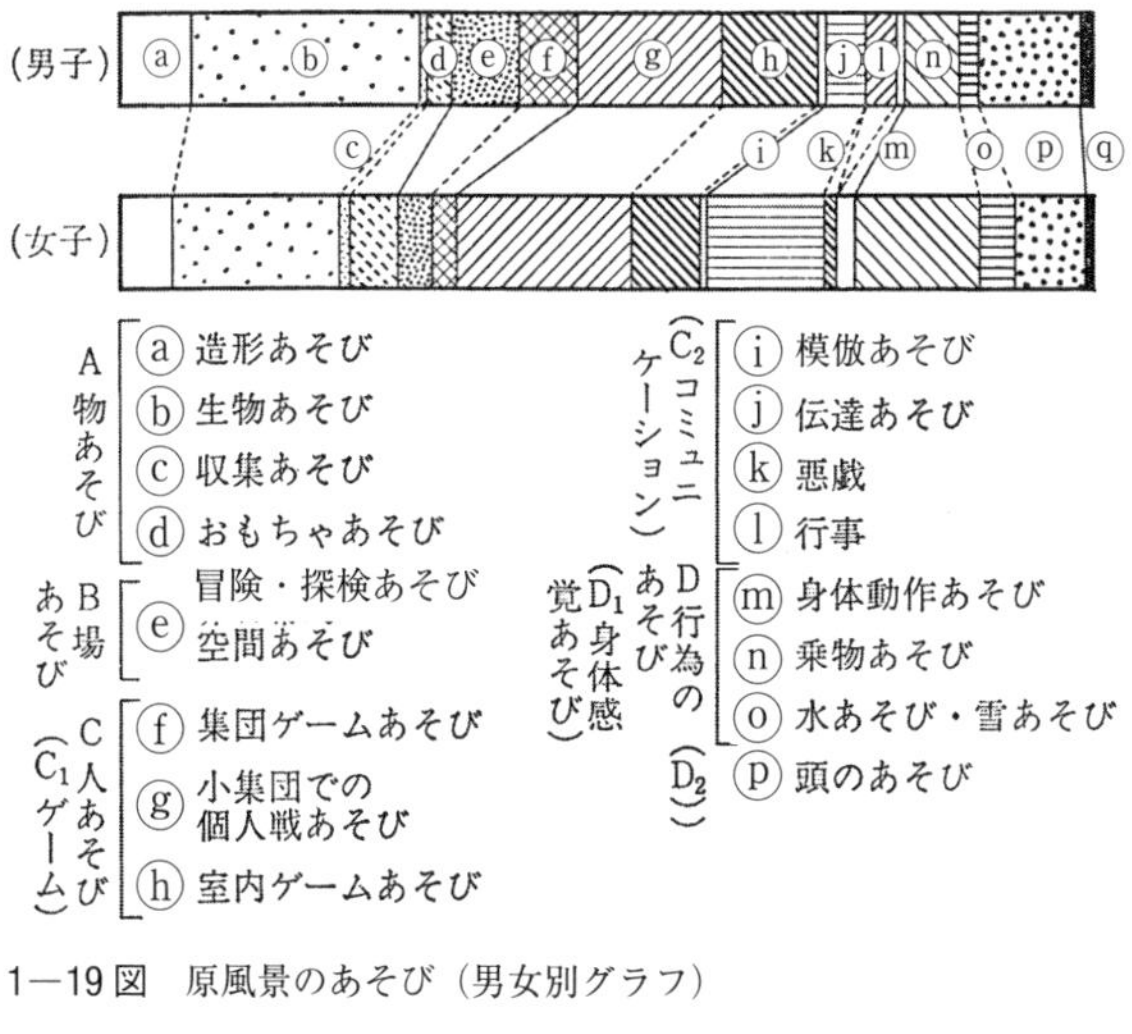

1—19図　原風景のあそび（男女別グラフ）

子の場合には、公園遊具のような乗物あそびがかなり高い値を示しているのも注目される。

このように男女のあそび場がきわめて明確な差をもっているのは、この調査が主に年配者を対象にしているからであって、後述するように、現代のこども達は、男女のあいだでの差があまりなくなりつつあることをことわっておきたい。

1—3　あそび空間と原風景

(1)　自然スペースと原風景

すでに述べたように自然スペースは全原風景のあそび場の約四〇%を占めており、自然スペースでの体験がこどもにとっていかに強く印象づけられているかを示している。

1—20表は原風景としてあげた自然スペースのあそびを表にしたものであるが、自然あそびの四三%が生物あそび、すなわち魚をとる、虫をとる、カエルをとるというような採集のあそびである。その中でも川や田んぼで、魚やドジョウをとるというあそびが、その六〇%を占めている。そして身体動作あそびの泳ぐというあそびの行為を含めると、水を中心としたあそび場としての自然スペースでのあそびは、五〇%を越えてしまう。

そのいくつかをみてみると、

「今はどぶ川だが野川という川があって、ウチの前で曲っていた。水道につかうので泳ぐのは禁止、時々

『川たたき』をやるとドジョウやナマズがたくさんいた。」（五〇歳男）

「田んぼのイネの間に水が流れているんだよ、あまり入ると『何やってんだ』とおこられちゃうけど、荒さないよう気をつけて、小川だよね、要するに、ひざまで入って、タビはいて、ガチャガチャやると、ドジョウがいっぱいはいった。」（五八歳男）

その他、川の風景をあげてみる。

生物あそび	生物捕獲（魚類）	46 例	43%
	生物捕獲（鳥・虫類）	25	
	生物捕獲（食べる）	6	
鑑賞・創作・集団あそび	物作り	13	16%
	風景を見る	7	
	人あそび	9	
身体動作あそび	木登り	7	41%
	力くらべ	7	
	坂，土手，ガケの利用	12	
	泳ぐ・すべる	47	
計		179 例	100%

1—20 表　自然スペースと原風景

「県道沿いに大きな川があり、そこから用水が出ていた。」

「今川っていう川があって、その川の支流の七mぐらいの幅のところでアミをかけて魚をとった。」

「農業用水っていうか――二mぐらいの幅の水が流れている。」

「水の少ないところなので、溜池がいくつもある。」

「家の前に二mぐらいの川があった。」

「すぐそばに一mぐらいの幅の川が、二本あった。」

「小川がたくさんあり、清水もわいていた。」

「山寺の裏の川、滝になっているところに」

「田んぼの間に小川がいくつかあった。」

「田んぼの脇に用水が流れている。幅一mぐらい」

「千曲川の流れ込む支流の少し入った部分の草むらの中に、大きな清水があった。」

「鉄道の向うの岸の芦の原の用水に」

「家の前が小川だった。水面は二mぐらい」・

「田んぼの用水路の幅が三m、江戸川から水を引いている。」

「小川の幅が一・五mぐらい。田んぼの用水路」

「お寺の裏の田んぼ」

「田んぼにフナをかっていた。それが川に流れ込んで小さな川だったが」

「裏の田んぼの堀」

「今でも忘れないのは、池から田んぼに水を引く幅二mぐらいの用水路。その脇を通って通学する。」


このように、こども達があそんだ川を列挙してみると、それが大きな川や流れでないことに気付く。どちらかといえば小川であり、小さな堀である。具体的な幅を推測してみるとほとんど三m以下のものであろう。しかも、この小川のせせらぎや田んぼは、家の周りや家の近く、あるいは学校の通学路など、非常に身近な場所にあることがわかる。そして、そういう身近な自然の中で、こども達は時に自然の美しさを発見している。

「きれいな水がわき出ていて、そこにエビがいた。エビは透き通っていた。その透明なエビにとっても興味があった。」(二四歳女)

そして、時に残忍な行為をしている。

「アメリカザリガニをつかまえてきて、シッポをチョン切って皮をはいで、糸でしばって、共釣りをした。カエルを捕まえて皮をむいてミイラにした。」(三三歳男)

次に〈鳥、虫、ヘビをとる〉という項目をみてみよう。それぞれのあそびの場所をあげてみると、

「神社の大きな木に登ってモズの卵をとった。」

「神社の森でカブト虫を」

「松林にカスミアミを」

「大きなビワの木が家にあって」

「お寺の裏山で」

「リスを追いかけた野原」

「田んぼにホタルをとりに」

「山が近いから虫とりをよくした。」

「イナゴとりを田んぼで」

「千曲川の奥の方のガケの下にヘビをとりに」

「ブドウ畑にカブト虫を」

「近くの山の林でウグイス、メジロ、ホオジロのわなにとりもちをかけた。」


ここでも、こども達があそんでいる自然は、裏山やお寺、神社の森、田んぼのように身近な自然であることがわかる。これらの生物あそびは、こども達にとっていろいろな道具を使い、時には共同作業を伴うゲームであった。


「二mぐらいのアミを両方で引っぱっていくわけ」

「村中のこどももみんなで、一日がかりでやった」

「大人が、かい出した泥の中からこども達がドジョウを探す。」

「弟などに〝おかんもち〞につれ」

「手ぬぐいで魚を追いまわした。」

「とりもちで鳥をとるのには熱中した。」
「カスミアミでスズメをとった。」
食べるという行為も自然スペースならではの原風景である。
また、あそび場の美しさを表現しているのは、自然スペース以外ではほとんどあらわれてこない。自然スペースは、こども達に美しさを与える。その美しさの感動がこども達にその風景をあそびの原風景とすると思われる。
「コーリャン畑のむこうに少しオレンジがかった夕陽が地平線に沈んでいく。圧倒的というのはああいうのじゃないかな。」（四七歳男）
「山をかけ上って行くと、夏には、キキョウが一面に咲くすばらしいところがあった。一人になりたい時はよく行った。ツタを切って、ターザンごっこやトリうちなどもした。」（四二歳男）
「サツマイモ畑がたくさんあった。サツマイモの菜っぱはきれいで気持ちよい。坂になっているそのサツマイモ畑をごろごろところがり落ちた。ちょうど青い菜っぱのじゅうたんみたいで、気持ちよかった。」（三八歳女）
「ワサビ畑、すごくきれいなところで、清水みたいのがいっぱい出てて、ぱあーっと見渡す限りワサビが植えてあった。小川で水遊びをしていた思い出がある。」（四一歳女）
自然は、また友情を育くむ場であった。女の子にはままごと、男の子には、時にこども達同士のケンカの舞台にもなった。あるいは、学校を抜け出すこども達のアジトを提供した。
「十間夜（お月見）の日、近くの部落の男の子とケンカした。部落のはずれの一本松のところでぶつかる。それぞれの陣地は少し離れたところに置く。そして、待ち伏せしたりして本気でなぐり合う。」（五五歳女）

「家の前に小さな川が流れていく。川っていっても水が流れている程度のものだけど、草を石でたたいてツユをつくるでしょ、それでままごとやったり、ジュースとか、花をつぶすとかね。川が流れて、石垣がつんであるんだけど、そんなに大きくないんだけど、くぼみができるわけ。いつもそこでたたくからね。あそびに大きい子がいたり」(四〇歳女)

「学校に行かずに〝山もぐり〟をした。松林を抜けてゆくと、二〇歩ばかりの木のない広場がある。そこにゴザをもっていって一日いた。カバンの裏側を土俵にしてベーゴマをしたりした。学校へ行くのがイヤで隠れていたので、木のよく茂っているところを選んで山もぐりをしていた。」(四五歳男)

このように、自然はあらゆるあそびをその中に包括できる総合的なあそび場であることがわかる。

身体動作あそびに対応して自然スペースをみてみると、次のような四つの空間的特徴をとらえることができる。

〈広がりのあるスペースに面した木立〉

「イチョウの木を使って、追いかけっこみたいのをした。うわーっと敵、味方に分れてつかまえられたら相手の陣地のイチョウの木などに行って動いちゃいけない。それがくさりみたいに連なっていて、味方の人がそこにタッチすれば、助けたことになって自分の陣地にもどれる。」(三三歳男)

単に木があるというのでなく、広い庭、広がりのあるスペースに面してある木が、こども達がゲームをしたり、あそんだりする場所になりやすいことがわかる。

〈低木群と広がりのある草地〉

鬼ごっこ、陣とり、戦争ごっこ、チャンバラ、プロレスごっこは、平地でも身を隠すことのできる木や、低木群のある場所で行なわれることが多い。

「イネ狩りが終わり、ワラを積んだ田んぼ」

「菜の花畑」

「河川敷、大きな木がたくさんあった。」

〈坂、ガケ、土手〉

自然の斜面では、こどもはいろいろなあそびを工夫し、スピードとスリルを味わうことができる。

「高校の土手で追いかけっことか、ウンテイの回りとかでね、ツクシとかタンポポとかとったり、見渡す限りがタンポポとか、見渡す限りがツクシとか、そういう感じだったわけ、その土手でよくあそんだ。」（二五歳女）

「土手の斜面、夏は草の上をおいものようにゴロゴロころがっていく。すごく危険、すぐ下に川がある。その少し手前で止まるようにする。冬は、雪の積ったその斜面でミカン箱のソリをする。」（二一歳女）

〈川、池〉

川や池で泳ぐのは、石の感触、泥の感触、深みのスリル、競争というものが複合して、あそびの強烈な思い出を演出しているようである。身体動作あそび空間では、川で泳ぐ、氷の上をすべるというのが多い。

おもしろいのは、小川をせき止めて自然のプールにした事例が多いことである。コンクリート製のプールにはない大人達とこども達の温かい交流をみることができる。

「夏になれば、大きな川がなくて、小さな川を草とか石でせき止めて、三ｍぐらいのツボを作るわけ。そこ

で犬かきをして。おかげで未だに泳げない。前に進まないようになってるわけ。進んだら困るわけよ。」(四〇歳男)

「青年団の人が、土嚢で川をせき止めた後、プールのようになったその川で泳いだ。幼児から大人までみんな一緒」(二九歳女)

以上、生物あそび空間、鑑賞・創作・集団あそび空間、身体動作あそび空間という三つの視点から、あそびの原風景としての自然スペースをみてきた。もちろん運動的あそびは、他のオープンスペースや道スペース、遊具スペースでも行なわれる。しかし、生物捕獲的なあそびは、ほとんど他の空間で代用することができない。自然スペースは、単に木や林や芝生が存在するだけでなく、そこに虫や魚やドジョウ、ヘビなどの生き生きとした生物が必要であること、しかも大自然でなく、川ならば小川、山ならば裏山というように、こどもの身近になければならないことがわかる。また、山や木よりも、川、川原、田んぼでのあそびが多いことも注目すべきことで、自然スペースでの水、川の重要性が示された。規模として幅三m以下の小川や水路が多いということも示唆的である。

山や林での運動的なあそびの背景から、〈広がりのあるスペースに面した木立〉〈低木群と広がりのある草地〉〈坂、ガケ、土手〉が、自然スペースの山や林でのあそび場の構成要素になっている。

一方、自然スペースはこども達に美しさを伝え、感動を与え、多くのあそび行為を、その中に包括できる総合的なあそび場であることも示された。

(2) オープンスペースと原風景

オープンスペースでのあそびを分類して示すと1―21表のようになる。

集団ゲームのうち、野球ゲームが行なわれるオープンスペースは、休耕地となっている田んぼ、河川敷、グラウンド、神社の境内、社宅のグラウンド、団地の空地等である。

「村の真ん中にある神社を、毎週日曜の朝早く六時頃、こども全員で掃除をする。終ってから朝食まで野球をやった。やわらかいボールを手で打つ。女の子は境内の中を掃除する。一緒にはあそばなかった。神社は特に管理者がいない。村の公共の場だった。」(二六歳男)

「田んぼでやるんですよ。それは冬、稲刈ったあとですから割と平坦なんですよ。株は出てますけど、それは関係なく田んぼにスペースつくって」(三〇歳男)

鬼ごっこ、追跡、チャンバラ等の運動あそびが行なわれるオープンスペースは、農家の庭、公会堂の広場、広い庭、三〇〇坪くらいの原っぱ、30m×30mの道路脇の広場である。

「原っぱ、三〇〇坪ぐらいの空地があった。草がたくさん生えていた。縄跳びをしたり、自転車乗りをした。それは、大通りに面していない家の裏の方。そういうところには空地が多かった。」(五九歳女)

「広っぱと呼ぶ空地で、棒っ切れでチャンバラをした。戦争ごっこは敵味方に分れてやった。ガキ大将同士のケンカは本気でなぐり合って誰かが泣くとおしまい。その広っぱは、道路の脇にあり、30m×30mくらいの大きさ。」(四七歳男)

ままごと、縄跳びのように女の子が利用するオープンスペースは、「庭」、「神社の境内の奥の方」というように前二つのスペースから比較すると小さい。

「神社の境内でよくあそんだ。木のこんもりとした中に空地があり、その土のところにゴザを敷いてままご

集団ゲームあそび	野球ゲーム等	21 例	16%
	攻防戦あそび，チャンバラ，戦争ごっこ 鬼あそび等，鬼ごっこ，追跡ゲーム等	19 27	35
ごっこあそび	ままごと等	14	32
小集団での個人戦あそび	地面あそび，クギさし等 取得ゲーム，ビー玉等	10 9	
身体動作あそび	とぶあそび，縄跳び，ゴム跳び等	9	
その他	造形あそび，おもちゃあそび，生物あそび等	22	17
計		131 例	100%

1—21 表　オープンスペースと原風景

とをしたりした。人形などもっていなかったので、座布団を半分に折って、自分が赤ちゃんの時の洋服などを着せて、背負ったりしていた。友人とお呼ばれごっこをしたりもした。」（一八歳女）

「自分の家の庭が非常に広かった。空いている土地が一〇〇坪くらいあり、自由にあそべた。また建物の前に二〇〇坪くらいの日本庭園があり、池があり、川が流れていた。その周りをくるりと回れたので、鬼ごっこなどはよくやった。芝生でお医者さんごっこをやったりした。また、門の近くであそんだ。卓球台なども買ったりしていろいろなあそびをした。」（三六歳女）

以上三つの種類のオープンスペースには、それぞれに対応した広がりのあることがわかる。

① 野球ゲームの事例では、具体的に数字をあげて広さを示したものはないが、少なくとも次の②の数字以上の広がりをもつものであることは予想される。

② 鬼ごっこやチャンバラあそびの事例では、三〇〇坪と30m×30mという広さを示したものがある。

③ ままごとや縄跳びなどのあそびでは、一〇〇坪という広さを示す事例があるが、②の広さよりもかなり小

さくてよいと思われる。

次にオープンスペースのまわりを調べてみる。

「うちの庭にこどもが集まって来てあそんだ。路地があって、それに続いて庭があり土蔵が両はじにあり、正面に母屋がある。その間に植木などがあり、ちょっと広い庭になっている。そこで踊りの練習をしたり、冬になると、おこんこさん（こっくりさん）をやったりした。ままごとはよくした。納屋なども使い隠れんぼもした。」（四六歳女）

「工場の庭、車がいっぱい置いてあった。半分コンクリートになっていた。そこで、ボールの投げっこをし、よくチョークで絵をかいた。」（一九歳女）

「荒川の河川敷、土手があった。」

「神社の境内、周りに木がたくさんあった。」

「すごく広い土地で森みたいのがあったり、草っ原は土手があった。」

「空地、草がたくさんはえていた。縄跳び、自転車乗りをした。」

「お寺の周りに大きい木があった。隠れんぼをした。」

「自分の家の前の空地のような屋敷の庭で、土蔵があって隠れんぼをした。」

「大きな空地があり、いろいろ木だの草だのはえていた。木登りや隠れんぼをした。」

「送電線の下が割と広い空地になっていた。ケンカをした。」

「うちの庭、路地があって、それに続いて庭があり土蔵があり植木があり、ままごと、隠れんぼをした。」

「原っぱに大きなイチョウがあって、その上に登ると新宿の伊勢丹まで見えた。」

というように、周りに道、路地、大木、建物、家、土手などがあり、それがオープンスペースのあそびを豊かにしていることがわかる。特に鬼ごっこや隠れんぼをするためには、オープンスペ

集団ゲームあそび	鬼あそび，追跡あそび等	20例	52%
乗物あそび	乗用道具あそび，自転車	2	
身体動作あそび	すべるあそび，ソリ，ローラースケート	6	
	とぶあそび，縄跳び，ゴム跳び	2	26%
小集団での個人戦あそび	地面あそび，クギさし	4	
	取得ゲーム，ベーゴマ，メンコ等	8	
その他	造形あそび	3	22%
	行事，まつり	9	
計		54例	100%

1—22表　道スペースと原風景

ースは単に広がりだけがあるのでなく、その周囲に隠れることのできる木、建物、土手等がなければならないことがわかる。

(3)　道スペースと原風景

道スペースでのあそびを分類して示すと1—22表のようになる。

この空間で行なわれる主なあそびには、いわゆる鬼ごっこ、追いかけっこというような、追跡あそびの変形がある。たとえば〝どろじゅん〟(泥棒と巡査に分かれた追いかけっこ)と呼ばれるあそびは、町の道全体を舞台にして行なわれる。

「町全体(一区間)を使って、昼間やらずに夕方から夜にかけて、黒い服装などして、皆どろじゅんになりきる。逃げる側になると、忍び足で、右見て左見て壁にぴったりはりついて、道なき道を行ったりした。」(二三歳男)

というような楽しい雰囲気のものもある。リレーや陣取り等も行なわれる。

「車の入ってこない路地（家の周りを一周できた）があり、そこでかけっことかをした。」（二二歳女）
「男の子は、陣取り。町角の電信柱を陣地にして相手の陣地にさわれば勝ちだよ。裏の方をまわれば見えないから、スキをうかがってそうっと行ってさわってくる。」（五八歳男）
「家の前の路地。隠れんぼを、家の間でぬってやった。家並みはゴチャゴチャしていて、いろいろなちょっとした間があった。路地では、男の子がベーゴマやったり、自分はボールあそびをおぼえている。庭のようなものだった。」（五九歳男）

道スペースは、舗装か未舗装かよりも、車が少ないことが絶対的な条件のようである。道幅はあまり広くなく、電信柱や道祖神があそびの拠点になって、家並みの間に小さな路地やすきまのあるような、変化にとんで、しかも一街区をひとまわりするようなスペースである。

「ハンドルつきのコントロールができるソリを作った。山からの坂道でカーブが多かった。その頃はやっていて、男の子は一つずつ持っていた。近くに坂道があって、くねくね曲っていて、それでハンドルが発達したんじゃないかと思った。」（二六歳男）

この例のように、道が坂になっていて、ソリや自転車でスリルとスピードを味わうことのできる構造になっていることも道スペースを豊かにしている。

また、道スペースでは、ゲームあそびも行なわれた。女の子は、ゴム跳びとか石ケリ、男の子はビー玉、ベーゴマである。これらのあそびの舞台となった道は、ほとんど未舗装の路地であり、大きな道路ではない。石ケリ、ビー玉などが特に土の上でしかできないあそびであることも、路地であそばれた大きな要因となっている。道路が舗装化されたことで、そういうあそびもなくなってしまった。

「長屋の間の路地ではよくあそんだ。それは、アスファルトでない土の道、何人もで手をつないで、やっといっぱいになった。そこでは、女の子は男の子のあそぶのを見ていた。コマ回しや、メンコあそびを見ていた。」（四五歳女）

「ベーゴマを路地でやった。大通りではやらない。ゴザもいいが、進駐軍のジープの幌をぬらして床をつくった。コマをつくるのは楽しかった。自分でカクを作った。鋳造でカクになっているやつを使うと軽蔑された。」（四一歳男）

道路に絵を描くことのできる道スペースは、車が通らないことと舗装されていることが前提である。

「ウチの前が私道だったんですよね。そこに白墨で地面に絵を描いて家の絵を描いて、それで、ここで○○ってままごとしたり。」（二九歳女）

「紙芝居、ドンドンとタイコをならして来た。ミルクセンベイやラムネ」（三二歳女）

道スペースは、紙芝居、金魚売り、その他多くの商う人々のための場でもあり、その人達が通るたびに、こども達にとって道スペースは劇場や小さな動物園になったりした。今、そういう形での物売りがほとんどなくなってしまった。そしてこども達にとって道スペースというものが貧しくなってしまっている。

⑷　アナーキースペースと原風景

アナーキースペースでのあそびの原風景に特徴的なイメージを列挙すると、①暗くて隠れられる場所、②崩れ、壊れる場所、③火あそびができる場所、④原っぱと廃材のある場所、というように分けることができる。これらについて事例をあげてみる。

① 暗くて隠れられる場所

「学校の地下の石炭置き場のまっ暗な中でナイショで、チャンバラをした。みんな自分でつくったかっこい い刀を隠して持って来て、休み時間になると集まる。広い石炭の充満している部屋でやってると、足がズブズブと石炭に入ってゆく。自分自身ケガをして何針かぬった。」(三九歳男)

「そばの酒屋の裏に石炭ガラを積み上げたのがあり、その上にうんと雪が積もると、中の石炭ガラを掘り出してかまくらのようなものを作った。近所のこどもが集まり、酒屋さんの若い人も手伝ってくれて掘り出した。四mぐらいのほら穴ができた。夜、夕食を食べてから、野沢菜など持ち寄って中に入ってあそんだ。」(三〇歳女)

「トンネルや土管のようなものから見た景色。プールや花壇がある。ぼーっと見ているのが好きだった。一人になれるのはそういうところぐらいだった。」(四一歳男)

② 崩れ、壊れる場所

「土砂を取るためにショベルカーで山を削る。その跡ってゴツゴツしていて、登れるような感じがする。そこで登ってみると、どろどろしていて崩れちゃって登れないのだが、そこをいっしょうけんめい登った。またその山は、かなり削ってあって、その下の方には、車がたくさん捨ててあった。その車の中に入ってあそんだ。そこに行くと他のクラスの子や、上級生も来ていて、いがみ合ったりした。ダンプカーなんかに入るのがとてもおもしろかった。」(一九歳男)

「水道局のこわれたのがあった。地下に二〇〜三〇m掘れた穴とか、コンクリートのヒューム管の大きいのや小さいのがいっぱいあった。ヒューム管に一人ずつ入って家みたいにしたり、それを飛びはねたりした。二〇〜三〇mにわたってバァーッと置いてあった。一〇m位の貯水ガメが地下に埋まっている。すっごく大

きくて深い、プールぐらい。こわれているから水は底の方にしかなくて歩いていける。ザリガニとかもいた。」（二六歳女）

「鉄道の線路を渡る橋を『黒橋』と呼んでいた。その脇の土手には、草がおいしげっていて、いつも牛がいた。その土手を降りたところには、小川があり、そこには沢ガニがいた。お母さんガニのおなかをめくると、小さいカニがワーッと出てきた。秋になると土手が短い草だけになり、丁度よい傾斜なので、よくすべった。コンクリートで下の方は固めてあったので、ちょっとしたコンクリートの平らなところで止まったが、あまり勢いがついてると、鉄道まで落っこちた。」（四五歳女）

③　火あそびができる場所

「お墓でおどかしっこをした（宮の前というところ）。スイカでちょうちん作って、火をともしておいておく。『誰か驚くかな』と陰で見ていたりする。でもすぐ帰ってきたりした。お盆の時、お墓まいりに来る人を驚かそうと思った。でも逆に驚かされたりした。」（一九歳男）

④　原っぱと廃材のある場所

「国鉄の線路際の『炭カラ山』と呼んでいたところで井ゲタに組んだマクラの木の上や周りをとびまわったり、追いかけっこをした。」（二二歳女）

「終戦直後だったので、今の電車通りあたりは草ぼうぼう。背丈ほどもあった。そういうところで、小屋を作ったり、水雷艦長といって、相手が来るところに草ゆわいて、足ひっかけるようにしたり。」（四一歳男）

①〜④は、アナーキースペースの雰囲気と構造を伝えている。原っぱは平らであっても、落ち込んでいてもよい。それと廃材の山があることが重要であるらしい。こういう場所はこども達の想像力を刺激し、チャンバラ、戦争ごっこなどには最適な場所になっている。

(5) アジトスペースと原風景

アジトスペースでのあそびは、アジトをつくることが目的である場合とすでにある建設的なスペースをアジトにしてあそぶ場合と二通りある。

アジトづくりは多くの場合、自然スペースやアナーキースペースの中で自然の素材や廃材を利用して行なわれる。そういう意味では、自然スペースのあそびといってもよい。

「竹やぶ、やっぱり天皇陵だからね、竹やぶがすごくあるわけですよ。その中に自分のすみ家をつくるわけね。それは自分で本当につくるんですよ。こう体が入れるくらいね。」(三〇歳男)

「隠れ家づくり、ホラ穴を見つける。ガケでへこんだところ、防空壕的なところを利用してつくって中であそぶ。家の中からいらなくなったものを運ぶ。」(三〇歳女)

「家の裏に小さな土手があり、松林になっていて、そういうところで小屋をつくった。笹を切ってきて立てて、小屋にした。」(三九歳男)

アジトづくりの場所は、自然スペースでも林や人の目に触れない秘密めいたところであることがわかる。また、既存の建築的なスペースをアジトスペースとして用いる場合は、馬小屋、小さな納屋、倉、ポンプ小屋、物置、未完成の家、廃屋、洞窟、防空壕と、多種多様である。

「馬屋のワラの中で男の子達と、隠れ家や、探偵ごっこをしてあそんだ。隠れて見つからない時の気持ちよさ。誰も見つけられなくって、後からコソッと出て行った時の楽しさ。」(四〇歳女)

「小学五、六年生ごろ、学校の裏に小さな納屋があり、そこでクラスの女の子と三人で、お手紙交換ごっこをした。それは、自分で他の二人に宛てて手紙を書き、置いておく。一人で取りに行って家へ帰って読む。ちっちゃい紙の切れ端に、ゴチャゴチャ書いておく。それを半年ぐらい毎日やっていた。しかし、その納屋

がとりこわしになって、終わった。」（三九歳男）
「近所に大きな庭がある家があり、そこに物置（仕事場）があって、家の友達といっしょになって学芸会ごっこをした。そこの中で、時代劇の親子の別れの場面を練習した。」（五〇歳女）

スケールが小さくて、人間の生活の気配がなく、しかもこどもの生活の身近な場所にある空間が、アジトスペースになりやすくなっていることがわかる。

(6) 室内及び建物の周辺空間と原風景の考察

こども達はまず自分の家のまわりであそぶ。そして彼らが大きくなっても、その建物周辺での様々なあそびの状況はあそびの思い出として残る。原風景のあそび場から、建築空間（室内）及び建物の周辺空間に関する例を取り上げてみる。

「土間でよく遊んだ。タワラ作りなどの手伝いもさせられたが、メンコ、吹き玉鉄砲などをつくった。」（二七歳男）
「お寺の本堂の屋根に登って鬼ごっこしたり、パチンコしたり、屋根づたいに歩いていて屋根と屋根に向い合って、みんなでパチンコで遊んだ。」（二七歳男）
「家に広間があって、家の中で鬼ごっこをして、たまたま大きな座卓をたおして骨折って、それで何日か寝ていたことがある。」（二七歳男）
「神社の縁の下も、おもしろかった。鬼ごっこか、隠れんぼだったと思う。」（二七歳男）
「よく遊んだのはアパートの階段。階段で『角ぶつけ』っていうの。アパートの階段のコンクリートの下のところにボールをポンとぶつけて、三角ベースやった。鬼ごっこでも何でもその階段中心にやった。階段では、夜店ごっこ、よくやったのね。その時、イカ焼きとか、みんなで作ってね。そういうの全部それが一つ

の屋台になった。」（二三歳女）
「ABCという遊びがあって、AはBをつかまえ、BはCをつかまえ、そういう遊びがあったのだけれども、陣地は友達の家の玄関だった。」（二三歳女）
「寄席ごっこをやった。みんなでいつも練習してるわけね。落語とかレコード聴いてね。そこで一人が絶対に芸人にならなきゃならないわけ。自分より年下の子を集めて、大きな家で縁側があったの。そこが舞台なわけ。庭にお座敷みたいにゴザ敷いてね。」（二三歳女）
「親父の実験室の隣に、自分の実験室が欲しいって言ったら、親父に『欲しけりゃ自分でつくれ』って言われて、レンガで犬小屋みたいに屋根をつけてつくった。ビーカーもらってきて、化学の実験をしたり、マッチを作ったり、花火を作ったり、蒸気機関車を作ったりした。」（四七歳男）
「粘土を持ち込んでタタミの上でこねちゃったり、ノコギリでいろいろ工作してタタミの上でゴリゴリやっちゃった。タタミはボロボロになってね。家では何もいわないで、割とまめにタタミをかえてくれた。」（四六歳男）
「家でお人形ごっこ。リカちゃん人形、男の子の人形をもっている子の家へ行ってやった。お人形の家を作った。」（一九歳女）
「家の庭が広くて、そこで今川焼き屋さんに凝って、そっくり道具を考えて作って、今川焼き屋さんごっこをやった。」（二五歳男）
「家の中で、柱が一本立っているので、縄跳びを片っぽ結んで、縄跳びして遊ぶとか、いすをずっと並べて電車ごっこをした。」（二九歳男）
「押入れに隠れて、カルタとか、トランプをやるのがすごくおもしろかった。」（四二歳男）
大人にとって階段は階段であり、屋根は屋根にすぎないが、こどもにとっては全く別のものに変化する。大きな階段は劇場となり、屋根は、空中に浮かんだ家である。階段の下の隅っこは、彼らの隠れ家にもなる。

建築の周辺は、そういう意味では、こども達にとって彼らの想像力をきわめて刺激するものなのである。そのため建物の周辺空間の原風景化率はきわめて高い。すなわち、思い出として深くきざまれやすい。

従って、公園や道路以上にまず家のまわりをこどものあそび場として見直して、彼らのあそびやすさを生み出すものにしなければならない。

まず、あそび場、及びあそびの舞台としての建築的な装置をここでひろい出してみよう。

階段　小さな共同の庭に面した外部階段
土間　広くていろいろな道具がある
縁側　大きくて長い縁側、庭に面している
屋根、屋根裏　大きな神社の屋根、屋根裏は伝い歩きができる
縁の下　お寺の縁の下
広間　畳の広い室、家の中の柱
押入れ　中に入って部屋としてつかえる
倉庫、倉　ワラやフトンのようにやわらかいものもしまわれている
庭　十分に広く、隠れる所もある
玄関　五、六人であそべる広い玄関、コンクリートのタタキ

長い廊下　　板貼り、幅四尺の廊下
実験室　　いろいろな実験道具がたくさんある
これらの建物周辺でどのようなあそびが展開したのか、あそびの内容を整理してみると、
㋐　模倣あそび
ままごと、お人形さんごっこ、夜店ごっこ、学校ごっこ、寄席ごっこ
ゲームあそび　　トランプ、将棋、ゲーム、ベーゴマ、パチンコごっこ
㋑　運動あそび（1—17表の身体動作あそび及び集団ゲームあそびを含む）
チャンバラごっこ、プロレスごっこ、決闘ごっこ
㋒　造形あそび
吹き玉鉄砲づくり、船づくり、模型づくり、化学実験
㋓　アジトあそび
隠れんぼ、鬼ごっこ
という四つのあそびが主要である。
この時、室内空間及び建物周辺の空間的な役割は、
①　ごっこあそびの舞台
②　広がりがあって、転んでもけがをしない室内運動場
③　汚しても、傷つけても大丈夫な工作場
④　隠れ家（隠れられる場、秘密の場、いろいろなものが隠されている場）

の四つの装置空間になる。この四つの装置空間をもう少し詳しく考えてみよう。

① あそびの舞台としての装置空間

ごっこあそびの舞台の装置として考えてみると、階段、縁側、庭、土間、広い玄関、屋根、屋上、縁の下など、内部空間と外部空間との接点的空間が多いことがわかる。寄席ごっこをしたこども達が、縁側を舞台として庭にゴザを敷いて客席にしたという状況は、正にこのことを示している。かつての農家や民家は家自体が大きな舞台となるような室内構造をもっていた。

階段もこども達がいろいろなあそびができる広場に隣接して、夜店ごっこの舞台になり、鬼ごっこの陣地になる。もし階段がなかったならば、あるいは階段がまわりの空間の中で一つの舞台のようにつくられていなかったならば、きっと夜店ごっこや鬼ごっこ等のあそびは発生しなかったと推測できる。

縁側とか、土間とか、広い玄関、広い庭は、現代の住宅構造において急激に少なくなっている。こどものあそびは、まず家のまわりから発生している。そういう点では、このような外部空間への触手の装置が失われつつあることは、こどもにとって好ましいことではないと思われる。この傾向は、知らず知らずのうちに、こども達の家のまわりでの自由なあそびのきっかけを失わせているに違いない。

② 室内運動場としての装置空間

土間、縁側、広間、長い廊下等はこどもにとって小さなグラウンドになる、ボクシングジムやプロレスのジム、あるいは小さな野球場になっている。

現代の住宅においては、こどもの部屋がつくられることが多い。こども部屋をつくり、こども達はこども部屋であそべばよいという考えは、都市に公園をつくり、こどもは公園だけであそべばよいという考え方と同じである。都市がこども達のために生活しやすく、あそびやすいものでなければならないように、住宅もこども達にとって生活しやすく、あそびやすいものでなければならない。住宅を室内運動場という視点から見直す必要がある。

③　工作場としての装置空間

さきの事例のなかで、自分でレンガで実験室をつくった例と、畳の室でノコギリでもナイフでも使わせてくれた例は、こども達の工作場としての住宅の好例である。そして土間も、玄関も、縁側も工作場になりうる空間であった。こども達のための工作場としての住宅を考えてみると、現代の住宅の傾向はただただ美しく、きれいにつくられすぎている。また、母親たちはこども達によごされることをあまりに恐れている。住宅の材料、棚、収納、倉庫等、いろいろの面で美しいというだけの視点でない見方をもつ必要がある。

④　隠れ家としての装置空間

ひとまとめにしているが、実際には三つの意味があると思う。第一にこどもが隠れられる場所、第二に、秘密の場所、大人達が気づかない、あるいはあまり立寄らない場所、第三に、いろいろなものが隠され、しまわれている場所。この三つの意味の一つ一つが隠れ家としての装置空間の意味である。家の中では押入れ、屋根裏、縁の下等、家のまわりでは、倉庫等がその空間であるが、そのどれもが少なくなっているのが現状である。

住空間の合理化の中で、収納空間がなるべく少なくコンパクト化されてきたこと、また転勤や引越し等の多い都市生活者は、大きな倉庫をもつ必要もなくなっていることがその理由と考えられる。

以上四つの装置空間について考察してきたが、戦後、浜口ミホさんのように、封建的な住空間から女性を解放するという形で、台所その他、生活動線の合理化や近代化が推し進められた。しかしその過程で、こどもの側からの、こどもにとってすばらしい空間、すばらしい装置というものも不合理なものとして、無駄なものとして省かれてしまった。

この四つの装置空間のような、機能的に中間的で曖昧な空間が失われつつあることは、ここに発生していたこども達のあそびも失われていったと考えられる。私達は、現代住宅とその環境を、こどもの側から、つまりあそびの舞台、室内運動場、工作場、隠れ家としての四つの装置空間から見直し、考え直さなければならないと考える。

1—4　原風景になりうる契機

前項で原風景となるあそび空間について考えてみたが、そうした空間はあくまでも日常的な空間である。しかし原風景としてこども達の心にきざまれるのは、もっと凝縮された時間の中で行なわれるあそびも多い。

日常的な場における非日常的なあそび行為や凝縮したあそび行為が、原風景を形成させる場合があるわけである。私はそれを「原風景になりうる契機」とよび、あそび環境を成立させる要件を考えた。

(1) 雪

雪の多い地方の人ばかりを調査対象にしたわけではないにもかかわらず、原風景の中で雪あそびは高い割合（第二位）を示し、また男女差、世代差もほとんど認められなかった。そうした原因はなんであろうか。

雪が降ると、村であろうと町であろうと関係なく、すべての地域を一瞬のうちにこどものあそび場に変えてしまう。どんなに自然に乏しい都市でも雪が降ることによって、こども達は町をあそび場にしてしまうことができる。雪はあそびの素材である。ある時期のみ与えられる素材である。素材であるが故に、雪あそびはまず、「つくること」から始まる。

「冬が一番印象深い。雪で何かをつくるとかね。簡単なものだったら雪ダルマから始まって、大きくなると雪合戦をするようになって、城壁を両方につくって投げ合うとか、こどもでも吹き溜りと屋根をつないで高いところからスキーで飛び降りちゃうとか……。」（四六歳男）

雪はその材質が本能的にこどもにあそびを起こさせる。まず触れてみたい、そして丸めてみたい。それが次第に発展していくと、一人では間に合わなくなり、共同作業、集団あそびへとつながっていく。雪にはそうしたあそびを誘発させる性質があるといえる。

次の事例もつくることから始まっているが、雪あそびの内容に関しては世代差よりもむしろ地域差の方が大きい。
「冬になると雪が積って、小学校の上級生が雪の滑り台のようなものをつくるんです。校庭のほとんどを使って、すごい大きい斜面を。それができるとみんなでスキーとかを持っていって滑りました。」(一九歳女)
この例の他にも、校庭、空地、道路、庭と、当然のことながらいろいろな場所に雪が降り、いろいろな場所で雪あそびがなされ、またいろいろなあそびが発明される。
「友達の近くの田んぼに積った雪を足で踏みつけて家の部屋のしきりをつくってあそんだ。」(二一歳女)
「雪の深いところに穴を掘ってあそんだ。」(二九歳女)
「大人が道を歩いてくるのを、穴を掘って、その上に雪をかぶせて落し穴をつくった。」(四三歳男)
雪の少ない地方でも、雪の持つ新鮮さが驚きとなって原風景に刻まれたり、雪が雪あそび以外の原風景を強める役割をしていることもあった。
反対に、次の事例は雪が多過ぎる地方であるが故に〈土〉が新鮮さを持っている。
「ビー玉、メンコ、ベーゴマには、春先のイメージがあるんです。雪が溶けて土が見えた時にうれしくて土でやるんですね。」(二六歳男)
それでも、雪はこどもにとっては冬を通してのあそびの素材である。しかし大人にとっては迷惑でじゃまなもの以外のなにものでもない。次の事例からは、こども達のエネルギッシュな姿とそれに対する大人の姿が浮かんでくる。
「冬はソリね。自分達でナラの木を切ってソリをつくりますでしょ。で、村が坂になってるわけね。村の番上から下まで行くと、そうね、全部で三〇分ぐらいかしら。それぐらいをソリで滑り降りました。夜、道を凍らせては、朝滑るわけ。大人に叱られてね。灰をまいたり、モミをまいたり、滑り止めされたけど、そ

んなの払っちゃって……」（四〇歳女）

村中を使ってのスケールの大きさ。前の夜からの計画。大人の禁止にもビクともせず、夢中になってあそんでいる。ソリあそびの持つおもしろさ、スピード感、スリル感というものがそうさせずにはおかない。

雪は都市をも自然のスペースに変え、強烈な原風景を形成させる契機である。雪は、一時的に都市すべてをあそび場に変えてしまうという点では、こどもにとって一種のまつりのようなものかもしれない。

(2) まつり

まつりはあそびの分類には出てこないが、原風景として数多くあらわれている。まつりのもつ華やかさ、猥雑さ、高まり、興奮、セレモニーへの参加、そういうものは一時的ではあるが、きわめてポテンシャルの高い行為であるといわねばならない。

「山の中腹の天神様の前に、すもうの土俵がつくってあった。そこで年に二回、天神様の日があってすもうをとった。そして当番の家というのが決めてあって、そこに一列になって『お世話になります！』と言ってカレーライスをいただいた。そしてその家であそんだ。広い農家を開放してもらった。天神様の前には、のぼりを二本立てた。」（二三歳女）

「山で竹（大きなもの）を切って来て、神社の裏山に（こども達が）持って行き、でかい木に登ってしばりつける。それを、地区の班ごとのチーム別に、どこが一番高くしばりつけられるかを競った。」（二三歳男）

「近くに伝統のあるお寺があり、そこの祭りの日に縁日が立った。そのカーバイトのにおいがたまらなくなつかしい。屋台には、綿菓子、オメンなどがあり買ってもらった。」（五〇歳女）

「道祖神の祭りは盛大だった。むしろ、かいこだな、縄などを持っていって、ちゃんと小屋を作る。その中に火鉢なども入れる。辻々には、燈籠を置く。馬に、たわらをくくりつけ、たいこをたたき、『早くもち持ってとんでこいよ!』と村中を走り回る。」(三〇歳女)

「雪が深くて、冬はあまり交流できないわけね。それで天神祭っていって、普通は二月二五日ですけど、冬になると毎月二五日になるとやるわけね。キンツバ焼いて、五目御飯をたいて、キンツバを焼くのがこども達の役目で、ウドン粉の中にアンコ入れて、女は女だけ、男は男だけでつくって、どっちがうまいか比べっこするわけ。」(四〇歳女)

「神社のお祭りの時、踊りの興行などが年に一度やって来るのが非常な楽しみだった。その時は自分達も、おちごさんのようなかっこうをして集まる。上級生が神社の舞台で踊るのを見て、うらやましかった。普段は神社は閉じていて、周りのらんかんであそんだり境内であそんだりしてよく行った。小さな鉄棒などもあった。木も多かった。」(五四歳男)

これらの舞台となる神社、お寺、教会の境内は、日常的にもこども達のあそびの原風景に数多くあらわれる。神社、寺を原風景のあそび場としてあげているサンプルは二一例で、全体の約二〇%(一〇八人の百分率)にも上る。このように数が多いのは、単にスペースの問題でなく、そこにおまつりというあそびの集団的高まりがあるからであると思える。すなわち場だけでなく、演出が必要であることを示している。このことは、現在の公園だけのこどものあそび場づくりに深い示唆を与えるものである。

(3) 思い入れ――つくる

あそびの中で、「物づくり」は第四位と多かった。自然のあそびの中の「物づくり」については既に触れたので、ここではそれ以外の事例を中心に考えてみたい。

「物つくり」には二つのパターンがある。一つは材料からつくる場合で、もう一つは既製の物に改良を加える場合である。それぞれの事例を以下に拾ってみた。

「スキーは最初は手づくりでしたね。山から木を切ってきてね。フェンドを曲げるのは風呂に入れるんです。お湯で温めて。でも、次の日滑るとまた元に戻ってしまうから、また風呂に入れて温めて曲げておしをして、次の日一日滑る。雪が付いてなかなか滑らないから、父の目を盗んで、お仏壇からロウをとってきて松ヤニと煮て、それを塗ったりしました。」（四三歳男）

「ベーゴマはつくる方が得意だった。精魂込めてヤスリをかけて『長嶋』なんて彫ってある文字ギリギリまで削ったり、六角や八角や、まん丸に削ったりした。だけど、弱かったからよく取られた。くやしいけど仕方ない。買い戻したり、普通のやつ何個かと取り替えてくれる子もいた。」（二七歳男）

この二事例に共通してみられるのは、対象となる物への〈思い入れ〉があることである。毎晩一緒に風呂に入ったり、親の目を盗むという危険を犯したり、精魂込めてヤスリをかけたり、と工夫を重ねていくうちに、単なる板やベーゴマが自分にとって唯一の物に変化していく。そのようなベーゴマは、普通のベーゴマ一〇個以上の価値のあるものになる。「つくる」「手を加える」と共に思い入れがなされているからである。逆に、買ったおもちゃについてあまり長く語る人がいなかった理由もその辺に考えられる。

また、つくったり、手を加えたりすることがなされなくとも、以下の事例のように〈思い入れ〉を感じる例もある。

「『イッコッチ』なんて、今やれって言われてもすぐできるくらい覚えてる。石をこんなに集めて残してお

いた。それが財産。いい石ってのがあって、それを選んでね、おはじきより石の方がやりやすい。」（二六歳女）

「メンコをお菓子の空缶のこれぐらいに入れて、それを宝のように庭に埋めておいた。」（二九歳男）

どちらも、ベーゴマ同様「取得ゲーム」に分類される。取得ゲームに伴う「物」への執着心は強い。いい石、いいメンコがあるように、量ばかりでなく質のランクもその中にはりつけられ、特別扱いされる。

「思い入れ」は、熱中、集中、夢中、執着、愛着ということとつながる。こども時代に夢中になったことが、あそびの原風景として思い出されるのである。

⑷　協働――あそび場をみんなでつくる

あそび場をこども達の仲間、青年団あるいは大人達が協働してつくるという例は意外と多く、九例にものぼった（全体比率七％）。ただしこれには、アジトづくりのような隠れたあそびでなく、地域が一体になってつくるという開放性と、温かさが感じられる。その作業に参加したり、あるいはあそんだこども達にとって、その温かな感激が、そのようにしてつくられたあそび場を原風景としているのだろう。これは、ある意味で集団のあそびの感激という点で「おまつり」と似ている。

九例のうち五例は川をせき止めてプールをつくる例、二例はスキー斜面、一例はスケートリンクである。

「川の河原が広い。そこで、カジカをやまほどとった。本流を石などでせき止めて、迂回路をつくって水を流しちゃう。そして石をどんどんどけていくと、残った石の下に魚が逃げ込む。それを手づかみでとりに行った。それはもう村中のこどもみんなで、一日がかりでやった。大人の人が、俵で浅瀬をせき止めてプールをつくってくれたりもした。」(三三歳女)

「冬になると雪が積って、すごい大きい斜面を。小学校の上級生が雪の滑り台のようなものをつくるんです。校庭のほとんどを使って、それができるとみんなでスキーとかを持っていって、そこで滑りました。海が近いから多くて二〇センチぐらいしか積らないけれど、東京と違って寒いからとけて水びたしになることがありません。」(一九歳女)

「一〇月の初め頃かな。運動会が終わると、みんなで運動場に土手を築くわけ。そこへ、プールに入れた井戸水をザァーッと入れて凍らせてね。スケートリンクができちゃう。」(四七歳男)

(5) スリル、ケンカ、空想、発見――心の高まり

ケンカは集団あそびとはいえないが、原風景となる事例は多い。ケンカは集団の行動というよりも、ケンカの時の、精神の高まりや心理的なパニック状態が強烈な思い出とするのだろう。

「『ガイラ』と呼んでいた校区外のヤツラとは仲が悪く、川をはさんで石合戦をする。ひどい時は、ワァーッと中まで入っていってね。ひっぱたいてくるわけ。本当のケンカですよ。僕らは二年、三年だから、バケツに石を入れて運んだり、まあ小使いね。戦争にいくのは、五年、六年の大きい子。」(四四歳男)

スリルがあること自体を原風景のあそびとして出した事例も多い。スリルという心理的な興奮感が、そのあそびを原風景として心に刷りこんでしまう。

「御徒町の闇市でわるさをして逃げて、上野の不忍の池へ行って分配する。当時は、緑が豊かで森だった。あそこに、とにかく逃げ込んじゃえばよかった。『こらっ』でおこられても追ってこない。スリルがあった。あそびのルートが、御徒町から上野公園、東京大学へとのび、町全体があそび場になっていた。」(三九歳男)

危険なあそびも思い出として残る。

「水泳をよくやった。流れに逆って泳ぐ。台風の三日後、まだ濁流だが危険物は流れてこないので、泳ぐ。水温は低いが水車があるのでおもしろい。上流から立ち泳ぎで鬼ごっこをして、下流までいくと、また陸上を走って上流に入る。台風の後、本当は危い。今はとてもやらせてもらえないであろうが、生きていくのが先決の時代だったので、こどものあそびにかまってなどいられなかった。」（四二歳男）

空想的なあそびの原風景の事例もある。

「麦畑で、風にゆれる麦の穂を生徒に見たてて、友達と二人で先生になったつもりで『そこの列曲ってますよ』と言っている。自分達は、麦畑の前の道（土の畦道よりは広い）にいる。」（二二歳女）

生きものの発見、美しさの発見、景色の発見、そういう驚きのあるあそびが、原風景になっている。

「原っぱに大きなイチョウの木があって、その上に登ると新宿の伊勢丹の屋上まで見えた。その原っぱの広さは、二〇〇㎡以上。また、夕暮れ時、一定の時間になると西の方からトンボが群れで飛んで来た。それを棒の先に鳥もちをつけて、すっと飛ばす。それからひもの両端に小石をつけて、ひゅんとほうると、くるくると回り、その動きをトンボが虫か何かと錯覚するらしく飛び込んで巻き込まれる。そうやってトンボをとった。」（五二歳男）

「開拓部落に化石を掘りに行った。それは、道をつくるために山をけずったその断面に出てくる。コンクリートで固めたみたいな石が出たりして、粘土のところをいっしょうけんめい掘った。」（三三歳女）

「砂州が〝おんが川〟の河口にできる。大水の後、思いもよらぬところに一夜で砂州ができる。干潮の時、渡っていく。そこですもうをとったり、上って来たイワシの群れをとったり、そこにカレイの子が、底にびっしり埋まっているのを見た。印象的だった。」（三八歳女）

「千曲川に流れ込む支流の少し入ったところの草むらの中に、大きな清水があった。きれいな水がわき出ていて、そこにエビがいた。エビは透き通っていて、お湯に入れると赤くなる。もうパンツひとつになって洋服をまくり上げていっしょうけんめいすくった。そこにはセリがあって、それをつんだりした。フナしか採れないところから引っ越したから、その透明なエビに何とも興味を引かれた。」（五四歳女）

以上、ケンカ、スリル、空想、発見というような、こどもの心に高まり、感激、驚きを与えるあそびが、こども達にそのあそびを原風景としていることが示された。

今まで「まつり」や「みんなでつくる」ような集団の興奮や「一体感と思い入れ」や「スリル、空想、発見」のような心の高まりや感激が原風景を形成してきたことをみてきたが、このことを逆にいえば、あそび環境は「感激、熱中、一体感」というような心をこども達に起こさせる可能性をもっていなければならないことがわかる。

すなわち、大人になっても心にのこるあそび場は、単に空間として存在しているのではなく、そこで、こども達が感激したり、あるいは熱中したり、あるいは友達と気持ちがいっしょになったりするという体験が必要である。

逆にいえば、こども達にそういう体験をおこさせる可能性を、あそび空間がもたなければならないということであろう。こども達のためのあそび環境として、ただ緑の多い公園や安全な広場をつくるだけでは不十分である。私達は野生的な空間をこども達に用意しなければならない。アナーキースペースやアジトスペースのもつ意味はどうもそこにあるように思う。そういう意味であそび空間の条件をここでもう一度整理してみよう。

〈自然スペース〉

① 自然スペースは、単に木や林や芝生が存在するだけでなく、そこに虫や魚やドジョウ、ヘビなどの生き生きとした生きものが必要である。

② 自然スペースは、川ならば小川、山ならば裏山というように、こどもの身近になければならない。

③ 自然スペースでは、山や林よりも、川や田んぼのように水が重要である場合が多い。

④ 自然スペースでの水と川の大きさは、幅三m以下のものが多い。

⑤ 自然スペースの山や林での構成は、〈広がりのあるスペースに面した木立〉〈低木群と広がりのある草地〉〈坂、ガケ、土手〉が多い。

⑥ 自然スペースはこども達に美しさを伝え、感動を与え、多くのあそび行為をその中に包括できる総合的なあそび場である。

〈オープンスペース〉

① オープンスペースの原風景のあそびは、野球ゲームのようなボールあそび、鬼ごっこ、追跡あそび、チャンバラのような集団ゲームあそびが多い。

② オープンスペースでのあそびは三〇〇㎡以上の広がりのあるところで行なわれたものが多い。

③ そのオープンスペースの周りは大木、家、建物、土手などがあり、それがオープンスペースのあそびを豊かにする。特に、鬼ごっこや隠れんぼをするためには、オープンスペースが単に広がりだけある空間でなく、その周囲に隠れることのできる木、建物、土手等がなければなら

ない。

〈道スペース〉

① 道スペースでの原風景のあそびは、追いかけっこ等の集団ゲームあそびと、べーゴマ、メンコ等の小集団での個人戦あそびが多い。

② 身体動作あそびの場合は、舗装か未舗装かは問題でなく、車が少ないことが絶対的な条件であって、道幅はあまり広くなく、電信柱か道祖神があそびの拠点となっている。そして、家並みの間に小さな路地やすきまのあるような、変化にとんでいて、しかも一街区をひとまわりできるような空間である。

③ 道が坂になっていて、ソリや自転車でスリルとスピードを味わうことができる構造になっていることも道スペースを豊かにしている。

④ ゲーム的なあそびの場合は、ほとんど未舗装の路地空間である。

⑤ 道スペースはコミュニケーションのあそび空間であった。すなわち、紙芝居、金魚売り、その他多くの商う人々のための場でもあり、それがこども達にとって道スペースを劇場や小さな動物園にした。

〈アナーキースペース〉

① アナーキースペースでのあそびの原風景の特徴的なイメージは、㋑暗くて隠れられる場所、㋺崩れ、壊れる場所、㋩火あそびができる場所、㋥原っぱと廃材のある場所、の四つである。こういう場所は、こども達の想像力を刺激し、チャンバラ、戦争ごっこなどは最適な舞台になる。

〈アジトスペース〉

① アジトスペースでの原風景のあそびは、アジトづくりが目的の場合と、すでにある建築的なスペースをアジトにしてあそぶ場合と二通りある。

② 既存の建築的なスペースをアジトスペースとして用いる場合は、馬小屋、小さな納屋、倉、ポンプ小屋、物置など、スケールが小さく、人間の生活の気配がない空間が、こどもの生活の身近なところにあることが必要である。

〈建築的空間〉

① 室内及び建物の周辺空間での原風景のあそびにはごっこあそび、運動あそび、自由工作あそび、隠れ家あそびがある。

② 「ごっこあそび」の空間として、階段、縁側、庭、土間、広い玄関、屋根、屋上、縁の下など、内部空間と外部空間との接点空間が多く、これらはごっこあそびの舞台として機能する。

③ 「運動あそび」の空間として、土間、縁側、広間、長い廊下などがあり、こどもにとってそれらがあることによって住宅を室内運動場にかえる。

④ 「自由工作あそび」の空間として、土間、玄関、縁側、収納、倉庫など、工作場としての住宅をみる視点が必要である。

⑤ 「隠れ家あそび」の空間として、押入れ、屋根裏、縁の下、倉庫など、隠れられる場所、秘密の場所が住宅の中のアジトスペースを形成する。

以上、こどものあそび空間の構造イメージをインタビュー調査によって掘りおこすことができたが、次章では、具体的にあそび空間の構造をフィールド調査し、本章の結果を検証していきたい。

※1　原風景という言葉は奥野健男氏『文学における原風景』で有名である。氏は次のようにいっている。「その作家の魂に焼付いて永遠に離れなくなった記憶のひとこま……を核として含み、それを支える広く深いフィールド全体をここでは〝原風景〟と呼んでみたい。」

第二章　あそび環境の構造

私はこどもの頃いつも防空壕であそんでいたわけではない。防空壕は夏が多かったように思う。いつもあそんでいたのは、私の家から三〇mもいかないところにある三〇〇㎡ほどの道路沿いの空地であった。道路は南側にあって、あまり車は通らなかった。東側はドブ川、北側はすぐ国鉄東海道線の土手であった。その土手も私達のかっこうのあそび場で、特にチャンバラごっこはほとんどここでやった。空地には、マンホールが一カ所道路際にあって、その上がなんとなく一種の溜まり場になっていた。マンホールの横に一本電柱が立っていて、そこが馬跳びの時の背になった。ゴロベース、野球、カンケリ、ビー玉、ドッジボール、隠れんぼ等、ほとんどのあそびをほとんど毎日、そこでやっていた。もちろん、道路を越えて行けばすぐに帷子川があり、それを渡れば田んぼや山が広がっていた。防空壕はその山の中にあった。川も、田んぼも、山も、季節季節、魚がとれ、ドジョウがとれる時期にあそびに行ったわけである。一年を通じ、私にとって、その小さな空地があそび場の中心であった。そこでは、いつもだれかがあそんでいた。これは、私の分類によれば、オープンスペースのあそび空間であるが、あそび場には、それを成立させている何かがあるように思える。もしその空地が三〇〇㎡よりずっと小さいものだったら、ゴロベースはできただろうか、そこに電柱がなければ馬とびをそこでやらなかったかもしれない。マンホールがなかったら、こども達はそこにすわって、友達の来るのを待っていなかったかもしれない。その空地のまわりが建物でびっしり囲まれていたら、隠れんぼはできなかっただろう。あそびとあそび空間には、それぞれの関係があり、またあそび空間にはその構造があって、あそび空間とあそび空間の相互にも影響しあうものがあるはずである。私は、こどものあそびのいろいろな調査を経て、そのようなあそびとあそび場、あそび空間の構造を調べてみた。

2—1　あそびとあそび空間

(1) あそびの分類

私が昭和四八年から五二年にかけて沖縄から北海道まで行なったあそび環境調査で採集した「あそび」は約一万例であるが、名称が同じものを除くと、約四〇〇種類であった。さらにこの中で地域や時代によって、名称だけが異なるものを一つとしてまとめると、最終的に一五七種類であった。これをもとに、あそび方やあそびの特質を考慮して、K・J法[※1]によって2—1表のような分類表を作成した。この分類では「物理的環境内でのあそび」と「人的環境内でのあそび」の二つに大きく分類されている。

「物理的環境内でのあそび」はさらに二つに分類され、一つは「物とのあそび」であり、切手集めなどの〈収集あそび〉、ミニカーや笹舟などの〈おもちゃあそび〉、花摘みやスズメとりなどの〈生物あそび〉、凧づくりなどの〈造形あそび〉の四つのあそびからなる。他の一つは「場でのあそび」であり、ピクニックや肝試しなどの〈非日常的空間体験〉、隠れ家づくりや爆竹あそびなどの〈アナーキーあそび〉の二つのあそびから成る。

「人的環境内でのあそび」は、「人とのあそび」と「行為のあそび」の二つに分類されている。「人とのあそび」は、野球やオセロなどの〈ゲーム〉と、スターの物真似ごっこや駄菓子屋あそ

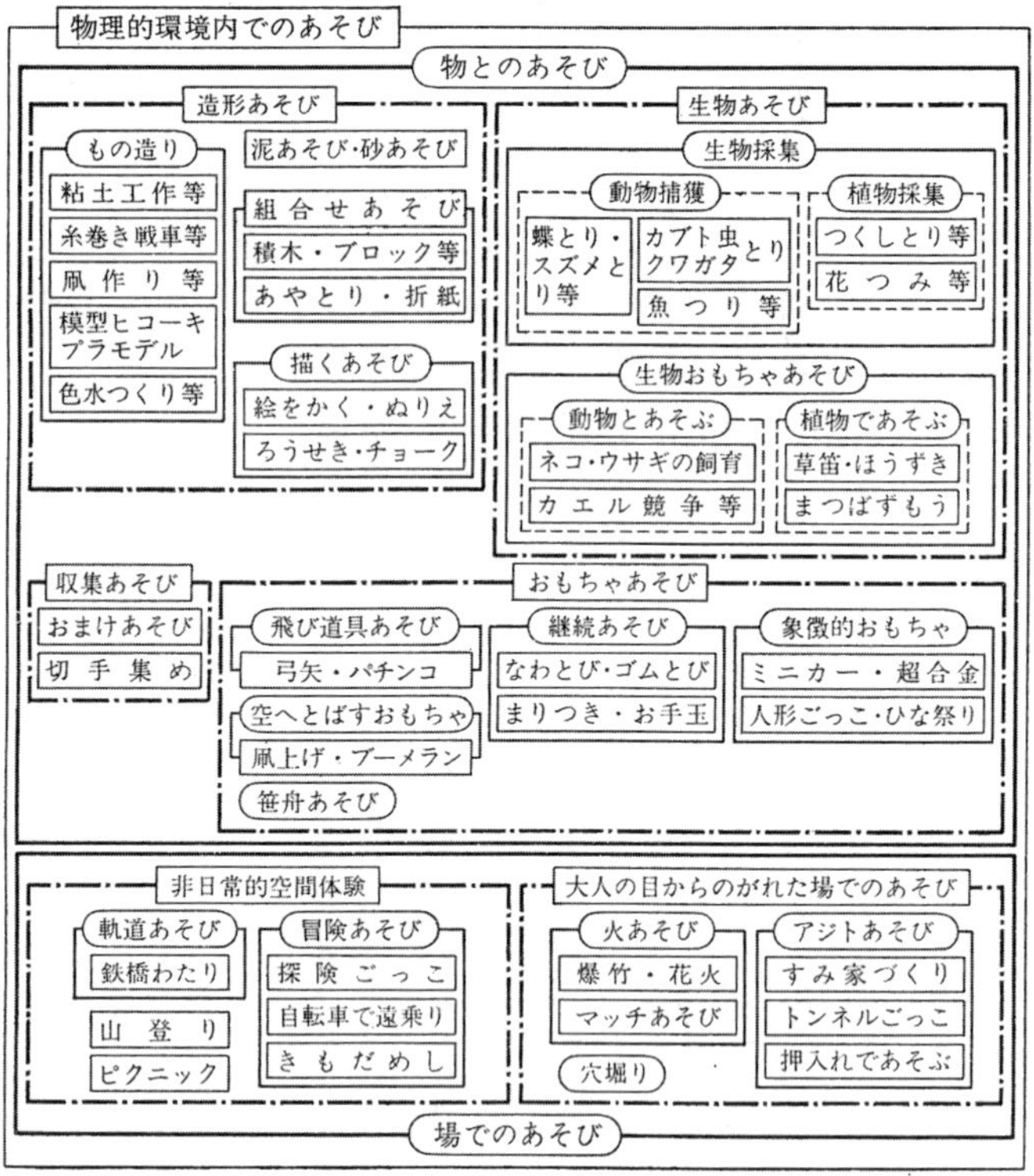
物理的環境内でのあそび
物とのあそび
造形あそび
もの造り
粘土工作等
糸巻き戦車等
凧作り等
模型ヒコーキ
プラモデル
色水つくり等
泥あそび・砂あそび
組合せあそび
積木・ブロック等
あやとり・折紙
描くあそび
絵をかく・ぬりえ
ろうせき・チョーク
生物あそび
生物採集
動物捕獲
蝶とり・スズメとり等
カブト虫クワガタとり
魚つり等
植物採集
つくしとり等
花つみ等
生物おもちゃあそび
動物とあそぶ
ネコ・ウサギの飼育
カエル競争等
植物であそぶ
草笛・ほうずき
まつばずもう
収集あそび
おまけあそび
切手集め
おもちゃあそび
飛び道具あそび
弓矢・パチンコ
空へとばすおもちゃ
凧上げ・ブーメラン
笹舟あそび
継続あそび
なわとび・ゴムとび
まりつき・お手玉
象徴的おもちゃ
ミニカー・超合金
人形ごっこ・ひな祭り
非日常的空間体験
軌道あそび
鉄橋わたり
山登り
ピクニック
冒険あそび
探険ごっこ
自転車で遠乗り
きもだめし
大人の目からのがれた場でのあそび
火あそび
爆竹・花火
マッチあそび
穴堀り
アジトあそび
すみ家づくり
トンネルごっこ
押入れであそぶ
場でのあそび

2—1表　あそびの分類表

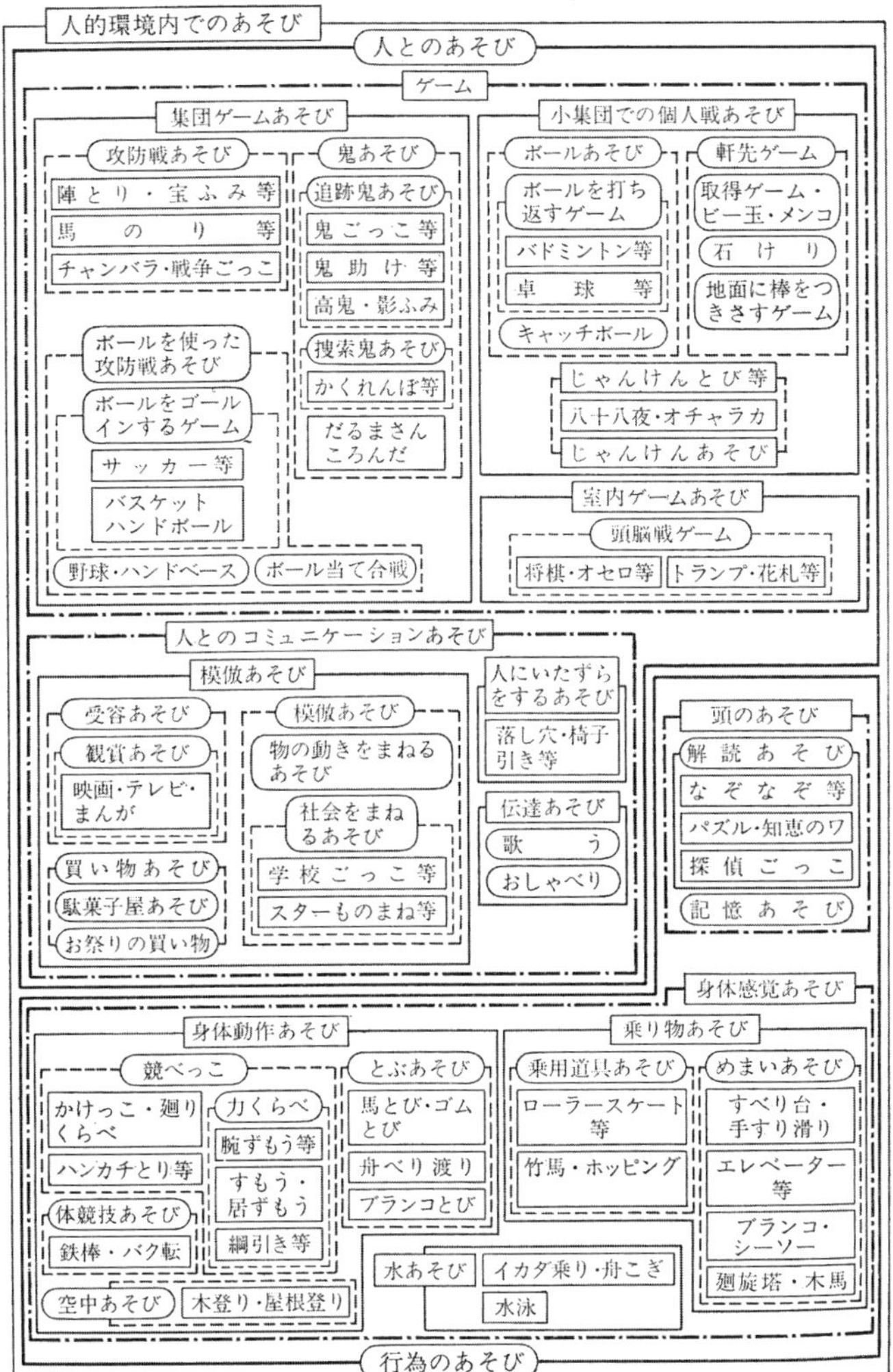
人的環境内でのあそび
人とのあそび
ゲーム
集団ゲームあそび
攻防戦あそび
陣とり・宝ふみ等
馬のり等
チャンバラ・戦争ごっこ
鬼あそび
追跡鬼あそび
鬼ごっこ等
鬼助け等
高鬼・影ふみ
搜索鬼あそび
かくれんぼ等
だるまさんころんだ
ボールを使った攻防戦あそび
ボールをゴールインするゲーム
サッカー等
バスケットハンドボール
野球・ハンドベース
ボール当て合戦
小集団での個人戦あそび
ボールあそび
ボールを打ち返すゲーム
バドミントン等
卓球等
キャッチボール
軒先ゲーム
取得ゲーム・ビー玉・メンコ
石けり
地面に棒をつきさすゲーム
じゃんけんとび等
八十八夜・オチャラカ
じゃんけんあそび
室内ゲームあそび
頭脳戦ゲーム
将棋・オセロ等
トランプ・花札等
人とのコミュニケーションあそび
模倣あそび
受容あそび
観賞あそび
映画・テレビ・まんが
買い物あそび
駄菓子屋あそび
お祭りの買い物
模倣あそび
物の動きをまねるあそび
社会をまねるあそび
学校ごっこ等
スターものまね等
人にいたずらをするあそび
落し穴・椅子引き等
伝達あそび
歌う
おしゃべり
頭のあそび
解読あそび
なぞなぞ等
パズル・知恵のワ
探偵ごっこ
記憶あそび
身体感覚あそび
身体動作あそび
競べっこ
かけっこ・廻りくらべ
ハンカチとり等
力くらべ
腕ずもう等
すもう・居ずもう
綱引き等
体競技あそび
鉄棒・バク転
とぶあそび
馬とび・ゴムとび
舟べり渡り
ブランコとび
空中あそび
木登り・屋根登り
乗り物あそび
乗用道具あそび
ローラースケート等
竹馬・ホッピング
めまいあそび
すべり台・手すり滑り
エレベーター等
ブランコ・シーソー
廻旋塔・木馬
水あそび
イカダ乗り・舟こぎ
水泳
行為のあそび

びなどの〈コミュニケーション〉の二種類から成る。また「行為のあそび」は、すもうや馬跳び、竹馬やブランコなどの〈身体感覚あそび〉と、「なぞなぞ」などの〈頭のあそび〉の二種類から成る。さらに各項目を細分化して作成したのが2―1表である。

従来あそびの分類については、児童心理学者が数多くの分類方法をこころみている。シャロッテ・ビューラ[※2]、パーテン[※3]、ピアジェ[※4]等であるが、その多くはこどもの発達初期の行動のみに関心をよせた分類である。

それらに対して私は、まず具体的なあそびの採集からはじめ、あそびの分類を建築学的にあるいは空間的に行なうことを試みた。

(2) あそびとあそび空間の関係

序章で「あそび空間」は「あそび」とも直接的な関係があることが多いことを述べたが、ここでこの関係を明確にするために、全国調査約一二〇〇人のこども達におけるあそび空間とあそびの関係を前述の分類に従って調べてみると、2―2図、2―3図のような関係図が得られた。

〈自然スペース〉でのあそびは「物あそび」と「場あそび」が多く、「身体動作あそび」と「ゲーム」の一部が行なわれる。

〈オープンスペース〉のあそびは「ゲーム」が多く、「身体動作あそび」と「物あそび」の一部もみられる。

〈道スペース〉でのあそびは、五つの分類でのあそびを行なうことが可能である。特に「身体動

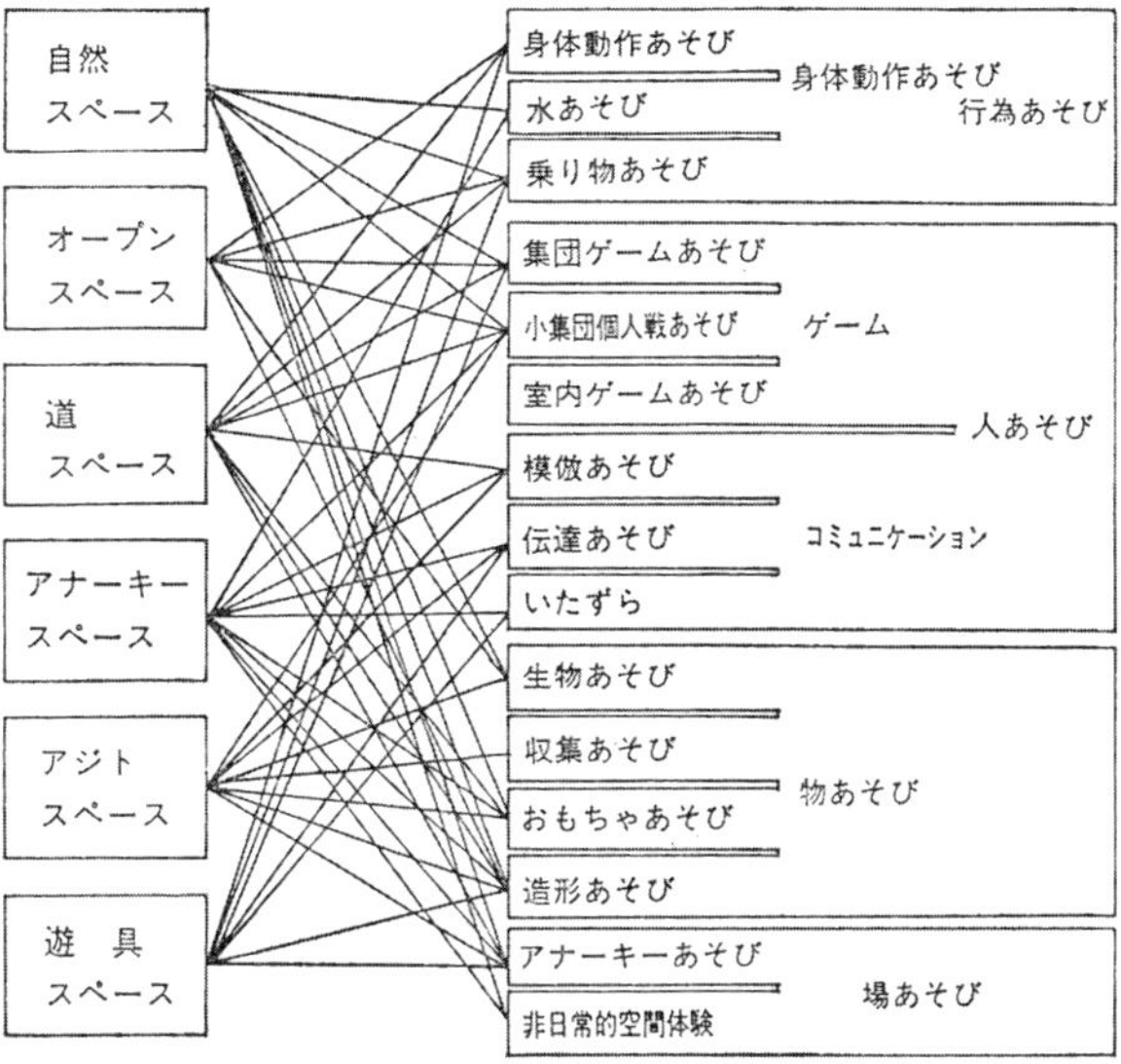

2—2表　あそびの空間とあそびの関係—その1

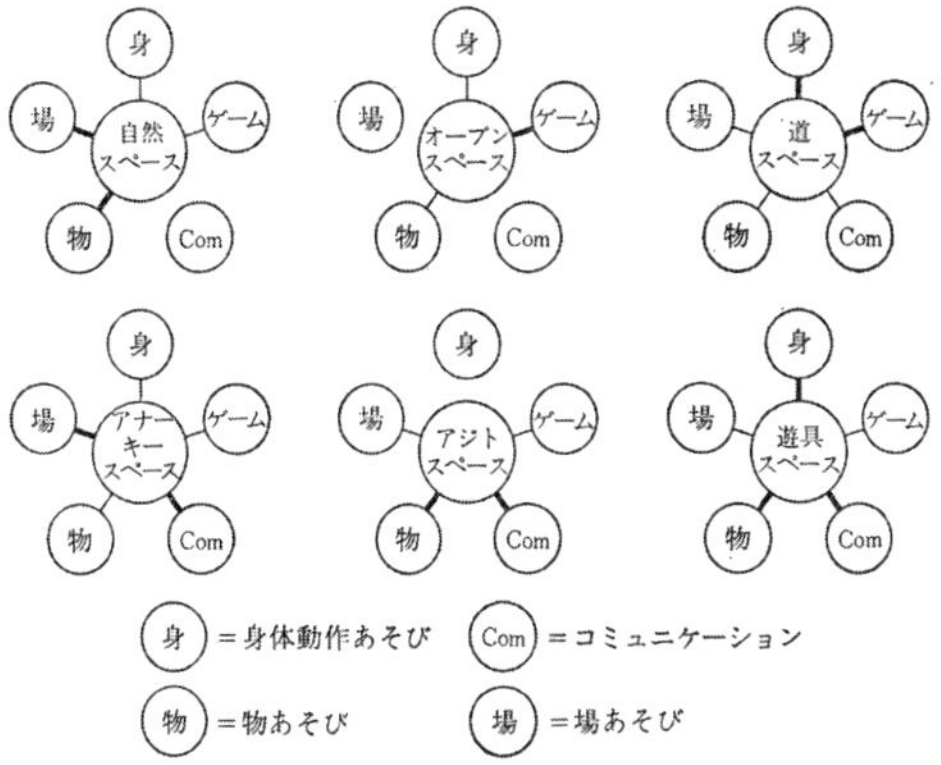

2—3表　あそびの空間とあそびの関係—その2

作あそび」と「ゲーム」が多くみられる。

〈アナーキースペース〉のあそびは「場あそび」と「コミュニケーションあそび」が多く、「身体動作あそび」「ゲーム」「物あそび」も行なわれることがある。

〈アジトスペース〉では、「身体動作あそび」以外のあそびを行なうことができ、特に「物あそび」と「コミュニケーションあそび」が多く行なわれる。

〈遊具スペース〉では、五つの分類であそびを行なうことが可能である。特に「身体動作あそび」と「コミュニケーションあそび」が多くみられる。

(3) あそび空間相互の関連性

アジト、アナーキー、道具スペースの三つのあそび空間を考えてみると、共通しているのは、廃屋、廃材、遊具に代表されるように、これらのスペースを成立させているのが一種の空間的装置であることに気付く。従って、これらを装置系とよぶならば、自然、オープン、道スペースに共通しているのは、フィールドとよべる空間である。前者三つを装置系あそび空間、後者三つをフィールド系あそび空間と分類する。

私は、あそび空間として六つの空間を提案し、それによってこどものあそび環境を分析しているが、量的にも質的にもこの六つの空間が等しいポテンシャリティーをもつものとは考えられない。前述したあそびの原風景の調査においても、原風景のあそび場として自然スペースが三八％、オープンスペースが二八％、道スペースが一二％と大きな割合をしめ、他のアナーキー（五％）、アジト（三％）、遊具（一％）のスペースとは明らかに異なっている。

このことから、フィールド系のあそび空間と装置系のあそび空間を考えてみると、あそび空間としては、フィールド系が主であって、装置系が従であると考えられる。

自然スペースでの動物捕獲的あそびは、他の空間では行なえないことは第一章で述べた。しかし、それ以外の運動的なあそびは、他のフィールド系あそび空間でも行なうことが可能である。

オープンスペースと道スペースは統計的にも相関が高いが、多くの場合、この両者におけるあそび内容には共通するものが見られる。大屋霊城氏は大正一二年、大阪都市部での調査で、道であそぶこどもが全体の三二％以上であったと述べている[※5]。当時は車もまだそれほど普及しておらず、都市のこどものあそび場として、道がフィールド系のあそび空間の役割を果たしていたと考えられる。

装置系のあそび空間は、面積的にいえば、フィールド系に比べて小さい。しかし前述したように、アナーキー、アジトの空間は、きわめて原風景になりやすい性格をもっており、単に空間が小さいからといって無視できないものがあり、また遊具のスペースも同様である。

かつてアナーキー、アジト的なスペースで行なわれていたコンバットごっこ、射ち合い、アジトごっこ、チャンバラごっこ等の、集団ゲームあそびは、東京などの都市化のはげしい地区では、公園の遊具周辺で行なわれている。都市化が進むに従って、アナーキー、アジトのような装置系あそび空間も減少している。これらでのあそびをフィールド系がカバーできるものでなく、遊具の空間がそれを補完していると考えられる。

2—2 あそび場の構造

あそび場として、こども達が使う空地や道路には、単に広がりだけでない、その空間の質あるいは構造みたいなものがあるように思える。それを確かめるため、横浜の二つの小学校区におけるあそび場調査をしてみた。この調査は、調査地域内におけるあそびとあそび場を、調査者の観察によって、くまなくひろい出し、その空間的特徴を分析しようとしたものである。調査地は横浜市桜台小学校区（以後A地区という）と上管田小学校区（以後B地区という）であり、この両地区の小学校を中心に約五〇haの区画を調査研究した。調査表は2—4図のようなものを作成した。調査は、土、日を含む四日間（昭和五四年五月）をかけて行なった。その結果A地区では五八ヵ所、B地区では四七ヵ所のあそび場を抽出することができた。

(1) あそび場の条件

採集されたあそび場のうち、すべてかあるいはほとんどのあそび場が共通してもつ特徴を考察してみると、まず第一の条件は、そこがあそびを妨害されない場所であることである。すなわち自動車の侵入や、立ち入り禁止の大人の叫び声がないことや、人通りがあまりはげしくないこと等である。こども達があそびをほとんど中断されず、安心して遊ぶことができる場所である。第

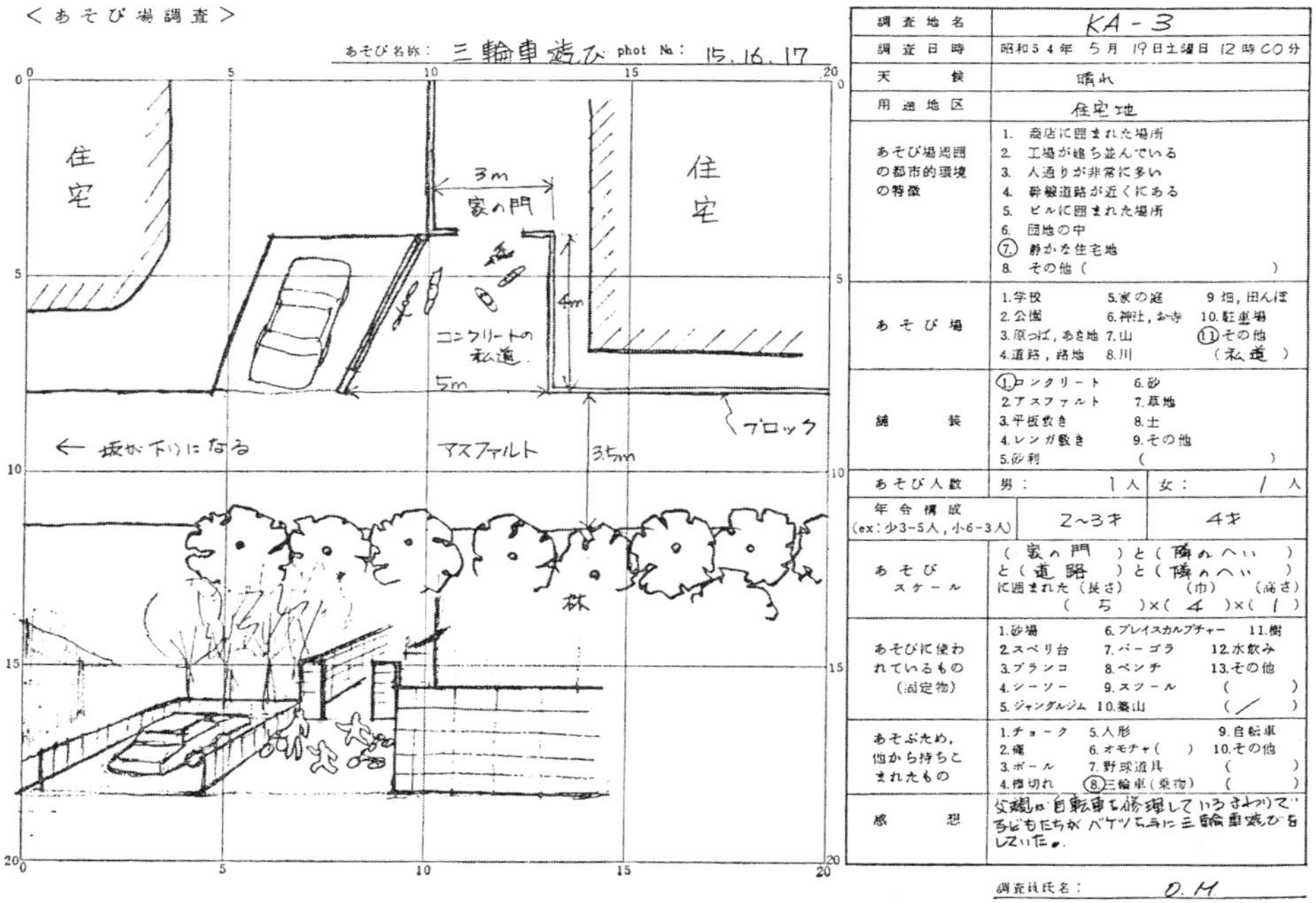

調査地名	KA－3
調査日時	昭和54年 5月 19日土曜日 12時00分
天候	晴れ
用途地区	住宅地
あそび場周囲の都市的環境の特徴	1. 商店に囲まれた場所 2. 工場が建ち並んでいる 3. 人通りが非常に多い 4. 幹線道路が近くにある 5. ビルに囲まれた場所 6. 団地の中 ⑦. 静かな住宅地 8. その他（ ）
あそび場	1.学校 5.家の庭 9.畑，田んぼ 2.公園 6.神社，お寺 10.駐車場 3.原っぱ，あき地 7.山 ⑪その他 4.道路，路地 8.川 （私道）
舗装	①コンクリート 6.砂 2.アスファルト 7.草地 3.平板敷き 8.土 4.レンガ敷き 9.その他 5.砂利 （ ）
あそび人数	男： 1人 女： 1人
年令構成（ex：少3−5人，小6−3人）	2〜3才 4才
あそびスケール	（家の門）と（隣のへい） と（道路）と（隣のへい） に囲まれた（長さ）（巾）（高さ） （5）×（4）×（1）
あそびに使われているもの（固定物）	1.砂場 6.プレイスカルプチャー 11.樹 2.スベリ台 7.パーゴラ 12.水飲み 3.ブランコ 8.ベンチ 13.その他 4.シーソー 9.スツール （ ） 5.ジャングルジム 10.築山 （／）
あそぶため，他から持ちこまれたもの	1.チョーク 5.人形 9.自転車 2.縄 6.オモチャ（ ） 10.その他 3.ボール 7.野球道具 （ ） 4.棒切れ ⑧三輪車（乗物） （ ）
感想	父親が自転車を修理しているまわりで子どもたちがバケツを手に三輪車遊びをしていた。

調査員氏名： O.M

図2—4　あそび場調査カード

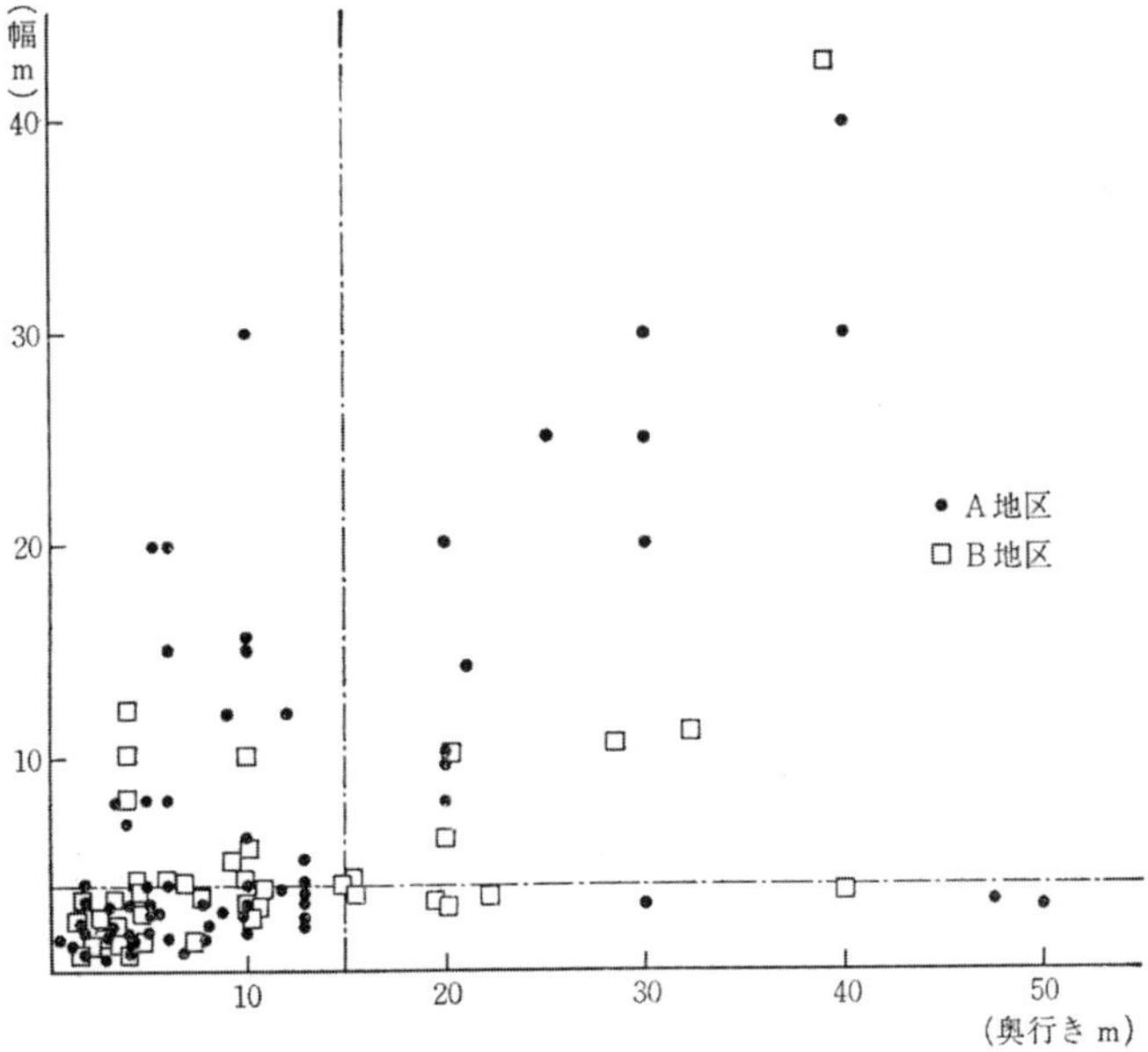

2—5図　あそび場の広さ（道路に対しての間口、奥行き）

二に、採集されたあそび場は、常に誰かに見られる場所にあった。道路に接しているか、家々に囲まれていても、閉鎖的な空間でなく、常に誰かが通りかかったり、見られたりするような場所であった。このことと関連することであるが、第三に、採集されたあそび場のほとんどは、道そのものか、道がふくらんだものか、道に接している場所であった。もちろんこの結果は私達の調査の方法にも関係がある。私達はこども達のあそんでいる場所を二つの地区内で歩きまわることによってひろい出したわけであるが、前章でのべたアジトのあそび等は、大人の目をかくれてのあそびだから、その場所が抽出されにくいのは当然である。アジト以外のあそび場としては、前述の三つの条件をあてはめることができると思われる。

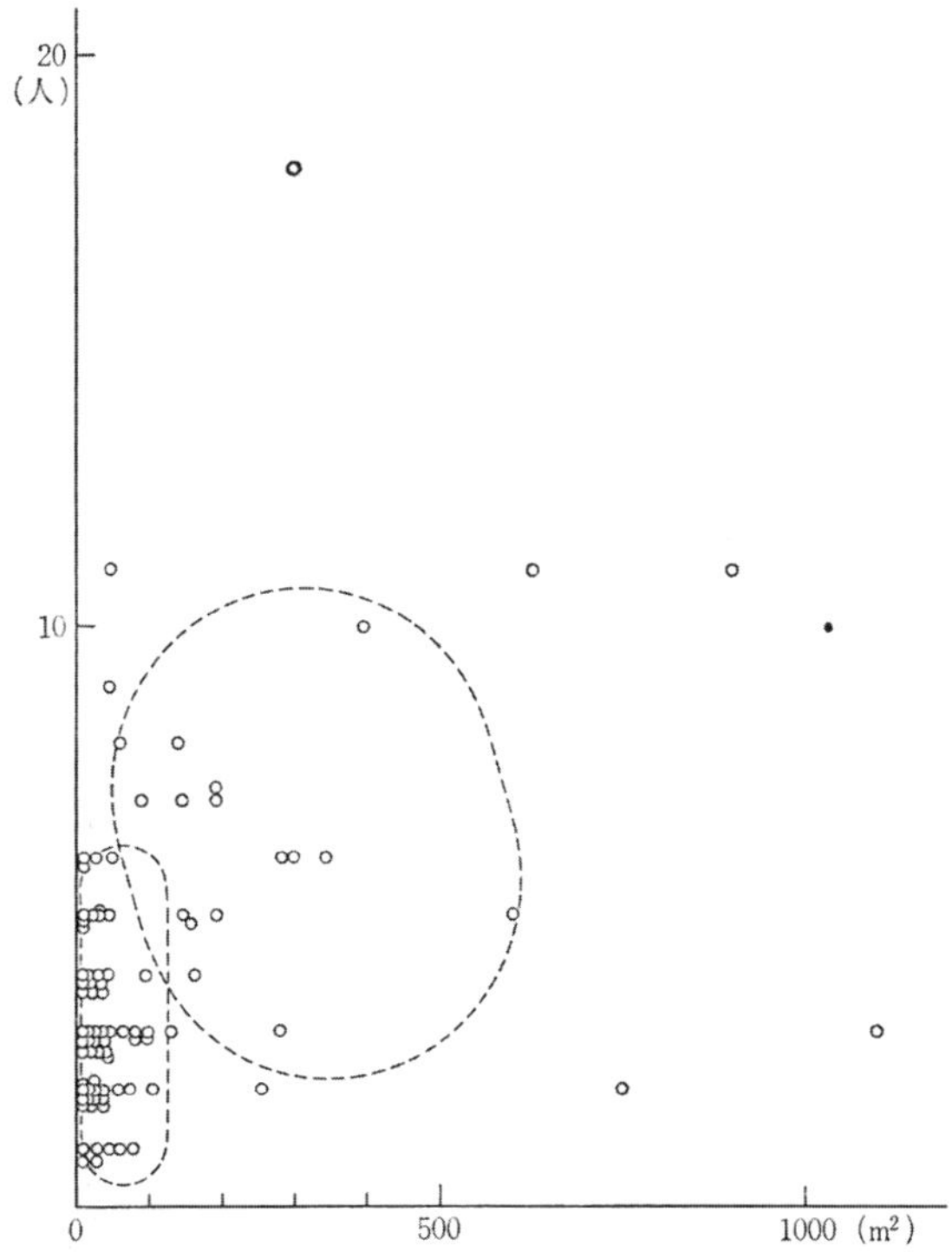

2—6図　あそび場の広さとあそび人数

(2)　あそび場の広さと人数

あそびが行なわれるときのあそび場の広さを図示したものが2—5図である。飛び抜けて広い面積を必要とするあそび(例えば野球、サッカー等)があるものの、二地区とも、ほぼ、4m×15m×60㎡以内で行なわれているあそびが多い。A地区では約六七%、B地区では約八八%が六〇㎡以内のあそび場であそばれている。あそび場の広さとあそび人数との関係をみてみると、2―6図に示すように、あそび場の広さが六〇㎡前後で、あそび集団人数が三～四人を中心にしたグループと、広さもあそび人数も大きいグループの二種類に分けられる。

(3) あそび場の型

採集されたあそび場の中から同じような空間構造をもつものを集めていくと、以下の四つの型に分類された(2―7図)。

〈モール型〉

この型は、いわゆる路上あそびが行なわれる道路である。そのためには、交通量が非常に少ない道路でなければならない。あそび場として使われている道路は、「直線道路」が約五割、「T字路」と「十字路」がそれぞれ約三割と一割であるが、どのタイプの道路でも観察調査中には車の侵入は見られなかった。あそび場となっている道路には、幅員が狭いものや、段差等があるものなど、道路構造上、実際には車が侵入できない道路が約三割程度もある。一方、車が通れるような道路では、道路の両側が建物やブロック塀等で完全に塞がれているものは少ない。多くの場合、車庫や庭、空地等が、生垣のように通過可能なもので仕切られたポケット的な空間があるところにあそびが発生している。この型のあそびの大きな特色の一つは、あそび場が路上であるので、そこには学校や塾の帰りの友達が、また、どこかへあそびに行く友達が通りがかり、容易にあそび仲間に誘い入れることができることである。

名称	あそび場	実例写真	主なあそび
モール型	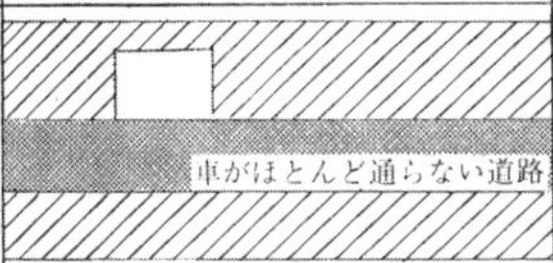		キャッチボール 自転車乗り バトミントン 縄跳び
ポケット型	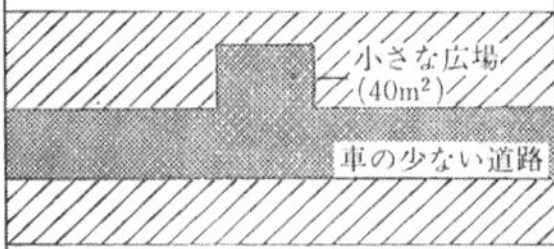		くつかくし ヘイ登り ままごとごっこ 雑談
シンボル型	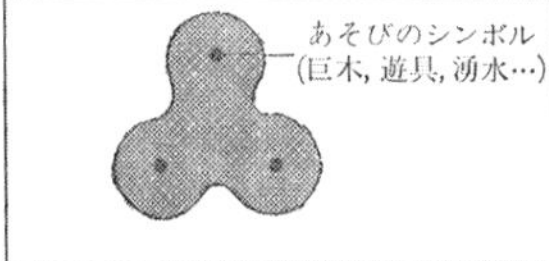		木登り どろ山あそび 水あそび 遊具あそび
エッジ型	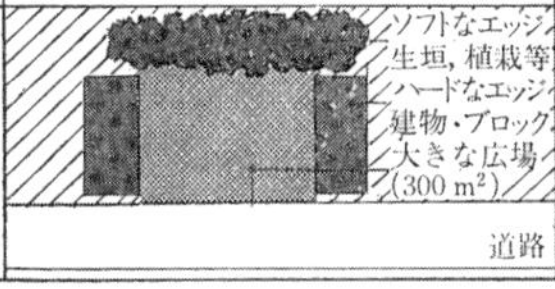		野　球 ドッジボール バレーボール サッカー

2—7図　あそび場の型

〈ポケット型〉

道路際にアルコーブ状にできた小広場のあそび場である。多くは家の前の車庫や家と道路との間の小さな空地であり、特別にあそびに使われる設置的なものはなく、面積も狭く、このあそび場はポケットとなる部分と、それに面する道路とが密接に関係しながら一つのあそび場をつくっている。従って、道路に車の侵入が少ないことが、この型のあそび場が成立するために重要な条件である。あそび方の特徴としては、ポケットの大きさ、形、材質等に対応した独創的なあそびが多い。

〈シンボル型〉

他のあそび場と異なり、縁（境界線）によってあそび空間が形成されるのではなく、あそびのシンボルがあることによって成立するようなあそび場である。具体的にシンボルとなっているもので最も多いのが遊具である（約五割）。土手、湧水、巨木といった突出した性格をもった自然のシンボルも多い。この型のあそび場では、あそびの中心となるシンボルの特質にあったあそびが確立しており、非常にバラエティーに富んだ独創的なあそびが観察されている。

この型のあそび場は広がりよりもシンボルによって形成されるため、そのシンボルの質によって、あそびの性格も、あそびの方法、あそび人数も決定される。

〈エッジ型〉

あそび場がある種のエッジ（＝縁）により区画され、一つの完結した空間をもつ型である。この型の平均面積は約三〇〇㎡であり、広いものが多い。この広さとともに、その空間をつくっている縁の構成があそびに大きな影響を与えている。たとえば、この型のあそび場で行なわれている〝野球〟をみると、道路を越えて打った者は本来ならホームランとなるが、ここではアウトであったり、フライを打ってそばの屋根にのり、ボールが地面に落ちる前に捕ればアウトであるとか、バットはビニールバットでなければいけないなど、その場所の空間構成に即したルールをつくり出している。具体的にエッジとなっているものは、すべてのあそび場と同様に、その一つは「道路」である。「道路を除いた三方のエッジ」は建物やブロック塀といった通過不可能なものと、林や畑、植栽、生垣などのようにその中に入ること、通過することができるエッジとによって構成されている。

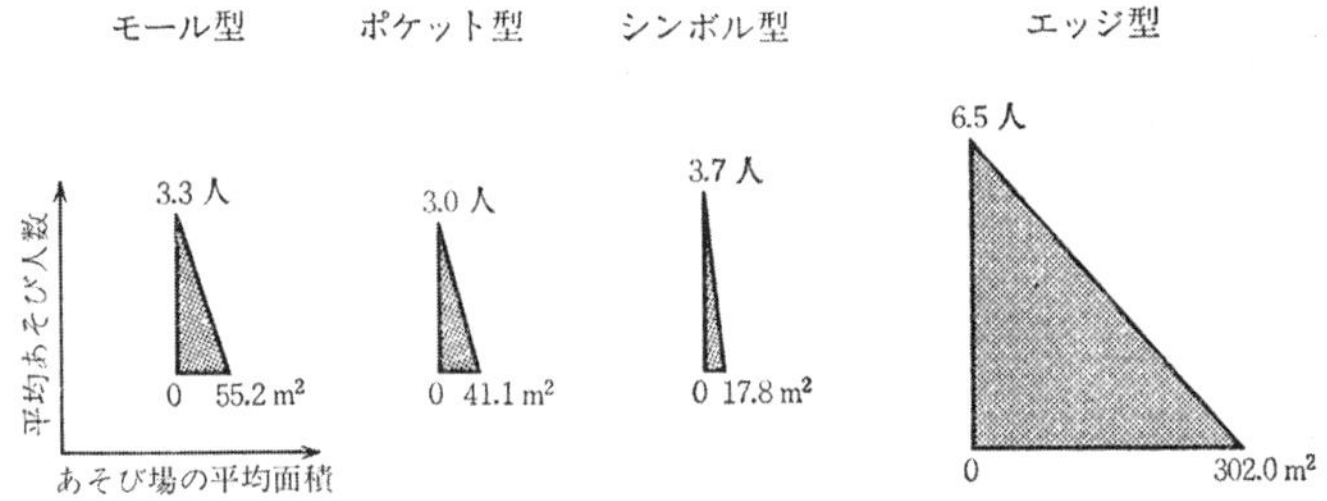

2—8図　あそび場の面積とあそび人数

この型のあそび場で行なわれているあそびは、野球、サッカー、ドッジボール、バレーボール等、スポーツ的な集団あそびが多い。

(4) あそび場の基本型

あそび場の広さとあそび人数の関係については2—6図のごとく、大きく二つに分けられると述べたが、これをあそび場の型別にもう少しくわしくみてみると、2—8図のように、あそび場の広さが平均二〇〜六〇㎡、あそび人数が三〜四人である「モール型」「ポケット型」「シンボル型」のあそび場のグループと、あそび場の広さが平均三〇〇㎡、人数が六〜七人の「エッジ型」のあそび場とに分かれる。

「エッジ型」のあそび場は、道路も含めたエッジで囲まれた一つの完結したあそび空間であり、あそび場となる三つの基本条件が最も侵されにくいあそび場である。さらに「エッジ型」を構成する様々な性質をもった〃エッジ〃や〃ペーブメント〃、そして空間の広がりといった要素の中に、他の三つのタイプのあそび場の構成要素を潜在的にすべてもっているあそび場である。そこで総括的な内容をもつ「エッジ型」をあそび場の基本型とすると、様々な条件が作用した結果、その変型として「モール型」「ポケット型」「シンボル型」のあそび場が発生すると考えられる。たとえば「モール型」は、空地を確保できず、エッジの一つである道路のみで残ったタイプであり、「ポケット型」は広い空間でなく小広場からできたあそび場であり、そして「シンボル型」はエッジ、または広場の中にある素材が突出した性格をもった「エッジ型」のあそび場のひとつと考えられる。

(5) 六つのあそび空間とあそび場

こどものあそび空間として〈自然スペース〉〈オープンスペース〉〈道スペース〉〈アナーキースペース〉〈アジトスペース〉〈遊具スペース〉の六つのあそび空間があると仮説をたて、それぞれの空間の意味及び役割についてはすでに述べてきたが、この六つのあそび空間とあそび場の型の相関性について考えてみると、六つのあそび空間はそれぞれのあそび場の型をもっているようである。それをそれぞれ対応させてみると2―9表になる。

あそび場の型	6つのあそび空間
モール	道
ポケット	オープン
エッジ	アナーキー，オープン，自然
シンボル	遊具，自然，アジト

2―9表

すなわち、モールは文字通り道スペースであり、オープンスペースやアナーキースペースはポケット型あるいはエッジ型の空間をもっており、遊具、自然、アジトスペースは、それらを構成する素材、動物、物、空間等によってシンボル型といえよう。

(6) あそび場とあそび内容の関係

あそび場にも、いつも同じようなあそびが行なわれているあそび場と、あそび人数や年齢によっていろいろなあそびが行なわれているあそび場がある。前者は「シンボル型」や「ポケット型」が多く、後者は「モール型」や「エッジ型」のあそび場に多く観察されている。「シンボル型」や「ポケット型」では、発見されたあそび場の数だけあそびが観察されている。このあそびには、多くの場合、名前がないあそびが多い。こども達に今あそんでいるあそびの名前を尋ねても、明快な答えは返ってこない。わずかに「樹に吊したタイヤあそび」とか、「○○くんチの横の空地あそび」「どろ山あそび」等、その場所の特徴で呼んでいる程度である。こうしたあそび場で行なわれるあそびは、その場所の特性に大きく影響されたあそびが多く、それだけあそびが限定され、単一的なアノニマスなあそびとなっている。

このようなあそび場に対して、同じ路上でキャッチボールや、自転車乗り、バトミントンが行なわれたり、同じ広い空地で野球やドッジボール、バレーボールが行なわれるなど、同じ場所でも数種類のあそびが行なわれるあそび場がある。これらのあそび場では多くの場合、名前やルールが一般的であり、誰でもが知っているあそびが行なわれている。

(7) あそび場の配置

① あそび場の分布

あそび場の基本型である「エッジ型」と、その変型である「モール型」「ポケット型」「シンボル型」との分布をみると、2―10図、2―11図のようになる。

A地区では、あそび場五八ヵ所中八ヵ所が「エッジ型」のあそび場であり、B地区では、あそび場四七ヵ所中一二ヵ所が「エッジ型」のあそび場であった。

② あそび場の距離

A地区及びB地区のあそび場の総数は、それぞれ五八ヵ所と四七ヵ所であった。A、B地区の調査範囲は、共に約五〇haであるので、仮にこれらのあそび場が均一に散在しているとするとほぼ半径五〇～六〇m圏に一ヵ所あそび場があると考えられる。児童公園の誘致圏は、二五〇mとする場合が多いが、実際のあそび場はもう少し高密度に分散していると考えられる。A、B地区の小学生（六～一二歳）の密度は、約一〇人／haであるので、ほぼ小学生八～一一人に一ヵ所あそび場があると考えられる。また「エッジ型」のように広い面積（約三〇〇㎡）をもつあそび場は2―10図、2―11図のように、小さなあそび場（約六〇㎡）四～七ヵ所に一ヵ所程度の割合で分散している。すなわち、その誘致圏は約一二〇～一三〇mであり、児童公園の誘致圏（二五〇m）のほぼ半分の距離である（2―12図）。

③ あそび場と空間量

次章でのべるあそび空間量調査、すなわち、それぞれの地区のこども達があそび空間をどのくらいもっているかという調査（昭和五一年実施）をした結果、A地区は五一九二㎡、B地区二五五七㎡で、A地区のこどもの方がB地区にくらべ二倍も、あそび空間をもっていた。これはA地区とB地区のあそび場の分布に見られるように、「モール型」をはじめとして「シンボル型」

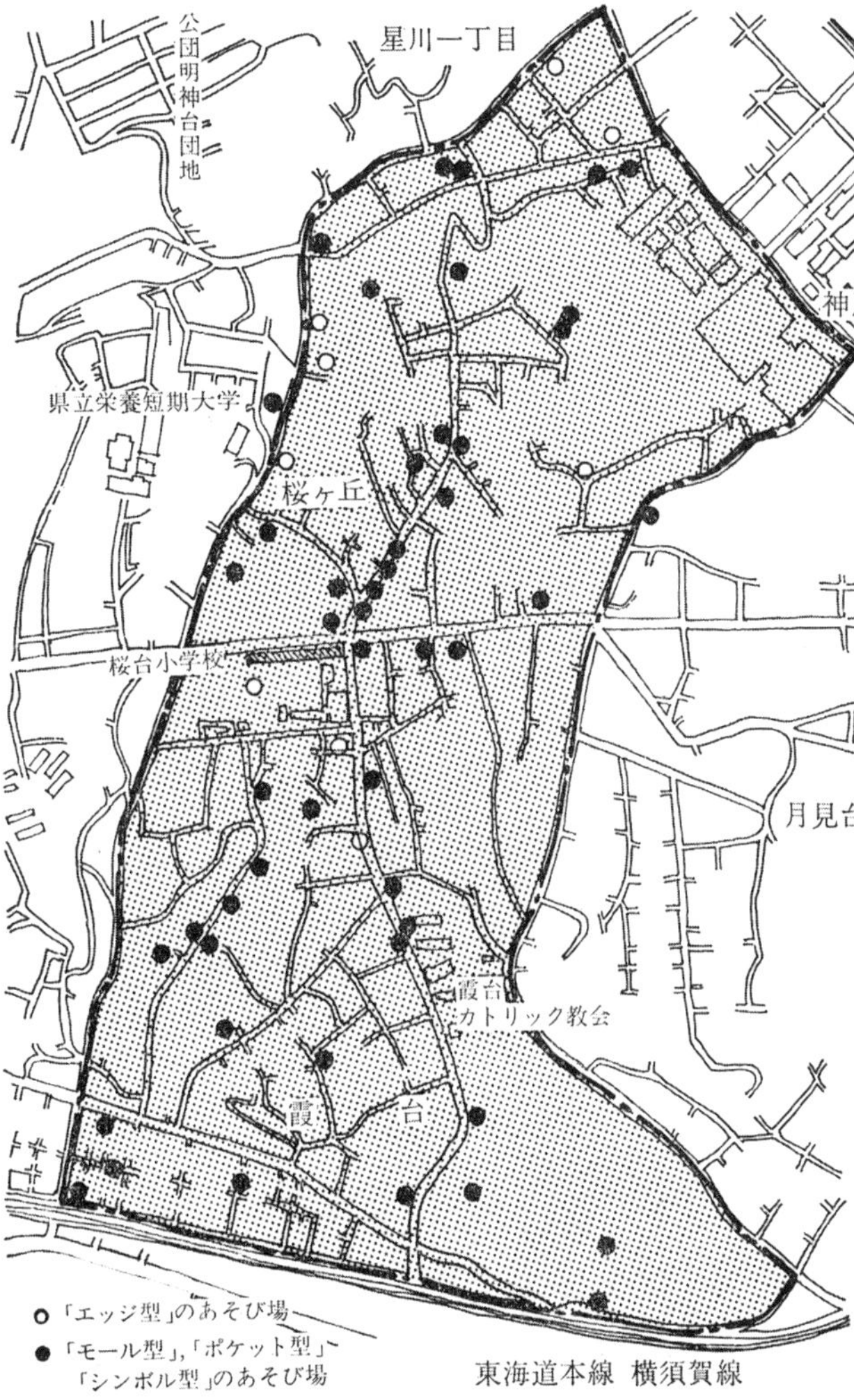

2—10図　A 地区のあそび場の分布

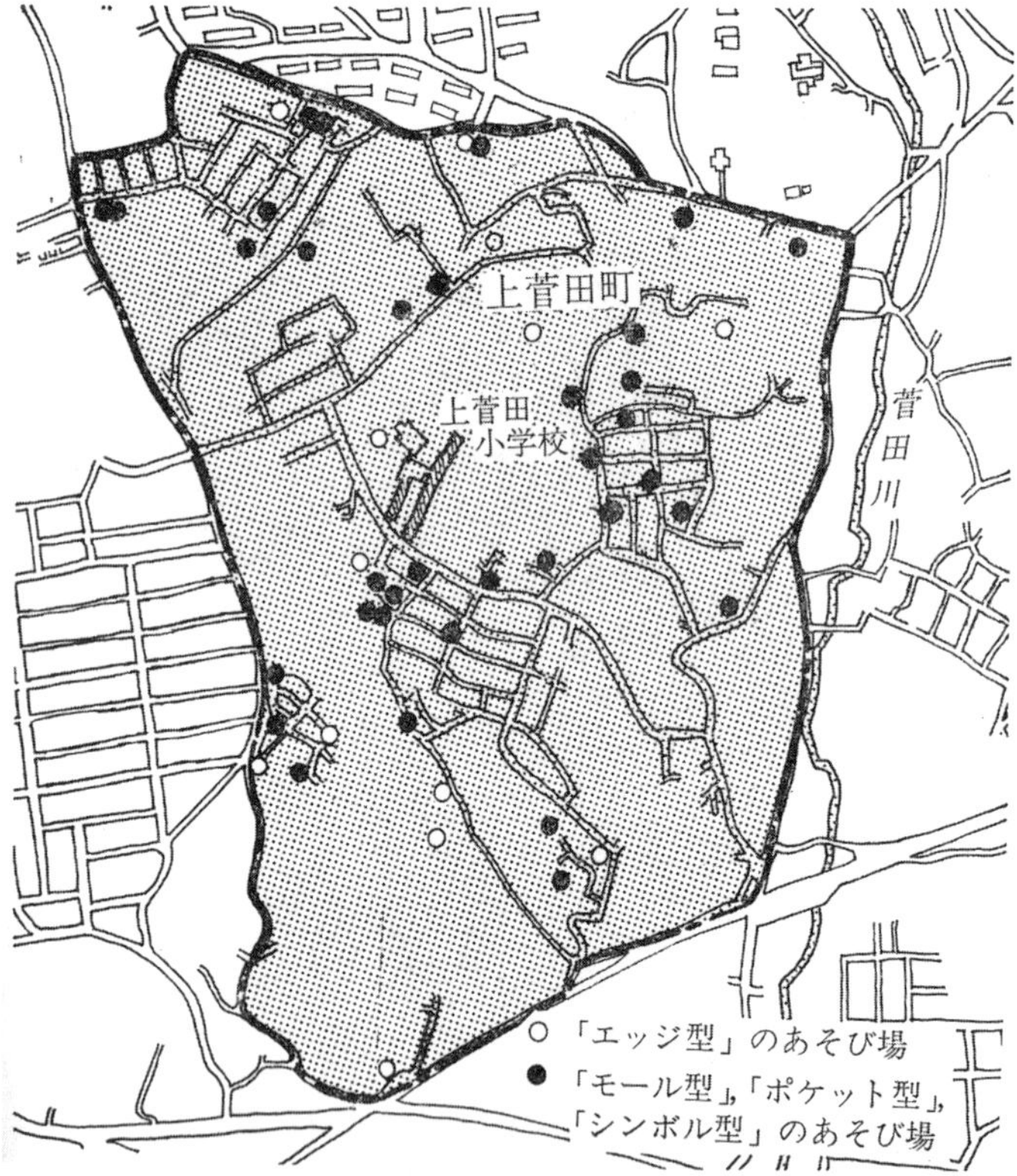

2—11 図　B 地区のあそび場の分布

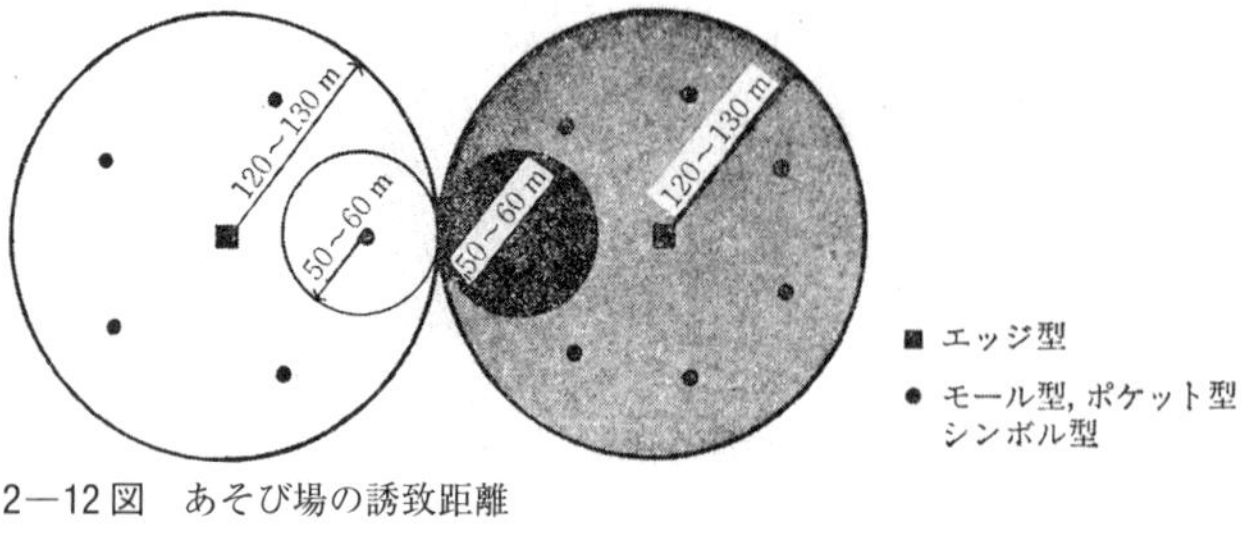

2—12 図　あそび場の誘致距離

「ポケット型」のあそび場のような、起点となるあそび場があることが、あそび空間量の大小に大きく影響を与えていると考えられる。

こどものあそび場は、五〇〜六〇m圏に一ヵ所、すなわち徒歩で一分以内のところにあそび場があることが明らかとなった。これらのあそび場は、こども達の行動をあそびへ転化させる非常に身近にある誘致装置と考えられる。この誘致装置を都市内に多くもつA地区のこども達の方がより多くあそびへ行動を移しやすく、その結果、あそび場の総合的な面積では大きな差がないA、B地区において、A地区のこども達の方があそび空間量を多くもっていることとなった、と推定できる。

④　あそびの展開

「エッジ型」の変型タイプのあそび場の中で、「モール型」は〝道〟があそびの舞台となるので、そこを通りかかった友達をあそびに誘い入れ、あそび仲間をだんだん増やしていくことができる、こども達にとって身近にあるあそび場である。各あそび場の平均面積とあそび人数は、2—8図にみる通りであるが、「シンボル型」「ポケット型」「モール型」のこども一人当りの占有面積は、五〜一七㎡である。従って、ある程度あそび仲間が増加するとより広いあそび場、つまり「エッジ型」の広いあそび場へと移って行くと考えられる。

「エッジ型」でのあそびは、野球を始め、バレーボール、ドッジボールといった二つのグループが対戦するゲームが圧倒的に多く、あそび人数は、他のタイプのあそび場の人数の約二倍である。もっとも野球といっても本格的なものはさらに広い場所に移行して行く。「エッジ型」のあそび場は、小さなあそび場四〜七ヵ所に一ヵ所の割合で分布していた。すなわち、いつも異なるあそび場であそんでいるあそびグループが、「エッジ型」のあそび場で合流してあそびを形成していると考えられる。

⑤　あそび場の配置とその問題点

以上、私は近隣住区のこどものあそび場として、平均六〇㎡のものと平均三〇〇㎡のものがあり、前者が六〇m間隔、後者が一二〇m間隔をもっていることを明らかにしたが、これは現状の実態調査によるものであって、その広さ及びその距離が理想的な配置状態をあらわしているのではない。私は、こどものあそび環境の変化の調査の方法として、現代のこども達と二〇年前こども時代を過ごした大人に面接調査して、こどもがどのようなあそび空間をどのくらいもっているか、またもっていたかを調査した。この全国調査の結果、二〇年前と現在のこどものあそび環境を比べると、自宅から二五〇m圏においてのあそび空間量は約四分の一に減少していることがわかっている。このことから見れば、二〇年前は、今回の調査による六〇㎡のあそび場は三〇m、三〇〇㎡のあそび場は六〇mの間隔で、分布していたであろうと類推できる（第三章参照）。

2—3　遊具の構造

こどものためにあそびは必要かと問うと、多くの人は必要だといい、それではこどものために遊具は必要かと問うと、ほとんどの大人は必要ないという。その大人達は自分達があそんだ山こそがこども達に必要なのだという。しかし、彼らの息子や娘であるこども達に、川や山が身近にあるだろうか。あるいは、メンコやベーゴマができる路地があるだろうか。私達は戦後の壮大な都市化の中で、こども達の自由なあそび場を奪ってきてしまった。まだ田舎には、山や川があるのではないかという人もいるだろう。しかし田舎でも、その自然あそびを継承していったこどものあそび集団――いわゆるガキ大将組織――は、テレビという情報都市化によって無残にも解体させられてしまった。現在のこども達のあそび環境の現状は、昭和三五年を境として激しく変化してしまったのである。こどもの教育の状況を含め、あそび環境を再構成していく方法が、今、緊急に求められている。

都市に、生きている自然、虫がいて蝶々がいて魚がいる自然をとりもどすこと、こども達のあそび集団を再興させること、またこども達のあそび時間そのものを増やしていくことが求められている。これよりも、その重要性においては下位であるかもしれないが、あそびの装置である遊具においても、その役割は変化してきている。遊具を敵視する人々は、遊具がこどものあそびを奪ってしまうように考えていた。しかし自然と遊具とは敵対するものでなく、また遊具が自然を代償できるものではない。

本章のはじめにすでにあそびの種類について一覧表（2―1表）にまとめているが、この数多くのあそびのうち、遊具を媒介として発生しうるあそびは、身体動作あそび、乗り物あそび、水あそび、模倣あそび、追跡鬼あそび、ドロ・砂あそび、アジトあそび、などであって、これを図

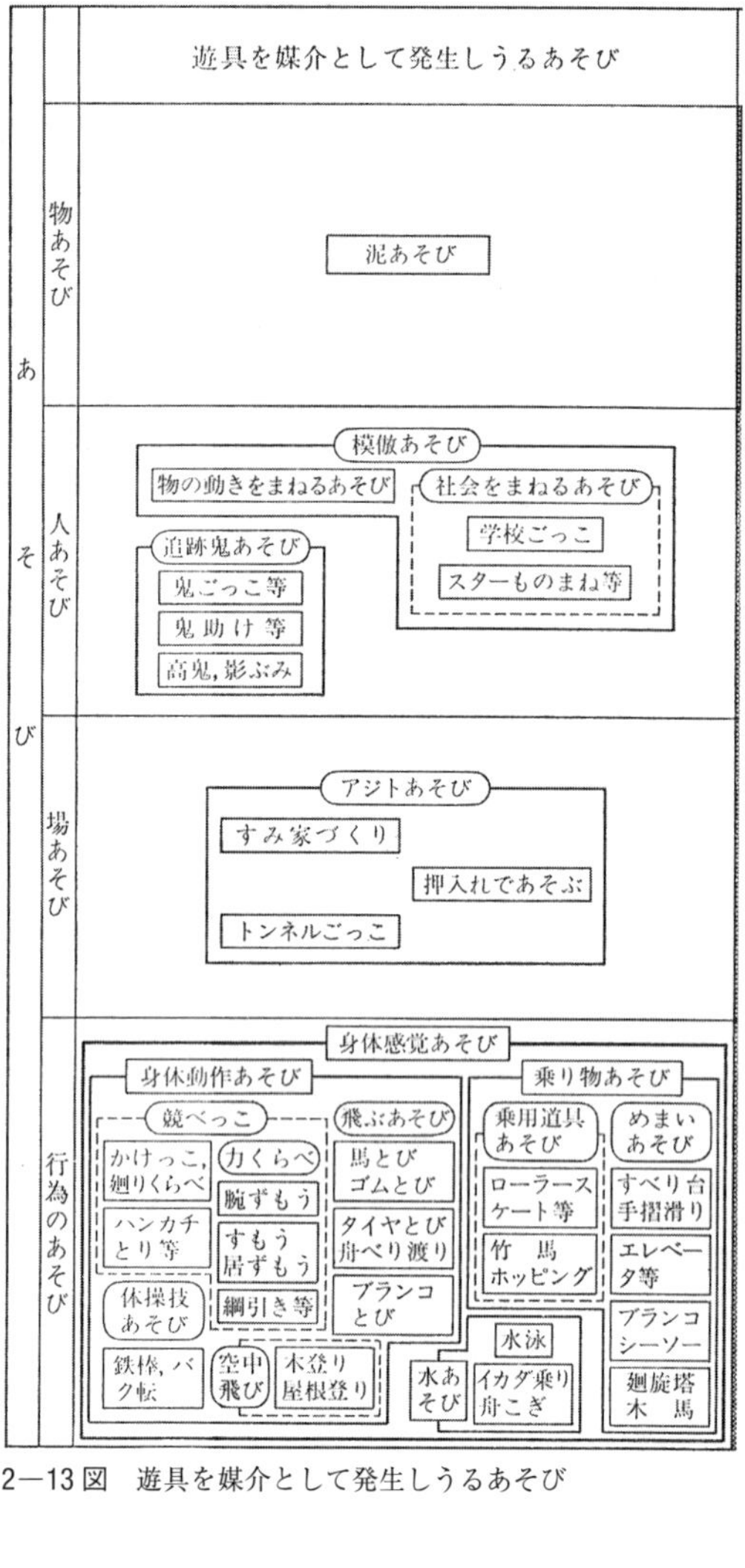

2―13図　遊具を媒介として発生しうるあそび

にしたのが2―13図である。2―1表と2―13図を比較してみると、遊具あそびとなりうるあそびの種類は、全あそび種類の四分の一しかないことに気付く。あとの四分の三のあそびは遊具を媒介として成立しえないものである。たとえば自然の中での生物採集あそびやオープンスペースでのボールあそび、アナーキースペースでの探検などは、遊具の枠を越えたあそびである。

四分の一を包括する遊具は、その四分の一の種類のあそびをある意味で集約的に展開させることができる。都市化の中であいまいな空間の喪失という形で減少しつつあるあそび環境の現状において、小さな面積におけるあそびの集約化は、遊具のもっている大きな使命であるといわなければならない。

(1) 遊具におけるこどものあそびの発展段階

遊具におけるこどものあそびには発展段階がある。たとえば滑り台を考えてみよう。小さなこどもが滑り台を最初に利用する時、階段を昇り、滑り台の頂上に立ち、周りを見渡し、それから座って滑り終わるという行為が行なわれる。それを何回も繰り返すうちに、こどもはただ座って滑るという行為から、寝て滑ったり、手でこぎながら滑ったり、頭から滑ったり、滑り方をいろいろな形に変えて滑るようになる。そうするうちに友達が来ると、二人連結して滑ったり、更には滑り面を下方から昇って友達の足を引っぱったり、鬼ごっこをしたりするようになる。ここに現われた遊具のあそびの様相は三つの段階があることがわかる。第一の段階は「機能的あそび段階」と呼ぶもので、遊具にそなわったあそびの機能をこども達が初歩的に体験するあそび行動段階である。滑り台でいうならば、階段を昇り、座って滑るという段階、鉄棒ならば逆上りをするという段階がある。この段階が繰り返されるとこどもは次の「技術的あそび段階」に移行する。座って滑るだけでなく、手でこぐ、寝て滑る、頭から滑るという滑り方をいろいろ工夫し、より高度な技術を使ってあそぶ段階である。ブランコならば、立ってこぐ、ゆらしながらこぐというような行為の段階であるし、鉄棒ならば逆上りをした上でぐるぐるまわるというように、人よりもうまく速く、あるいは大きく転回するという行為段階で、こども達には技術的な向上そのものがあそびとなっている段階である。この段階をこども達が越えるとその遊具を媒介としてゲームを始めたりするような「社会的あそび段階」に移行する。滑り台で鬼ごっこをするような段階では、滑るという本来的な機能はさほど重要でなくなる。滑り台というあそび装置は、ごっこあそびの舞台装置でしかなくなり、こども達にとって鬼ごっこそのものが熱中する対象となる。

このように遊具に対しこども達はあそび方を変化させていくが、すべての遊具が、「機能的あそび段階」を経て「技術的あそび段階」に移行し、さらに「社会的あそび段階」に発展していくわけではない。

たとえば「機能的あそび段階」がほとんどで、技術的、社会的段階に発展しにくいものもある。2—14図はスウェーデン製の木製遊具「ぼくらはキャプテン」という、高い所に登りたいというこども達の欲求を満たすユニークな遊具ではあるが、登るとただ降りるだけというように行為が単純になってしまい、技術的段階になかなか発展しない。

またブランコは「技術的あそび段階」までは行くが、ごっこあそびにはなかなか発展しにくい。ブランコというのは極めて個人的な遊具ということができる。

逆に、鉄棒やジャングルジムのような、装置的には単純であっても、技術的、社会的段階に展開する遊具もある。この場合「技術的あそび段階」は、競争というあそびに結びつきやすく、従って技術的内容によっては社会的あそび段階とみなせる場合もある。鉄棒はその技術的な展開を集団で競うことによって集団あそびの形態になるため、社会的あそび段階までになりうる遊具といえる。

(2) 遊具におけるあそびの可能性と行動

私は遊具におけるこどものあそび行動のパターンを調べるため、なるべく性格の異なる一五の遊具(2—15図)を選び、そこにおけるこどものあそびの行動調査を行なった。

2—14図　ぼくらはキャプテン

まず一五の遊具上のこどもを二〜一〇分間追跡調査し、その行動記録をとった。このようにして集められた行為の数は四八〇例になったが、同質のものを除くと八〇行為が抽出された。これを更に同系統のものにまとめてみると2—16表のように分類された。遊具のあそび行動は「休息的あそび行動」「めまい的あそび行動」「挑戦的あそび行動」「ごっこ的あそび行動」の四つに大きく分類されている。

ロジェ・カイヨワは、一九五八年に『あそびと人間』と題する著書の中であそびを分類している。彼はあそびには四つの要素があると述べている。その四つとはアゴン、アレア、イリンクス、ミミクリーの四つで、英語ではそれぞれ、Competition, Chance, Vertigo, Simulation であり、「競争」「賭」「眩暈」「模倣」を意味する。

アゴンとは競争そのものであり、スポーツのほとんどはこの要素を含んでいる。アレアとは賭、すなわちギャンブル、ゲームの中に多く存在している要素である。イリンクスとは、メリーゴーランド、スキー、スケート、自転車のようなスピードや回転にともなう感覚的に刺激するあそび要素で、カイヨワのあそび論のユニークなところである。ミミクリーとは、模倣のあそび、お人形さんごっこ、ままごとというような小さなこどものあそびから、演劇、映画のような大人のあそびまで含まれる。

ロジェ・カイヨワのあそびの分類を遊具におけるこどものあそびに適用して考えてみると、遊具では観察されないあそびがカイヨワの分類によるアレアである。これは偶然のあそびであり、カイヨワ自身も「こどもにとってはあそぶことは行動することだ。それに経済的に独立がなく、自分のものといえる金をもっていないので、こどもには偶然のあそびの何が肝心の魅力なのかわからないのだ」と、こどもにとってアレアのあそびは起こりにくいことを説明している。

私が一五の遊具におけるこどものあそびの観察調査を行なった結果、イリンクスのあそびは遊

I	II	III
従来からの遊具	外国製木製遊具	新しいデザイン遊具
1. スベリ台 	1. ロープウェイ 	1. ソロバンスライダー 
2. ブランコ 	2. 夢のかけ橋 	2. タイムトンネル 
3. シーソー 	3. ぼくらは風の子 	3. ポコット 
4. ジャングルジム 	4. ぼくらはキャプテン 	4. コスモス 
5. プレイスカルプチャー 	5. スモーランド 	5. サーキュレーション 

2—15図 15種類の観察調査遊具

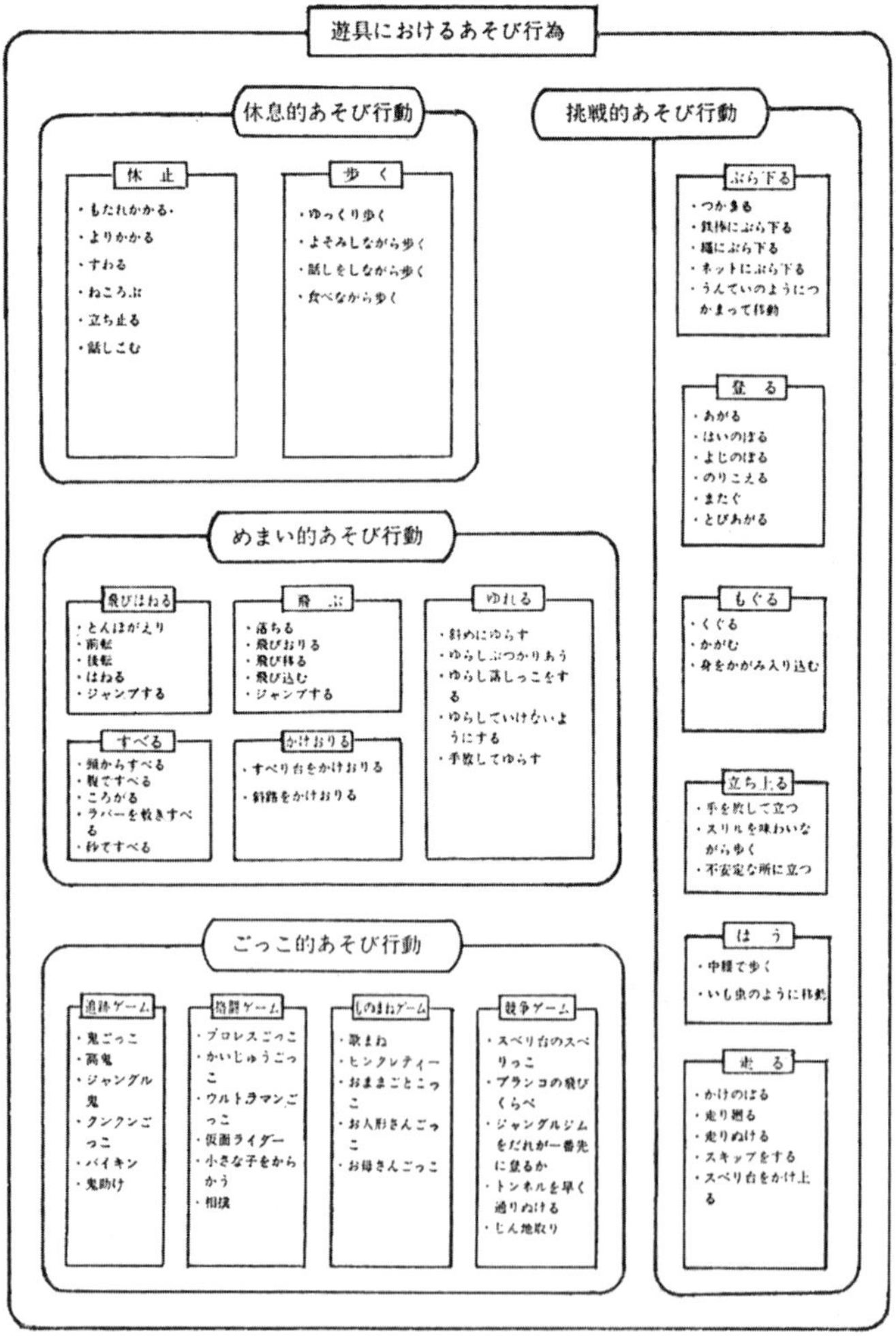

遊具におけるあそび行為
休息的あそび行動
休　止
・もたれかかる・
・よりかかる
・すわる
・ねころぶ
・立ち止る
・話しこむ
歩　く
・ゆっくり歩く
・よそみしながら歩く
・話しをしながら歩く
・食べながら歩く
めまい的あそび行動
飛びはねる
・とんぼがえり
・前転
・後転
・はねる
・ジャンプする
飛　ぶ
・落ちる
・飛びおりる
・飛び移る
・飛び込む
・ジャンプする
ゆれる
・斜めにゆらす
・ゆらしぶつかりあう
・ゆらし落しっこをする
・ゆらしていけないようにする
・手放してゆらす
すべる
・頭からすべる
・腹ですべる
・ころがる
・ラバーを敷きすべる
・砂ですべる
かけおりる
・すべり台をかけおりる
・斜路をかけおりる
ごっこ的あそび行動
追跡ゲーム
・鬼ごっこ
・高鬼
・ジャングル鬼
・クンクンごっこ
・バイキン
・鬼助け
格闘ゲーム
・プロレスごっこ
・かいじゅうごっこ
・ウルトラマンごっこ
・仮面ライダー
・小さな子をからかう
・相撲
ものまねゲーム
・歌まね
・ヒンクレティー
・おままごとごっこ
・お人形さんごっこ
・お母さんごっこ
競争ゲーム
・スベリ台のスベりっこ
・ブランコの飛びくらべ
・ジャングルジムをだれが一番先に登るか
・トンネルを早く通りぬける
・じん地取り
挑戦的あそび行動
ぶら下る
・つかまる
・鉄棒にぶら下る
・縄にぶら下る
・ネットにぶら下る
・うんていのようにつかまって移動
登　る
・あがる
・はいのぼる
・よじのぼる
・のりこえる
・またぐ
・とびあがる
もぐる
・くぐる
・かがむ
・身をかがみ入り込む
立ち上る
・手を放して立つ
・スリルを味わいながら歩く
・不安定な所に立つ
は　う
・中腰で歩く
・いも虫のように移動
走　る
・かけのぼる
・走り廻る
・走りぬける
・スキップをする
・スベリ台をかけ上る

2―16表　遊具で観察された行為

具における特徴的なものであることがわかった。空間へ身を投げたりすること、あるいは墜落、急速な回転、滑走、スピード、直線運動の加速、あるいはこれと旋回運動との組み合せといった内容を含んだ身体を様々に翻弄するイリンクスは、遊具によって容易に経験できるあそびである。「ブランコ」「滑り台」は最も代表的なイリンクスの遊具であるということがいえよう。私は、このイリンクスを楽しむあそび行動を、「めまい的あそび行動」と呼ぶことにした。

アゴンは競争というあそび要素であるが、その行動は先の私の一五の遊具によるあそび行動の分類のうち「挑戦的あそび行動」に対応し、ミミクリーは「ごっこ的あそび行動」に対応する。

カイヨワの分類は、あそびの個々を分類したものであり、一つのあそびから他のあそびへ移る時、また一つの行為から他の行為へと移る間には着目していない。その間もこどもにとっては、あそびの一部であると考えられる。そこで、私が遊具の観察調査で発見した「休息的あそび行動」という視点があるわけである。

(3) 遊具におけるゲームの発生性

ここで、遊具におけるごっこあそび行動についてもう少し詳しく考えてみよう。

遊具を媒介として、あるいは遊具を舞台として発生するゲームは2―16表に示したように四つに分類できる。(1)競争ゲーム　(2)追跡ゲーム　(3)格闘ゲーム　(4)ものまねゲームである。これらのゲームの発生頻度を各遊具ごとに比較したのが2―17表である。

競争ゲームが行なわれる遊具の特色は、あそびの動線にいろいろな変化のあることである。た

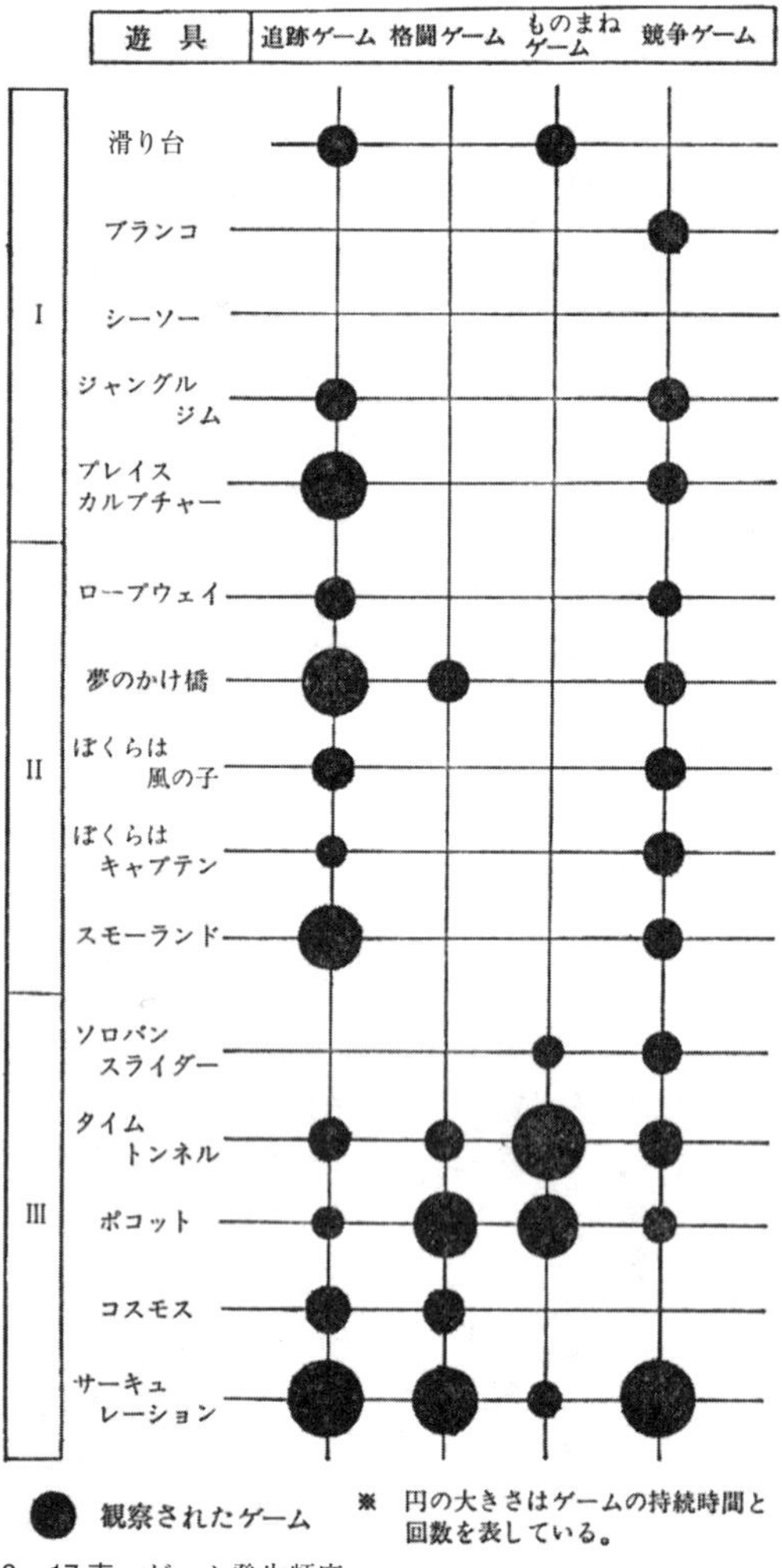

2—17表　ゲーム発生頻度

とえば「ソロバンスライダー」(2—18図)のような遊具は同時に何人ものこどもが滑れ、滑り方、速さを競争することができる。

追跡ゲームが行なわれる遊具の特色は、まずあそびの動線がわかりやすいこと、そしてその動線の中に「滑る」「飛び降りる」等のめまい的あそび行動が含まれていること、そして、この動線が閉じていることである。たとえば、「サーキュレーション」（2—19図）は動線そのものが遊具化されており、「滑る」「のぼる」「飛び降りる」「はしる」などのいろいろな行為が行なわれ、しかも見えない部分、死角となる部分も多くあって、変化と突然性をもっており、追跡ゲームの

2—18図　ソロバンスライダー

2—19図　サーキュレーション

場所としては極めてよくできている。

格闘ゲームはやわらかい床、すなわちネット、ウレタンマット、吊り橋、砂場等がある遊具で、しかも多少囲まれた感じになった場所に発生しやすい。

ものまねゲームは、イモ虫ごっこ、飛行機ごっこのように、「滑る」「飛ぶ」というようなめまい行為の中で行なわれる場合と、おかあさんごっこ（ままごとの変形）のように遊具の機能と直接関係のないものとがある。遊具では前者のパターンが多く、後者はあまり見られない。「ジャングルジム」「ぼくらは風の子」「ぼくらはキャプテン」のような遊具は挑戦的行為が大部分であるため、その遊具にある挑戦的行為をすべて行なってしまうと、すなわち征服してしまうと急激に魅力がなくなり、他のあそびへと自然には発展しないようである。ただし、プレイリーダー、もしくは強力なゲームの提唱者がいる場合、「高鬼」等のゲームができることは知られているが、自然の状態ではなかなかゲームあそびへ移行しにくいようである。

「ブランコ」「シーソー」「ロープウェイ」「ソロバンスライダー」の遊具は、「機能的あそび段階」から「技術的あそび段階」に行くものであるが、めまい的行為が圧倒的に多く、遊具で行なわれている行為の約七割はこの行為で占められている。めまい的な体験は、日常生活ではほとんど体験できない感覚であるため、こども達にとって魅力的なあそびとなっている。しかしながら、この型の遊具は繰り返しの行為が多く、「技術的あそび段階」までは連続的に発展していくが、「社会的あそび段階」までは発展しにくいようである。

一般に、この型の遊具は動作が単純であるため、幼児および小学校低学年の利用が多く見られる。

「社会的あそび段階」まで観察される遊具で、かつゲームの発生しやすい遊具は、「滑り台」「プレイスカルプチャー」「夢のかけ橋」「スモーランド」「コスモス」「サーキュレーション」等である。これらの遊具の特色を考えてみると、まずあそびの発生が機能的あそび行動、技術的あそび行動、社会的あそび行動ともそれぞれに展開がみられる。また、あそび行為においては、「休息」「挑戦」がほぼ同率（四割前後）で多く、「めまい」が二割前後観察される。「めまい」の内容は、飛ぶ、滑る、ゆれる等、瞬時の行為が多いので、時間ごとの比率は低くなる傾向があるが、行為の頻度割合はほぼ「休息」「挑戦」と同じと考えられる。すなわちオールラウンドの多機能型遊具である。

このタイプの遊具についてゲームの発生の要因を考えてみると、めまい機能が重要な役割を果している。たとえば「夢のかけ橋」を見てみよう。こども達は、橋を一人ではなかなかうまくゆらすことができない。数人で協力すると大きくゆれはじめる。ゆらしているこども達も、落ちるかもしれないというスリル感をあじわう。小さなこども達は手スリにしがみつかなければならなくなる。だれかがこわがると、もっとゆらそうと、他のこどもがカケ声をかける。このように、「ゆれる」というめまい機能がこども達のゲームをひきおこし、また、そのゲームをおもしろいものにしている。「スモーランド」においても、小さな吊り橋やステンレスの滑り台というめまい発生器がある。

「タイムトンネル」（2—20図）は中に小さな滑り台が二つあり、その暗い滑り台がこの遊具のおもしろさを倍加しているようである。「コスモス」（2—21図）は、上部のくぼみが一種の滑り台になっている。また、その滑り台の終点にはこどもがすっぽり入れる穴があいていて、こども達は上から滑り降りる。しかも全体がキャンバス地でできているため、こども達は身体全体でその落下の感覚を楽しむことができる。

「ポコット」および「サーキュレーション」は、スケールが異なるが内容的に似かよった複合遊

2—20図　タイムトンネル

2—21図　コスモス

具である。登る、滑る、くぐる、飛び降りる、もぐる等、ほとんどのあそび行為をすべて網羅している遊具であるが、これがゲームの発生を刺激してこども達に最も楽しまれ、人気があったのは、この遊具にウレタンマットの床部があったからである。滑るというめまい感覚よりも、空中を飛ぶという感覚の方がスリリングなことである。床に厚いマット（二五〇㎜）を敷いたため、こども達は思いきって高い所から飛び降りる。またゲームの中にその飛び降り行為「身を投げ出す行為」が組み込まれ、とっくみあいのけんかやプロレスごっこさえも生まれた。こども達にとって、このようなめまい感覚をたのしむ行為――私は「身を投げ出す行為」と命名したいのだが――ができることによってあそびが非常におもしろくダイナミックになるようである。

二m×二mの大きさの「ポコット」と五m×五mの大きさの「サーキュレーション」の違いは、ウレタンマット部分でプロレスごっこができるかどうかの違いもさることながら、あそびのスピードという点で大変異なるように感じた。「サーキュレーション」は小学校高学年にまで人気があった遊具であるが、スピーディーな行為ができるということが、大きなこども達にとってのゲームの発生に関係があると思われる。

ゲームが発生する遊具の特徴の一つに循環機能がある。遊具におけるゲームの内容についてはすでに述べたが、基本的には「鬼ごっこ」である。あるこどもが逃げ、それを他のこどもが追跡するという型である。従って、そこでは行為の連続性が重要なエレメントと考えられる。たとえば、滑り台は最もシンプルな形で循環動線をもち、また「夢のかけ橋」「スモーランド」「タイムトンネル」等は、動線そのものがトンネルだったり、橋だったりという形で遊具化されたものである。最も人気の高い「サーキュレーション」も、その名前が示すように、五m角の外周はすべてこども達が走りまわれるようになっている。「ポコット」や「コスモス」のように明確な動線のない形態のものは、いくつかの穴があいたポーラス（多孔質）な形態をしており、迷路的な循環動線をもつことがゲームの発生性に極めて重要な意味をもつことがわかる。

ゲームの発生しやすい遊具の特徴を、こども達の行為や体験の変化という点でみると、共通の特徴を発見することができる。それは遊具の構成要素として対立的な要素をもっていることである。たとえば「サーキュレーション」という遊具では、狭いトンネルの空間と、高い開放的なブリッジというように対立的な空間がある。真っ暗な空間から明るいデッキに飛び出してくると、ほとんどのこども達はぴょんぴょんはねあがり、身体全体に彼らのあそびの全精神が躍動しているようである。

「コスモス」では、キャンバスの内部のカプセル的で親密な空間では秘密めいたあそびが、外側の鉄製のパイプでは鬼ごっこやウルトラマンごっこのような開放的なあそびが発生しているが、この二つの空間が同一の遊具の表裏にあるということが、この遊具でのあそびをおもしろくしているようである。

「タイムトンネル」はほとんど、もぐるだけの遊具だが、こども達にとってなかなか登ることが難しいところが一ヵ所ある。やさしいところと難しいところが適度にあることも、こども達のあそびをより発展させる構成である。

以上、こども達がゲームを発生しやすい遊具というものを考えてみると、その条件は、大きく、

(1) 循環機能があること
(2) 遊具の構成要素として対立的な要素をもっていること
(3) めまい感覚が体験できる部分があること

等があげられると思う。ゲームの発生しやすい遊具の構造と、かつての町のこども達のあそび場の構造とは実は同じようなものではないかと考えて、これらの条件を整理し、後で遊環構造としてまとめて述べることとする。

2—4 児童公園の構造

児童公園は現在各都市で数多くつくられているが、児童公園でこども達はあそんでいないではないかという話も多い。しかし児童公園にこども達がたくさんあそんでいるからよく、あそんでないから悪いということはいえない。他にあそぶところがなく、児童公園でしかあそべないから、たくさんのこども達がきてあそぶ場合もあり、その逆に、他にあそぶところがたくさんあって、児童公園ではあまりあそばない場合も多い。その地域のこどものあそび環境が劣悪な場合には、児童公園の造り方がよくても悪くても多くのこども達はあそぶ。しかし同じ地域、同じ地区内でも、こどもがあそんでいる児童公園とまったくあそんでいない公園があるケースがある。このような場合には、あそんでいない児童公園の造り方、デザイン等に問題があるといえる。

武蔵野市の区域が同一で、周辺環境もほとんど変わらない松籟公園（2—22図）と下水ポンプ場公園（2—23図）の場合はその典型である。松籟公園にはケヤキの木があり、緑が多い。遊具もあって、一見したところはすばらしい環境である。しかしこの公園でこども達をみかけるのは少ない。この公園の問題点は、公園の地盤が周囲の道路から一・五mほど上がっており、道路から全く見通しがきかない点である。逆に、下水ポンプ場公園は周囲が道に囲まれ、またその二方向の道は、ほとんど車の通らない道である。松籟公園とは逆にいつもこども達が集団であそんで

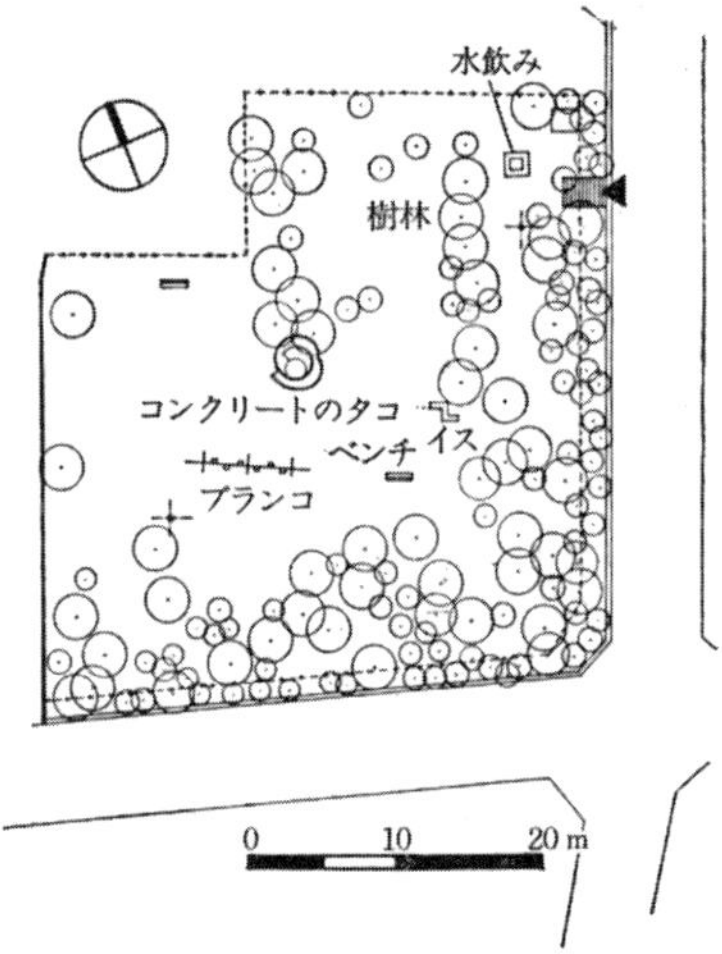

2—22図　松籟公園

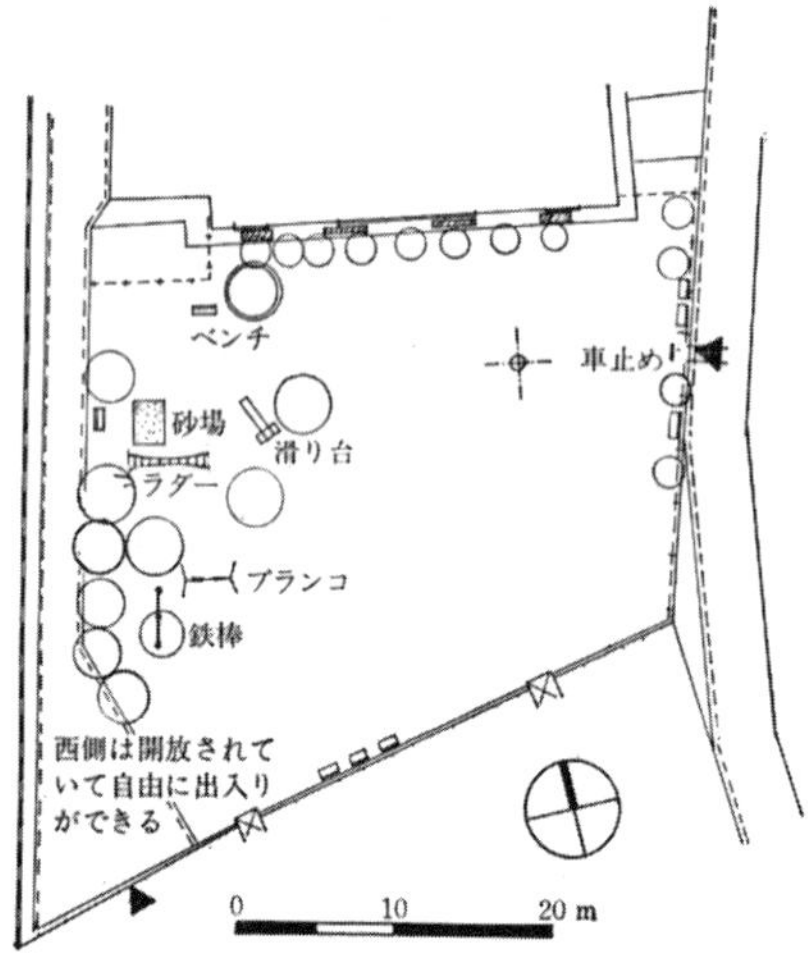

2—23図　下水ポンプ場公園

いる。前節で、こどものあそび場の必要条件は道に接し、道から見られることであると分析したが、松籟公園ではその条件を全く欠いていた。

図書館ならば、本がたくさんあって本を読むために人々は集まる。しかし公園は、建築のように具体的な機能をもっている場合が少ない（野球場やプールのような機能のはっきりしたものはあるが）。散策やあそびのように極めてあいまいである。公園という名をつけても、広場と名づけたとしても、それがあそびやすい空間になっていなければ、こども達は他のところであそぶ。そこで私は、こども達があそびやすい公園とはどのような空間構成をもつ公園なのかを明らかにした。

児童公園の大きさは建設省の計画基準では二五〇〇㎡というようになっている。しかし、多くの児童公園は、一〇〇〇㎡未満のものが多い。私の調査経験でいえば、やはり児童公園の広さとしては二〇〇〇㎡は最低必要であると思う。幼稚園前の小さなこどもから、中学生の大きなこどもまでがあそべるような複合機能的な場所として考えてみた場合、二〇〇〇㎡を切ることはできない。

それでは、二〇〇〇㎡の広さの中で、広場と遊具と植栽はどうあったらこども達にとってあそびやすいものになるのだろうか。

そこで私は、東京都内の典型的な四つの児童公園のこどものあそび行動を観察調査して、あそびやすい公園の構造を明らかにしようとした。まず調査の対象公園として、面積はほぼ同じであるがなるべくそれぞれが特徴的なものを選んだ。

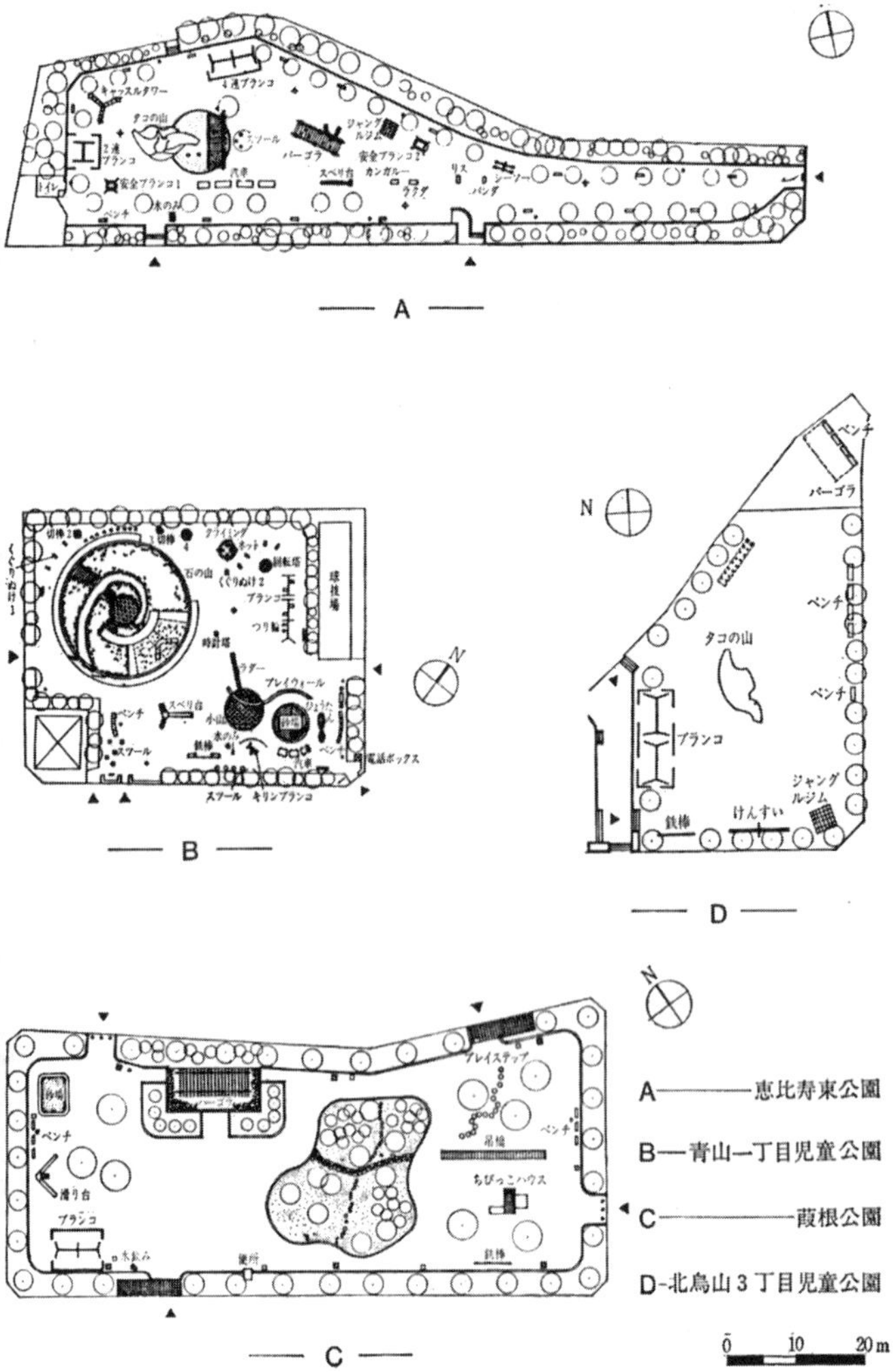

2—24図　四公園の平面図

A　渋谷区恵比寿東公園　二六六六㎡（2―24図　文中A公園という）
B　港区青山一丁目公園　二〇四九㎡（2―24図　文中B公園という）
C　世田谷区葭根公園　三四一七㎡（2―24図　文中C公園という）
D　世田谷区北烏山三丁目児童公園　一七〇七㎡（2―24図　文中D公園という）

A、B公園は遊具が数多く配置されている公園である。C、D公園は広場が主体で、そのまわりに遊具と植栽があるという形の公園で、A、B公園とC、D公園はそれぞれたとえていうならば遊具公園、広場公園というふうに対照的であるが、またA、B公園間でも、C、D公園間でも、その内容・空間構成ではもちろん異なっている。その相違点とあそびの関係をみながら、あそび空間の構造を考えてみた。

これらの周辺環境はほとんどが山の手の住宅地といえるものである。調査の方法としては、各公園にあそぶこどものうち、適当にピックアップしたこどもの一人一人が公園にきて帰るまでの時間内における行動及び移動の軌跡をすべて追跡調査するというものであった。調査のこどもは一～三歳、四～六歳、七～一二歳のグループに大きく三段階に分け、それぞれ各公園、同人数を調査した。調査は昭和五六年と五八年の秋に行なった。

(1)　広場と遊具の関係

公園内における遊具の占める範囲というものを考えてみると、物理的にその遊具や樹木そのものの占める範囲に加えて、その近傍も、影響圏として考えられる。すなわち、あるこどもがそのの遊具に触れてあそんでいる場合はもちろんだが、実際に触れていなくても、その近傍であそんでいる場合には、こどもにとっては、その遊具はあそび行為に大きな影響を与えているはずである。こどもが遊具の近傍であそんでいる場合でも、その近傍の範囲は、その遊具の性格はもちろん、同じ遊具でもこども一人一人によって異なる。ここでは仮に、遊具から極めて近傍である一mの範囲までを遊具の占有空間として設定し、残りの部分を余地空間とよぶこととして、各公園における遊具占有空間と余地空間の配置を図示してみると2—25図のようになる。そして余地空間のうち、ある広がりをもった部分を「広場」とよぶことができる。

オープンスペースということばは広い意味では余地空間的な意味合いをもつので、ここでは「余地空間」と「広場」ということばで考えることとする。私のいうオープンスペースの意味はここでいう「広場」である。

児童公園では大きく広場と遊具というあそびの行動エリアがあるとすると、ここでのこども達の行動は大きく四つに分類される。第一は、遊具でこども達が個人的にあそぶ場合、たとえば、こどもが一人で、あるいはお母さんにつれられてきて、滑り台にのぼり、滑るというあそび行為であるが、これはこどもと遊具との一対一の関係である。第二は、こどもが集団で遊具であそぶ場合、ジャングルジムで二〜三人のこどもが高鬼をするような場合である。第三は、広場でこども一人であそぶ場合、たとえば一人でボールあそびをするような場合である。第四は、広場でこども達が集団であそぶ場合、たとえば野球やサッカーをする場合などである。これらのこどもが一人か集団か、遊具か広場であそぶのかの四つの組み合せで、各公園のあそび行為の現われ方を

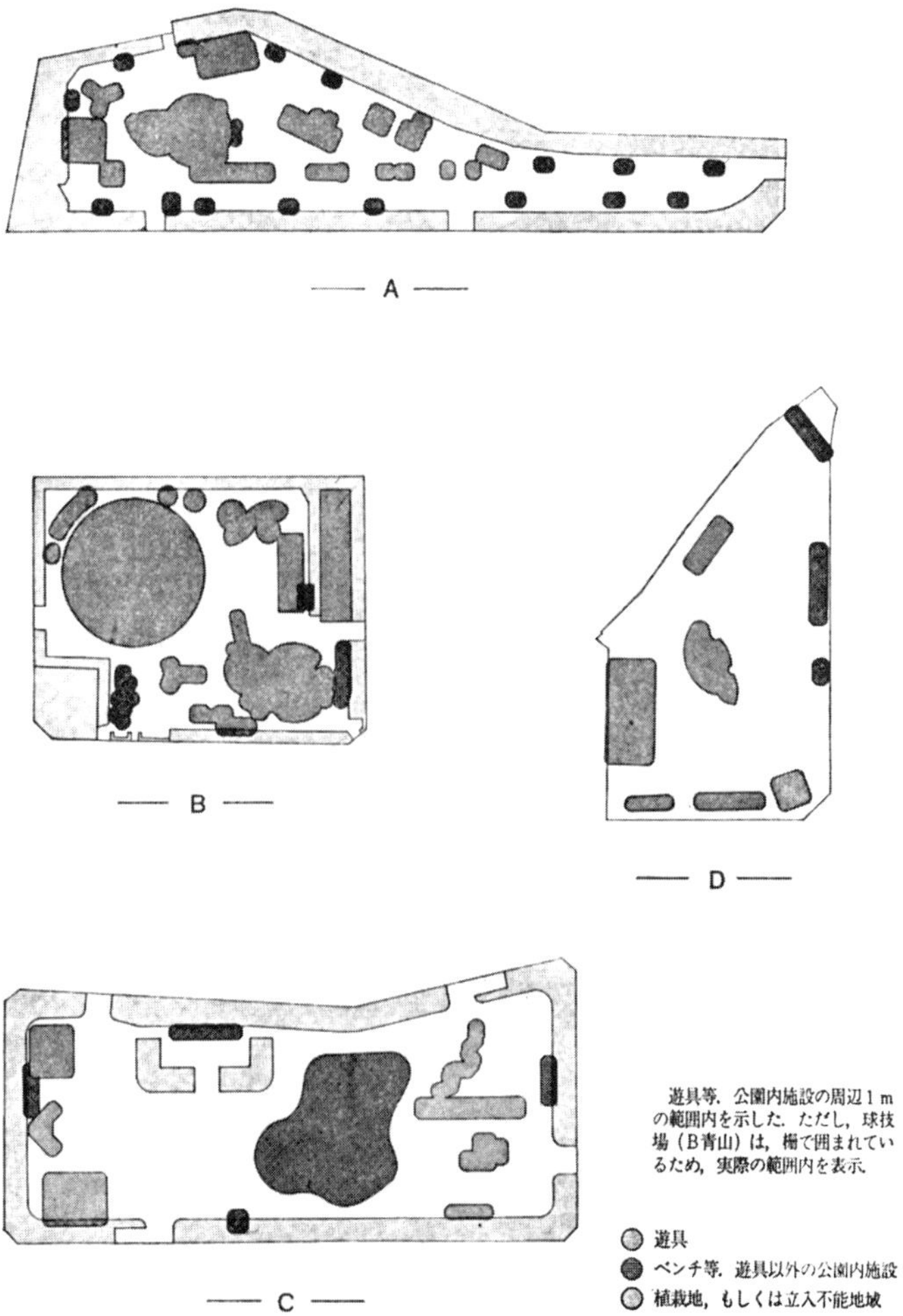

遊具等．公園内施設の周辺１ｍの範囲内を示した．ただし，球技場（Ｂ青山）は，柵で囲まれているため，実際の範囲内を表示．

2—25図　遊具占有空間と余地空間

図に示したものが2―26～29図である。

これらの図は年齢的に三つの段階で描かれている。一～三歳、四～六歳、七～一二歳である。

●印は集団あそびをしている部分、▲印は一人あそびをしているところを示している。

まず全体的な傾向をみてみよう。A、B公園とC、D公園では、A、B公園での方が余地空間でのあそびが少ない。特にA公園ではそれをほとんどみることができない。しかし、C、D公園が広場あそびが多いかというとそうともいえない。C、D公園でも圧倒的に遊具でのあそびが多い。集団あそびにおいても、遊具及び遊具周辺に多くあそびが発生している。広場でキャッチボールやサッカーをやりにきたこども達も、それにあきると必ずブランコにのったり、石の山でふざけっこをしたりというように、広場でのボールあそびだけで帰ってしまう例は全くみられなかった。かえってボールあそびをしに来たこども達も、時間的にはボールあそびの時間よりも、遊具を媒介としたあそび時間の方が長かった。キャッチボールまで含めると、いわゆる野球といわれるものはB、C、Dの公園でみられた。もちろん本格的なものでなく、こども達が考えた、その場の約束事でやっているものだが、打つ順番を待っているこどもは、ベンチで待っていたり、立って待っていることは全くなく、例外なくジャングルジムの上やタコの山の上にのぼったり、すわったり、時にはそれらの遊具であそびながら野球をやっていた。サッカーあそびのような場合、広場だけでなく、遊具や植栽まで含めてそのフィールドにしているわけで、かえって広場とはちがうイレギュラーな感じや、複雑な要素がからみあっておもしろくなっているようである。もちろん「カンケリ」や「鬼ごっこ」の場合、広場だけで成立するものでない。第一章の

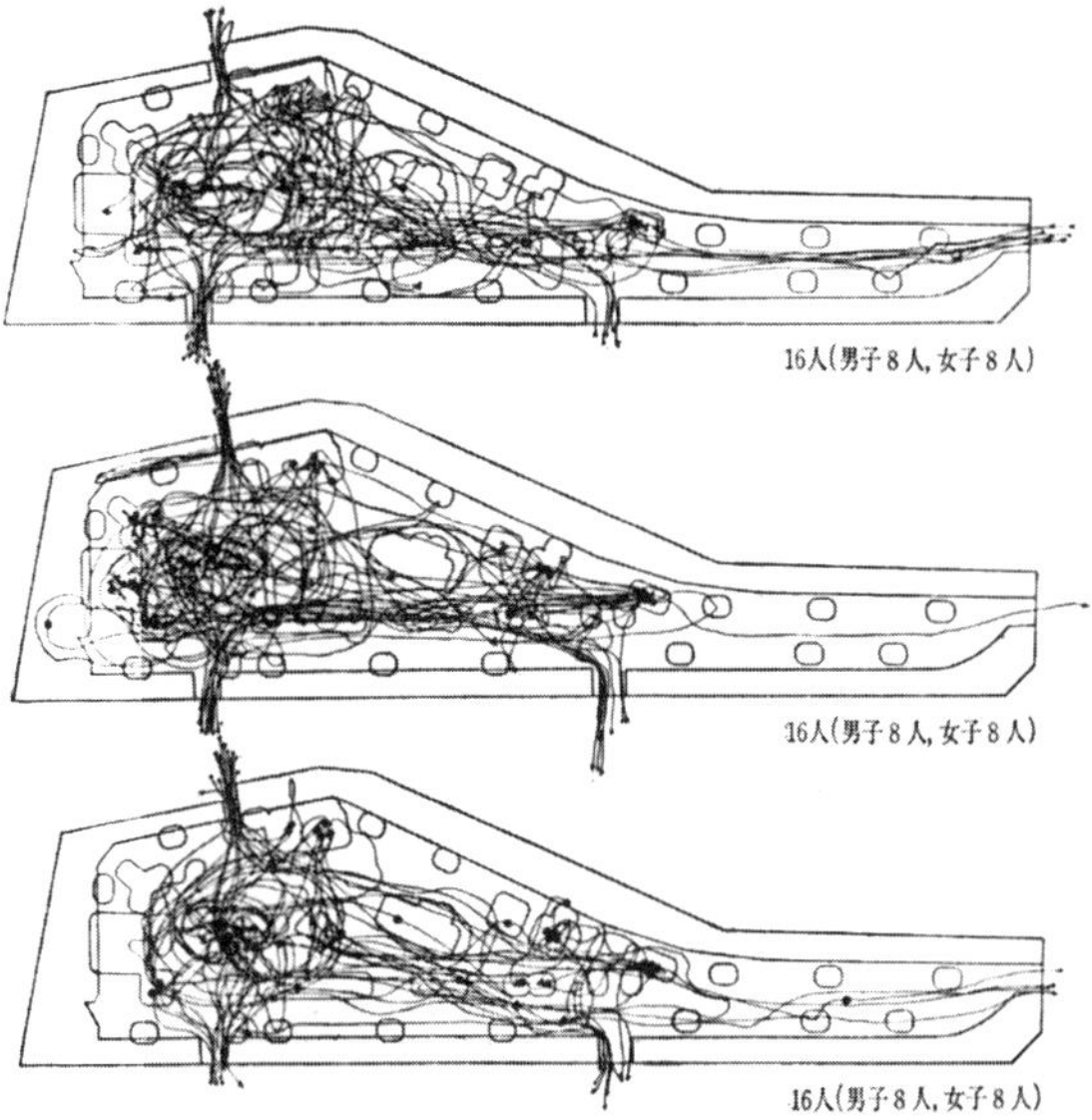

2—26図　A公園のあそび行動の軌跡図　上：1〜3歳　中：4〜6歳　下：7〜12歳

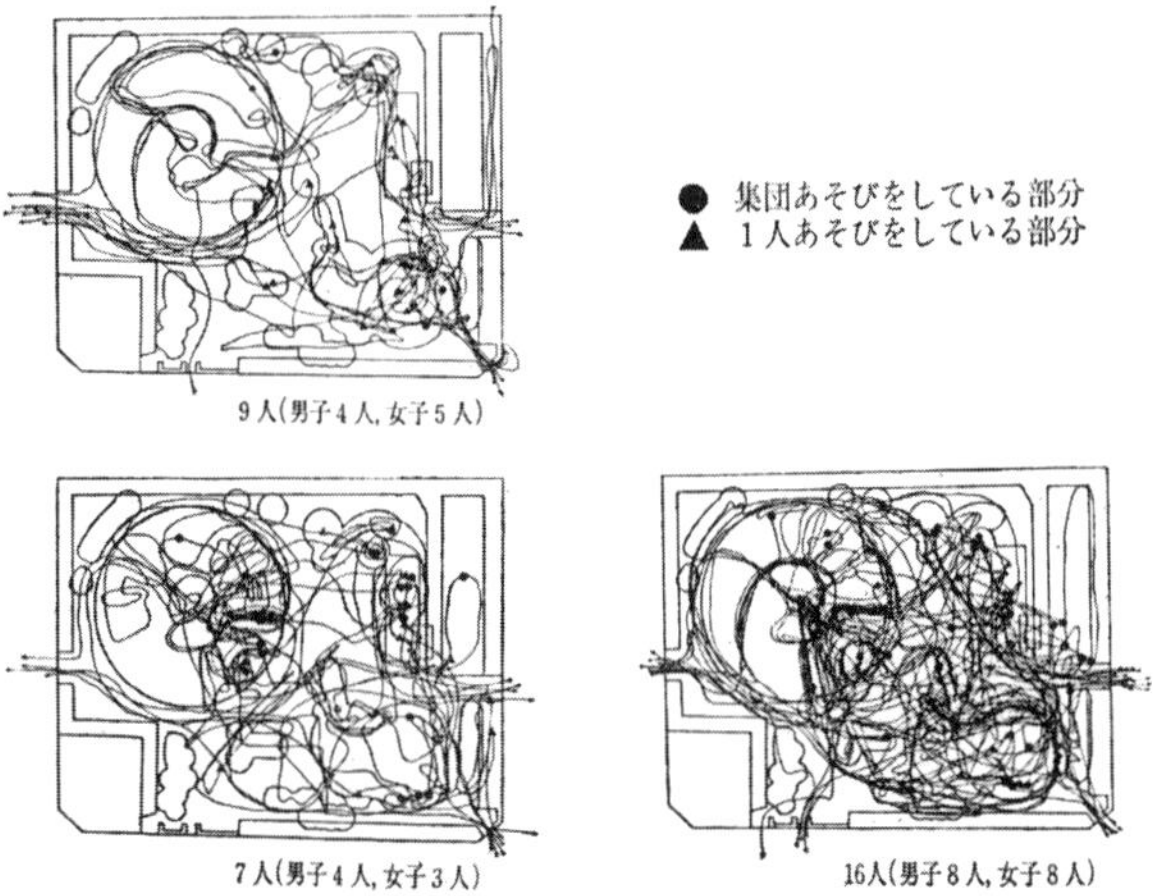

2—27図　B公園のあそび行動の軌跡図
左上：1〜3歳　左下：4〜6歳　右下：7〜12歳

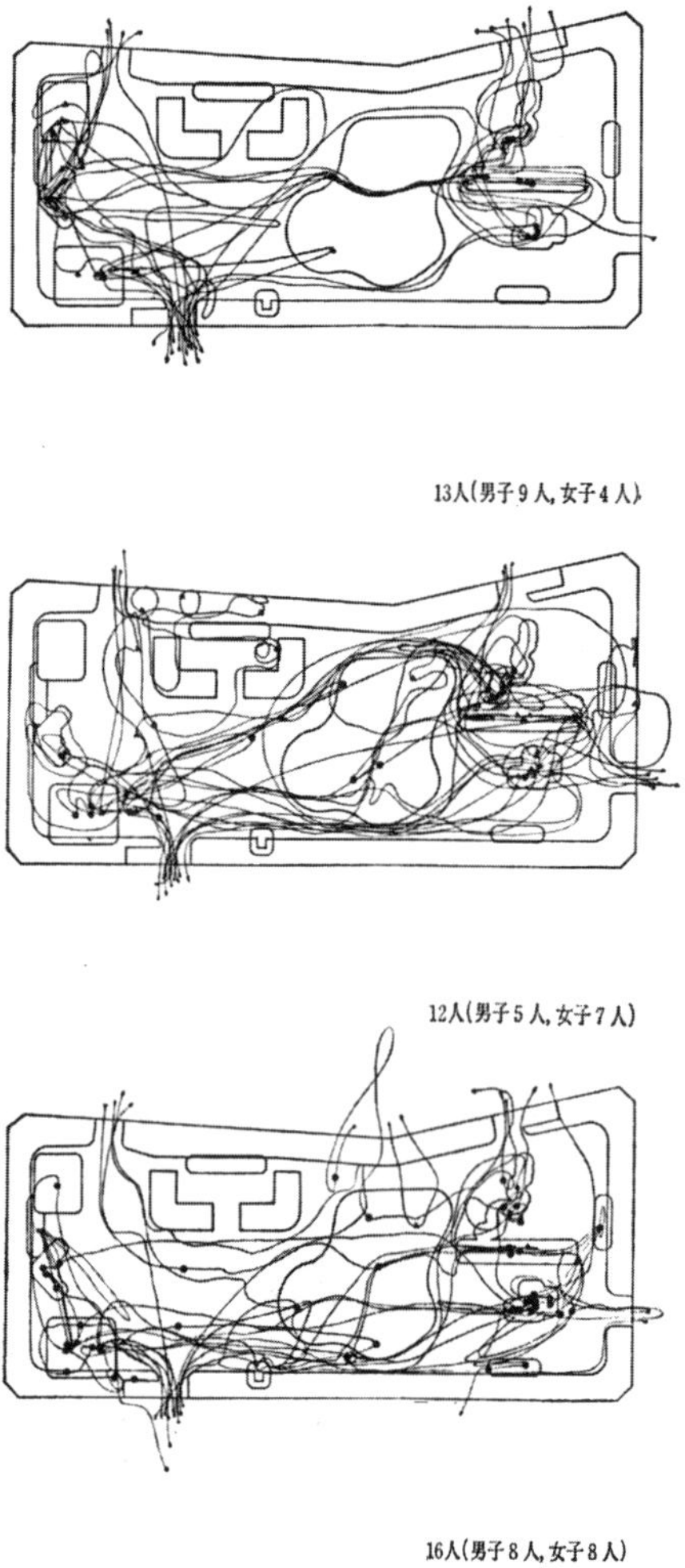

2—28図　C公園のあそび行動の軌跡図　2—29図　D公園のあそび行動の軌跡図
左上：1～3歳 左下：4～6歳 右下：7～12歳

あそびの原風景のところでも考察したように、これらのあそびには、広場とそれをとりまく「かくれる場所・物」という構成が必要である。

ふしぎなことに、ボールあそびでも、C、D公園の場合、まわりに遊具があって、他のこども達があそんでいるような場所であそびが発生していた。

C公園の北西の角の余地空間の部分は一〇m×一五mほどの広さがあるにもかかわらず、ボールあそびも他の集団あそびもみられなかった。またD公園でも、東側の余地空間は三角形だが約四〇〇㎡という広さを形成しているが、ここでも集団あそびの発生はほとんどなかった。D公園は中央のコンクリートのタコの山をさかいに、東側の三角広場部分と遊具が広場をとりまく西側広場部分にわかれるが、2―29図にみられるように、こども達はほとんど西側の部分であそんでおり、東側に比べると格段に活気があった。またボールあそびも他の集団あそびもこの西側の部分で発生していた。もう一度D公園のあそび軌跡図をみてみよう。中央の約三〇〇㎡の広場を中心にあそびの軌跡が直径約三〇mの円弧を形成している。すなわち余地空間が広場として成立するためには、こどものあそびの行動の軌跡がその空間をとりまいていることが重要とおもわれる。C公園は三五〇〇㎡と他の公園に比べ広いが、その中央部に植栽部分があり、空間的に二つのブロックに分離されている。ところで植栽で分離されていた東側約一〇〇〇㎡のところは、鉄棒、木製の滑り台、ブリッジ等の遊具が集中的におかれて、そのためこのブロックだけを考えてみると、遊具占有空間と余地空間の構成はA、B公園の状態に似ている。そしてこのブロックの余地空間では、前にのべたようにかなり広がりがあるにもかかわらず、広場あそび、集団あそびはみられなかった。この場合、広がりのある余地空間はこどものあそびの行動の軌跡の外におかれていた。またC公園の残りの西側のブロックをみてみると、ここでは土の平らな広場と芝生のゆるいマウンドがついた広場があるが、この芝生の広場は中央で石だたみの小さな道で分断されている。特に小さなこども達は二つのブロックをつなぐこの道をつかうわけなのだが、このために、芝生の広場でのあそびが制限されており、芝生広場全体をつかうあそびは観察されなかった。これらのことから、広がりのある余地空間がこどものあそび行動を分断してしまったり、すなわち、そこに往来頻ぱんな道ができてしまったり、あるいは全くあそび行動の外におかれる場合には、その余地空間は広場として成立しないし、したがってそこで広場あそびも発生しにくいということがいえると思われる。こどものあそびの軌跡が広がりのある余地空間をとりまいて、広場が成立するといったが、D公園の場合には遊具があそびの軌跡をつくっているということがいえる。

次にA公園とB公園について遊具と広場の関係について考えてみよう。A公園はB公園に比べ公園の広さがやや広く、遊具の占める面積が小さい。すなわち余地空間が広い。しかし前述のようにA公園では余地空間での集団あそびは全くなかった。

B公園では、余地空間で、木と遊具の間にハンモックをかけて、それを揺らしてあそぶ行為やキャッチボールをする様子がみられたが、A公園では、自転車で公園内を走る（これはB公園でもみられた）以外は、余地空間を積極的に利用したあそびはみられなかった。この理由としては、次のようなことが考えられる。

まず、B公園では、遊具同士がブロック的にまとめて配置されているのに対し、A公園では、間隔をあけて点々と配置されており、また、公園の中央付近に、比較的広い余地空間があるが、その中心にパーゴラとベンチがあり、余地空間内での視線もさえぎられ、一つのまとまった空間、すなわち広場として成立しておらず、余地空間が単に遊具等の公園内の施設間のすきまでしかない。すなわち、余地空間が、遊具等を〝図〟としたときの〝地〟にしかならず、〝図〟になり得ない。それに対しB公園では、広さはあまり大きくないが、遊具にかこまれた一つのまとまりとしての余地空間をもっており、〝図〟としての広場が存在する。そのため、キャッチボール等の集団あそびが発生しやすくなっているのではないかと考えられる。

(2) 遊具と遊具の関係

遊具の多い二つの公園、A公園とB公園におけるこども達のあそび行動の軌跡を追ってみる。B公園では2―27図のように遊具の占有部分がお互いに重なり合うことが多く、遊具同士がいくつかのブロックにまとめられる。1、石の山、2、クライミングネット・くぐりぬけ・回転塔・ブランコ・つり輪、3、ラダー・小山・プレイウォール・砂場・ひょうたん・きりんブランコ・汽車・鉄棒、4、滑り台、5、球技場、6、切株、7、西側の切株・くぐりぬけ、のように七つのブロックに分けられる。各年代ごとに遊具間の移動をみてみると、すべての年代で近くの遊具間の移動が多い。特に一～三歳では各ブロック間、特に2、3の移動が中心で、他ブロック間の移動は少ない。四～六歳ではブロック間の移動が多くなるが、石の山が全体の拠点的存在となり、石の山を中心とした公園全体にわたる移動が多くなる。七〜一二歳では移動のしかたはより複雑になり、ブロック内外を問わず遠方の遊具間の移動も多い。A公園は敷地全体に遊具が均等に配置されているので、B公園のようにブロックに分けられないが、各年代を通してやはり近くの遊具間の移動が多い。しかしB公園に比較すると点々と配置されているため、低年齢の幼児でも長い距離にわたって移動し遊具が利用される。すなわち公園内の利用範囲が広がる。しかし、一〜三歳児のA公園におけるオープンスペースでの軌跡をみてわかるとおり、一つの遊具から次の遊具へと目標を決めてまっすぐに向かうのではなく、鳩を追いながら、あるいは石ころを拾いながら、ふらふらと次の遊具へ到達することが多い。B公園のようなタイプの遊具配置の場合には、低年齢の幼児でも、遊具間を直接的に移動する。言いかえれば、この場合には、そのこどもにとって遊具間というのは実質的に存在しないに等しい。そのこどもの心からそれまで使っていた遊具が消えた直後には、次の遊具がこどもの心を占有し、その状態のまま次の遊具の使用がはじまるのである。それに対し、A公園のようなタイプの遊具配置の場合には、遊具間が、そのこどもにとって、そのまま遊具間というものとして存在する。そのためそのこどもの心からそれまで使用していた遊具が消えた直後には、次のめざす遊具が心を占めているのかもしれないが、しばらく後には、それは消えてしまい、遊具間の鳩なり石ころなりがとってかわる。そしてその後に再び、以前にイメージしていた遊具もしくは別の遊具が、そのこどもの心を占めるのである。

　年代が高くなると、近くの遊具間での誘引性はやはり強いが、かなり離れた遊具間でも移動がみられるようになる。そして移動の軌跡は直線的なものが多くなる。これは、年齢が高くなると、目ざすものをはっきりと意識してそれに向かってまっすぐに進むようになるからだと考えられる。年代の高いこどもにとっては、遊具の配置が遊具の使用に及ぼす影響力は小さいと考えられる。

(3) 公園の構成

以上のような利用の観察調査から、児童公園の構成には、年代の低い幼児に対しては遊具間の関係が、年代が高くなると遊具と広場との関係が重要な影響を与えることがわかる。

年代の低いこどもの場合には遊具の配置、とくにとなりの遊具の配置がかなり重要である。すなわち、異なった機能をもつ遊具が、あまり距離をあけないで、まとめて配置されている場合には、年代の低い幼児は、その中で自ら進んで遊具間を移動してあそぶ。それに対して、遊具が互いに距離をおいて点々と配置されている場合には、年代の低い幼児でも、離れた遊具間を移動して遊具を使用するが、自ら積極的に遊具をとりかえてあそんでいるとは言えず、一つの遊具を離れた後、鳩を追いかけたり、石ころを拾ったりしながら、次の遊具に到達する。つまり、遊具使用の順番には偶然性が大きな要因となる。あるいは母親に連れられて、その母親の意志によって次の遊具が決定されたりする。

また、前者の場合には、母親あるいは付添者（以下付添者とよぶ）はこどもから少し離れて見守っていれば、こどもだけであそんでいるが、後者の場合には、遊具間を、高年代のこどもが自転車で走りまわったりして危険であり、また遊具間の距離が大きいため、付添者が一ヵ所にとどまっていると、すぐに目が届かなくなり、付添者は絶えずこどもについていなければならず、こどもだけの自主的なあそびが成立しにくくなる。つまり年代の低い幼児が自主的にあそびを見出して遊ぶためには、機能の異なった遊具がいくつかかたまって、一つの複合遊具としての体を成し、さらにその中にも自転車等のはいらない余地空間が含まれていることが望ましい。

年代が高いこども達にとって、遊具と広場との関係が重要である。その主要な点をあげると次のようになる。

① 遊具と広場が分離されず、一体的に配置されることが、それぞれでのあそびを活性化する。

② 遊具の配置によってできる余地空間が広場となるため、すなわちあそび場としてこども達に対し積極的に機能するためには、次のような条件を満たさなければならない。

㋐ 視覚的な切れ目のない〝図〟として成立すること。

㋑ こどものあそびの行動の軌跡がその空間をとりまいていること。広がりのある余地空間をこどものあそび行動が分断してしまったり、あるいは全くあそび行動の外におかれる場合には余地空間は広場として成立しない。

㋒ 遊具が広場あそびの環境要素として成立していること。

㋓ 余地空間が十分な広がりを持つこと（B公園での一五〇㎡、D公園での三〇〇㎡は一つの目やすを提供してくれる）。

以上の点のうち②―㋐㋑㋒の条件は、私が第一章や本章を通じて、「オープンスペースのやわらかなエッジ」と称しているものの具体的な条件、つまり㋐視覚的、㋑行動的、㋒空間的条件を示しているように思う。すなわちやわらかなエッジはオープンスペースを㋐視覚的な切れ目のない〝図〟として成立させ、㋑あそび行動の軌跡を描かせ、㋒広場あそびの環境要素となる。

要するにこのような条件をもったやわらかいエッジとして遊具が配置され、十分な広がりをもったオープンスペースがある時、好ましい児童公園の構成が成立すると思われる。

2―5　遊環構造

第一章、第二章を通じ、あそび空間、あそび場、遊具、児童公園についていろいろな角度から考えてきたが、私はそれらに共通な構造があるように思え、それを遊環構造と名付けてみた。遊環構造の特徴として、次のような七つの条件が整理される（2―30図）。

(1) 循環機能があること
(2) その循環（道）が安全で変化にとんでいること
(3) その中にシンボル性の高い空間、場があること
(4) その循環に〝めまい〟を体験できる部分があること
(5) 近道（ショートサーキット）ができること
(6) 循環に広場、小さな広場などがとりついていること
(7) 全体がポーラスな空間で構成されていること

第一章の原風景のあそび場としての道スペースの考察で、「道幅はあまり広くなく、電信柱や

道祖神があそびの拠点になって(3)、家並みの間に小さな路地やすきまのあるような(5)(6)(7)、変化(2)にとんで、しかも一街区をひとまわりする(1)のようなスペース」というイメージを述べ、また、「道が坂になっていて(4)、ソリや自転車でスリルとスピードを味わうことのできる構造になっていることも道スペースを豊かにしている」と述べた。ここに掲げる道のイメージは(1)〜(7)まですべてにあてはまっている。(（）の番号は上記の特徴と対応させている。)

本章2節あそび場の構造では、「採集されたあそび場のほとんどは、道そのものか、道がふくらんだものか、道に接している場所」であり、「車が通れるような道路では、道路の両側が建物やブロック塀等で完全に塞がれているものは少ない。多くの場合、車庫や庭、空地等が、生け垣のように通過可能なもので仕切られたポケット的な空間」に構成されていると述べたが、これらは、(2)(6)(7)の条件を指している。

第一章の原風景のあそび場としてのオープンスペースでは、「周りに道、路地、大木、建物、家、土手などがあり、それがオープンスペースのあそびを豊かにしている。鬼ごっこや隠れんぼをするためには、オープンスペースは単に広がりだけがあるのでなく、その周囲に隠れることのできる木、建物、土手等がなければならない」としている。これは、本章2節で述べたポケット型、エッジ型のあそび場の空間構造と同一であり、遊環構造の(3)(6)(7)の条件を提出している。

本章3節遊具の構造では、「ゲームの発生しやすい遊具は、あそびの動線が分かりやすく、循環していること(1)、滑る、とびおりるというめまい的あそび行動がふくまれていること(4)、迷路的な循環動線があること(5)(7)、また対立的な要素——むずかしいところとやさしいところ、明るいところと暗いところ、やわらかいところとかたいところ――を体験できること(2)」などと分析したが、これらは遊環構造の条件(1)(2)(4)(5)(7)と合致している。

本章4節児童公園の構造で述べた、切れ目のない〝図〟として成立する広場と、それをとりまくあそび行動の軌跡を形成する環境要素としての遊具の構成は、条件(1)(6)(7)を示している。

このように遊環構造の条件を整理してみると、逆に自然スペース、アナーキースペースでも、あるいは建築的スペースでも、こども達がそこをあそび場としている空間はこの七つの条件を満足しているのを発見する。

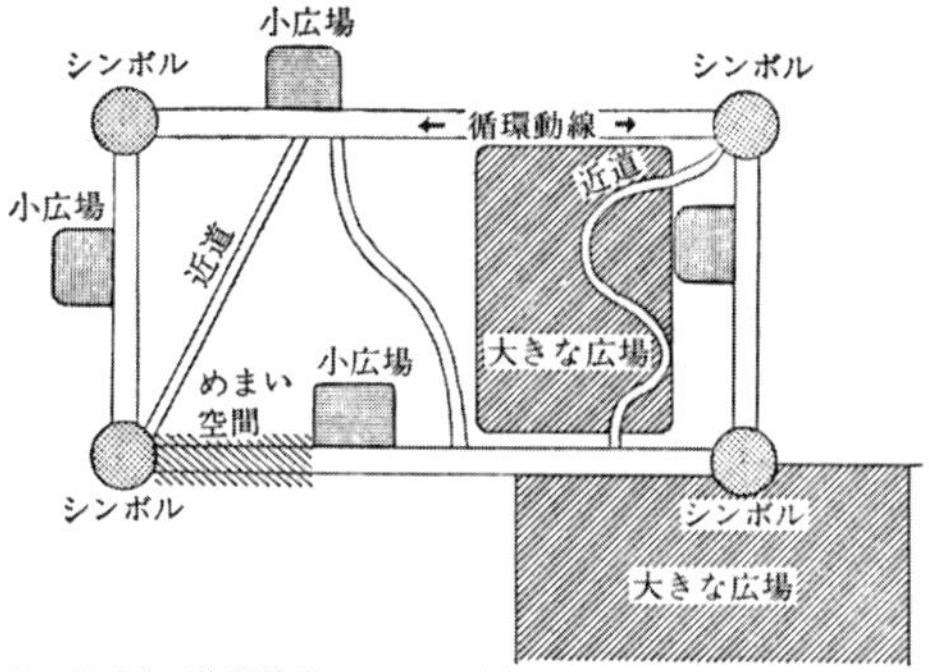

2―30図　遊環境造のモデル図

※1　川喜田二郎氏によって開発された発想のための整理手法
※2　Bühler, Ch.：こどもの体験形式からあそびを分類している
※3　Parten, M.B.：社会的行動の発達あるいは対人関係という観点からあそびを分類している
※4　Piaget, J.：幼児のあそびを構造的に分析している
※5　大屋霊城「都市の児童遊場の研究」昭和八年園芸学会誌第四巻第一号
※この章で使用した写真の撮影者は2―18図＝大橋富夫、2―19図＝白鳥美雄、2―21図＝藤塚光政氏である。

第三章　あそび環境の変化

私のこども時代は、終戦直後で食べものもなく、着るものもなく、履くものもない、まずしい時代であった。しかし、川はきれいだったたし、家の前を流れていた排水路も決して汚なくなかった。すぐ近くに田んぼがあり山があった。あそぶところはどこにでもあった。山に小屋をつくったり、手製のボールと手製のグローブで野球をしたりした。へビやマムシもつかまえた。防空壕では探検ごっこもしたし、そこにたまった水をプールがわりに泳ぎの練習もした。こども達にとっては、おもちゃや遊具はなかったけれど、あそびにめぐまれたすばらしい時代であった。

こどものあそび環境が、戦後二〇年の間にどのように変化したのかを調査するため、私は自分が生まれ育った町からはじめた。

横浜の調査が私のこどものあそび環境の最初の調査である。サンプル数も少なく、先に述べたようにあそび空間の仮説もまだ明確でなく、序章で述べた六つのあそび空間の分析ではなく、五つの種類のあそび空間で調査をはじめた。調査そのものは、きわめてラフなものであったが、この調査を踏まえて、私は次の段階、全国調査を行なった。全国調査は、日本全国どこでも横浜と同じように、こどものあそび環境が変化していることを如実に私達に確認させた。

3—1　都市化による横浜におけるあそび環境の変化

この調査は昭和四九年七月、横浜市内の地区一六ヵ所において、こどもを対象に面接によって行なった。アンケートと地図によってあそび空間の量、その分布、あそびの種類、あそび集団、時間などにわたって調査した（あそびの種類、あそび集団、時間等の結果については本章6節を参照）。

調査の方法は小学校の校庭や公園などで小学四〜六年生（一〇〜一二歳）男女約一〇名ずつに面接し、アンケート用紙と調査地区の住宅地図（一五〇〇分の一〜二〇〇〇分の一）をこどもに示しながら、自分の家の所在を確認したうえで、少なくとも一ヵ月に一度以上の頻度であそぶ日常的なあそび場（徒歩ないしは自転車で行くことができるあそび場）を全部聞き取り、その場所を地図上に記入した。住宅地図に記入したあそび場の広さは、二五〇〇分の一の地図に記入しなおし、あそび空間毎に分類し、計測した。また同時に一五〜二〇年前のあそび環境を把握するために、小学校時代から調査地区内に在住している二五〜四〇歳程度の大人に対しても、同様の調査を行なった（用いた調査表は3—1図ABC）。

なお、以下の記述における「昔」は、約二〇年前の昭和三〇年頃を指し、「今」及び「現在」は調査時の昭和四九年当時を示している。つまりこの「二〇年間」とは、昭和三〇年頃より昭和

調査用紙(1)

こどものあそび環境調査(こども)

地区		整理番号	

氏名		昭和　年生れ	第　学年	男・女
住所				
家族	祖父・祖母・父・母・兄(　)人・姉(　)人・弟(　)人・妹(　)人・その他(　)			計　人
身長	・　cm	備考		
体重	・　kg			

空間＼距離	0~250m	250~500m	500~1,000m	1,000~　m	計
I 自然					
II オープン					
III 道					
IV アナーキー					
V アジト					
VI 遊具					
計					

あそびの分類							
	自然	オープン	道	アナーキー	遊具	家	計
	自然	集団	スポーツ	遊具	室内	計	

友人	類	分類	性別	年令	けんか
	1		男・女	上・同・下	a・b・c
	2		男・女	上・同・下	a・b・c
	3		男・女	上・同・下	a・b・c

生活時間	遊び				勉学			手伝いなど	その他	総
	戸外	室内	テレビ	計	学校	塾など	計			
										h/w

7	a.　b.　c.	9	a.　b.　c.
8	イ.　ロ.　ハ.　ニ.　ホ.　ヘ.　ト.　チ.　リ.　ヌ.		

環境デザイン研究所・東京都港区南麻布2－4－5・谷川ビル3F・TEL 454-4671・2

調査用紙(2)

こどものあそび環境調査(こども)

あなたがいつもそんでいるあそびについて次の質問に答えて下さい。

1 どんな場所で、どんなあそびをしていますか。

> ○ 場所については、別紙地図を、被調査者に見せ、地区上の該当場所に、下表の㋑～㋾の番号で記入する。
> ○ 遊ぶ場所の範囲は、色鉛筆で明瞭に記入する。
> ○ 遊びの内容や道具が不明瞭であったり季節や特殊な環境を利用したものである場合は備考欄に説明を記入する。

どこで		どんな遊びを	何人で	備考
㋑	学校			
㋺	公園			
㋩	原っぱあき地			
㋥	道路路地			
㋭	家の庭			
㋬	神社お寺			
㋣	山			
㋠	川田んぼ			
㋷	アパート団地			
㋦	駐車場			
㋸	自分の家友人の家			
㋾	その他			

2. あなたは、アジト(秘密基地)を持っていますか。

イ. はい(　)カ所　　　ロ. いいえ

> ○ イの場合は、別紙地図上の該当場所に●を付ける。

3 1であげたあそびのうちで、特におもしろいものはどれですか。

また、それは、どういう所がおもしろいのですか。

あそび	おもしろい所

3—1図A

調査用紙(3)

こどものあそび環境調査（こども）

時間	何を	どこで	誰と	何人で
6				
7				
8				
9				
2				
3				
4				
5				
6				
7				
8				
9				
10				
11				
12				

調査用紙(4)

こどものあそび環境調査（こども）

2. きのう（きのうが雨の場合は、おととい）1日何をしていたか思い出して下さい。

○記載日は、平日で、雨天でない日を選ぶこと。
○学校の授業時間（午前9時〜午後2時）は省略してあります。

<記 入 例>

時間	何を	どこで	誰と	何人で
9	授業	学校		
2	授業	学校		
3	ドッチボール	校庭	同級生	8
4	野球	家の前の空き地	弟 (1) 同級生 (8)	10
5	学習塾（算数）	先生の家		6
6				
7	夕食	家	家族	4

3—1図B

調査用紙(5)

こどものあそび環境調査（こども）

4. ① 以前よくあそびに行っていたが、最近は行かなくなった場所
以前よくあそんでいたが、最近はあそばなくなったあそび
② 行ってはいけないと言われている場所
してはいけないと言われているあそび

等がありますか。又、それは、なぜですか。

○場所については、別紙地図上該当場所に、①又は②の記号を記入する。
○②に関しては、誰から禁止されているのか聞くこと。

記号	場所	あそび	理由
①			
②			

5. あなたは、誰といちばんよくあそびますか。よくあそぶ順に3人あげて下さい。
また、その人とけんかしたことがありますか。

順	分類	性別	年令	けんか	備考
1		男・女	上・同・下	a・b・c	
2		男・女	上・同・下	a・b・c	
3		男・女	上・同・下	a・b・c	

○ 分類(イ)学校の友達
(ロ)他の友達
(ハ)近所の友達
(ニ)兄弟姉妹
(ホ)親
(ヘ)その他

○ けんか(a)したことはない
(b)ときどきする
(c)よくする

6. 塾、おけいこごとに行ったり、家庭教師に来てもらったりしていますか。

何を習っていますか	週何回	一回何時間	備考

調査用紙(6)

こどものあそび環境調査（こども）

8. あそぶ場所は、今のままで充分ですか。それとももっと欲しいですか。

a. もっと欲しい

b. 今ぐらいでよい

c. 多い

9. どんな場所であそびたいですか。下のうちから2つだけえらんで下さい。

イ. 木がたくさんある山や森、水のきれいな川や海

ロ. 広い原っぱや田んぼ

ハ. バックネットや、サッカーゴール等のある広い運動場

ニ. 車の通らない道路

ホ. 大人の知らないあき地や、材木置き場

ヘ. なかまだけの秘密のかくれが

ト. ブランコやすべり台のある公園

チ. たくさんの乗り物がある遊園地

リ. 自分の家や、友人の家の中

ヌ. その他（

10 あなたの現在のあそび時間は、多いと思いますか。少ないと思いますか。

a. 少ない

b. ちょうどよい

c. 多い

3—1図C

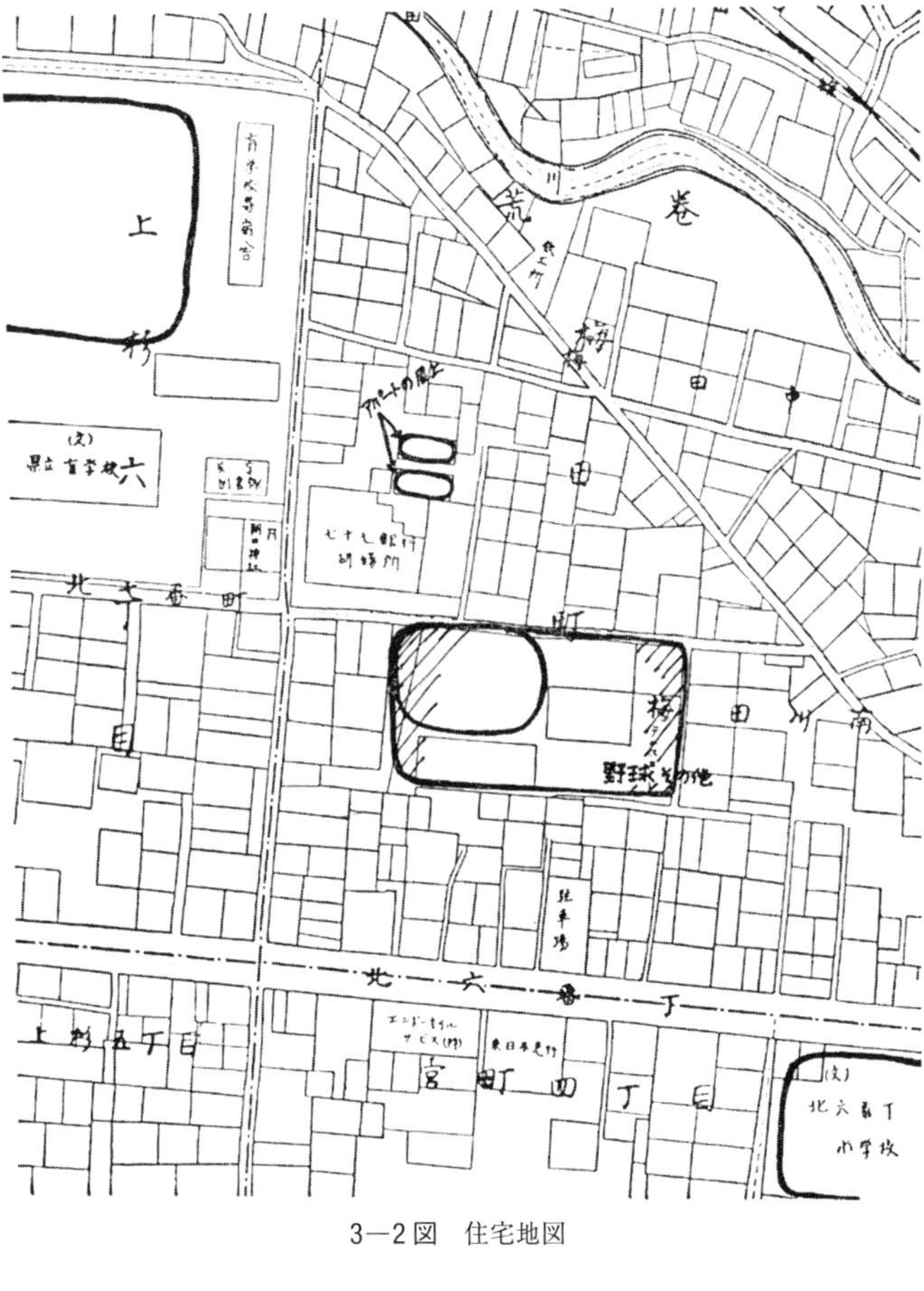

3—2図　住宅地図

四九年までを指している。

3—3図は横浜のほぼ中央、旧市街地の保土ヶ谷での昔のあそび地図である。昭和二〇年代後半、東海道のバイパスができて、幅六mの旧道は、車のあまり通らないこども達のあそび場であった。三〇〇㎡ほどの空地がこども達の中心のあそび場で、新道をわたり、川をわたると山や田んぼがあった。3—4図はそれと同じ場所の今のあそび地図である。かつての空地は部分的に小さな児童公園として整備されている。そしてかつての山はほとんど宅地化され、全く田んぼも小川もなくなってしまっている。あまり重要でなかった校庭や、約一㎞も離れた県営運動場が現在では重要なあそび場になっている。

こども達がその根城《ねじろ》とした山の防空壕や、電車の線路際も、現在では埋められたり、入れなくなってしまっている。山の中でつくられた多くのアジトは、今は友達の家の庭の隅にあるだけである。車輛交通の増加によって、あそべる道はわずかに限られてしまっている。オープンスペースとしては、校庭が主に利用されている。道といっても昔は家の前の道、友達の家の前の道、通学路、山道など、多様な道があったが、今はわずかに家の前の歩道があげられるだけである。

3—5図は中区花咲町の昔のあそび地図である。商業地域におけるあそび環境の変化は住宅地域のそれとは異なっている。ここでは昭和三〇年頃から、自然スペースは掃部山公園のみであった。すでに公園という場所にしか自然がなかったことが示されている。道スペースは現在とくらべると幅も広く、また長い。オープンスペースが小学校の校庭しかなくなっていたのは現在も共通している（3—6図）。

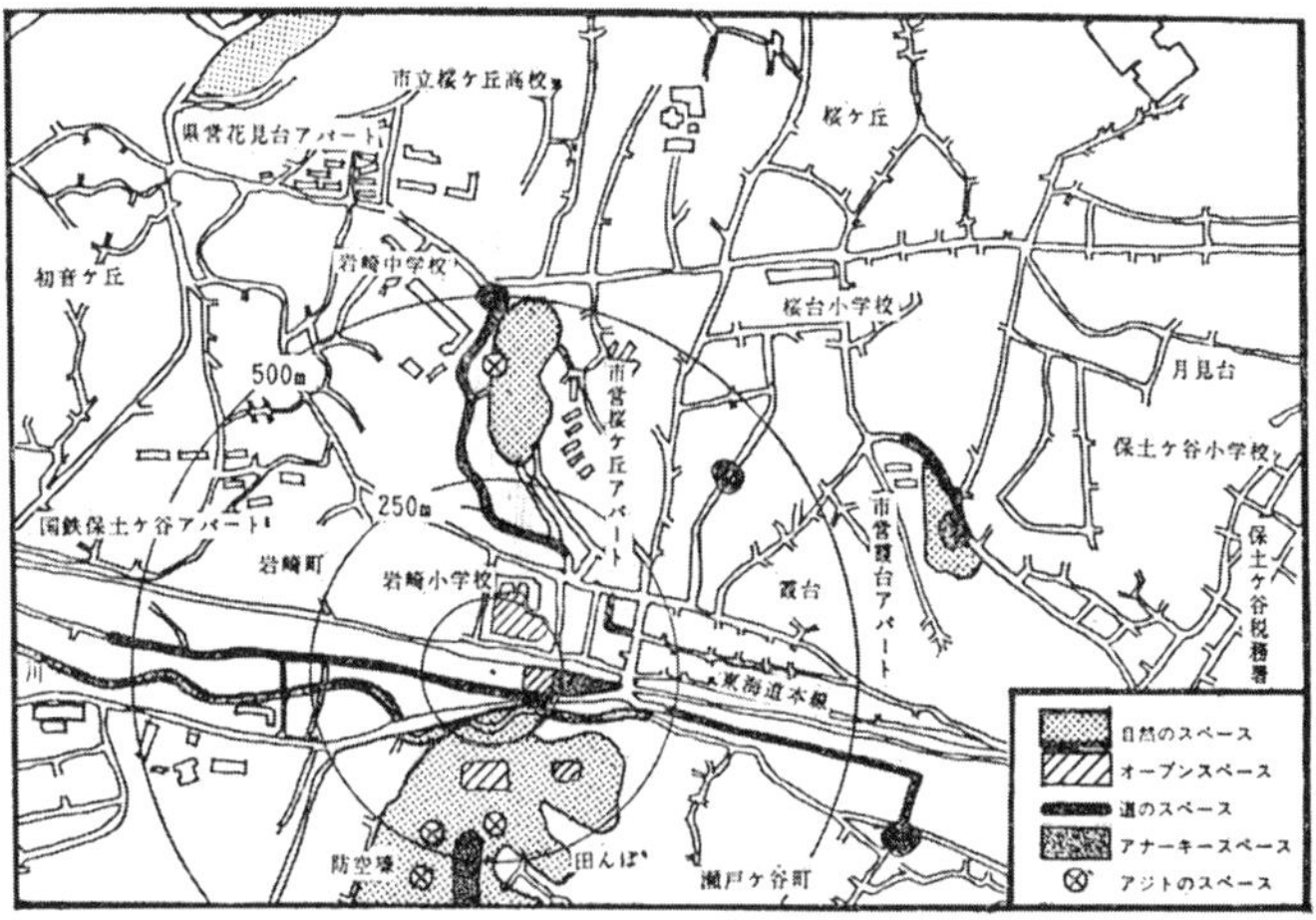

3—3図　横浜市保土ヶ谷区保土ヶ谷町（男33歳）

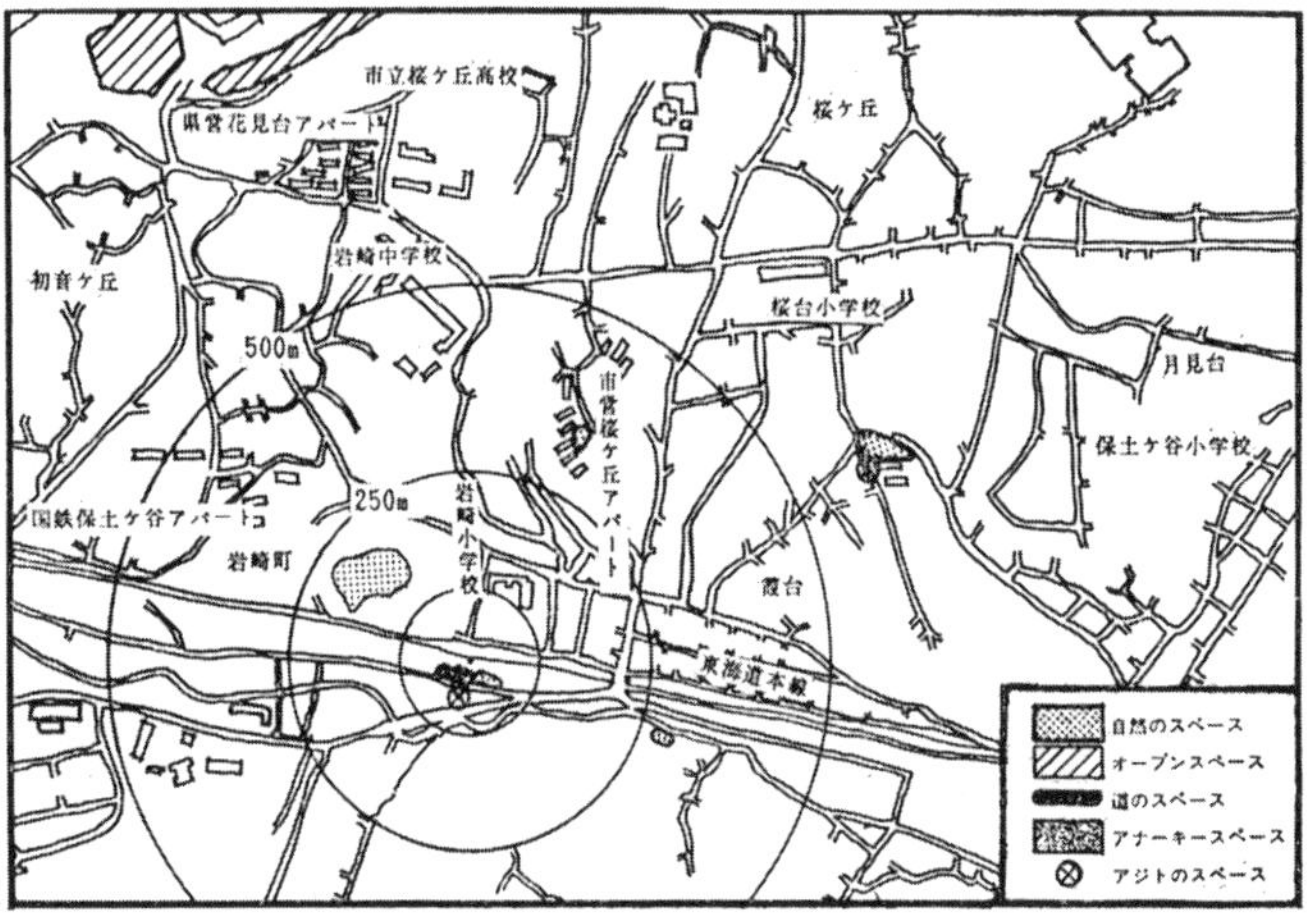

3—4図　同上（男9歳）

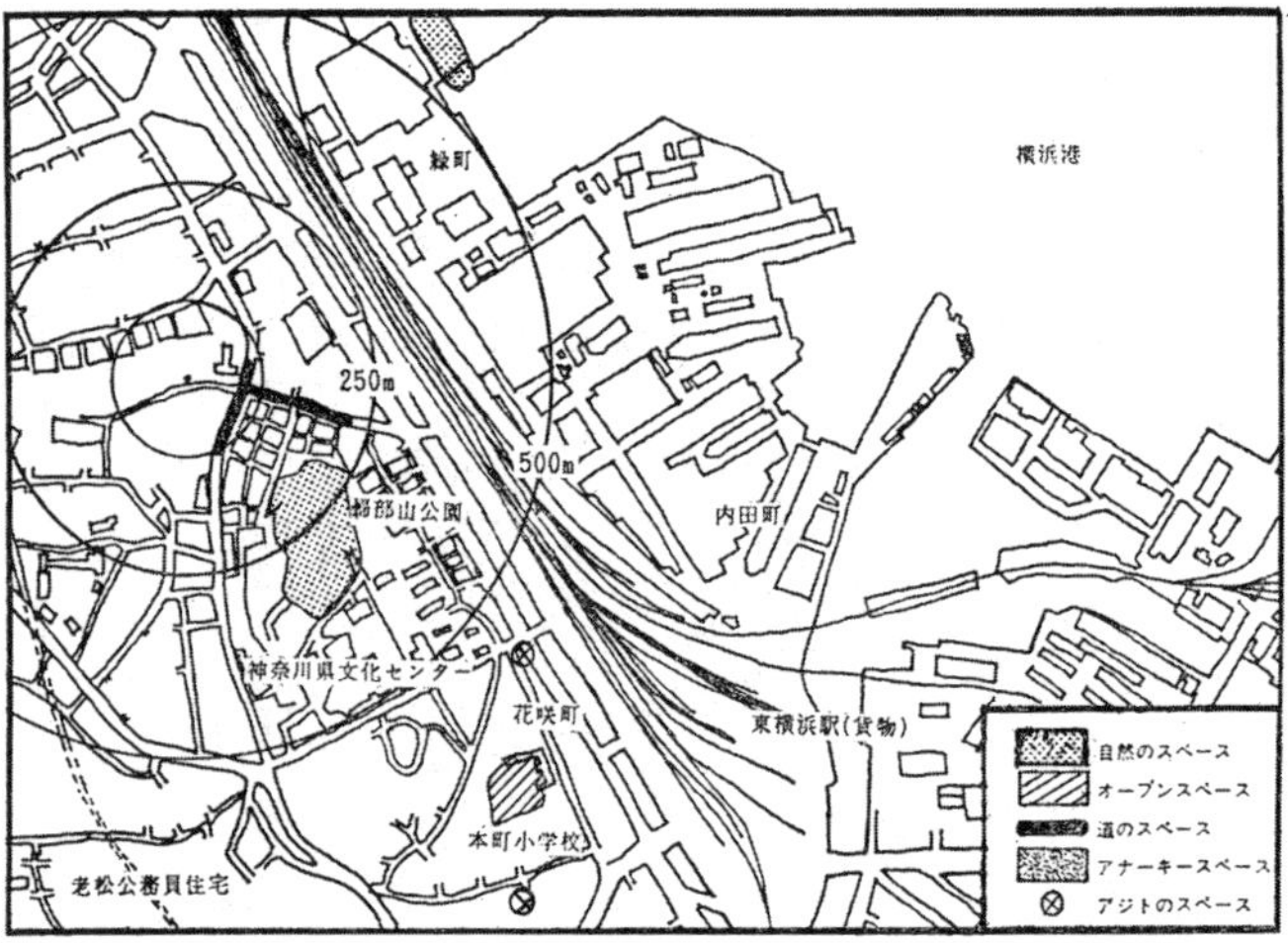

3—5図　横浜市中区花咲町（男33歳）

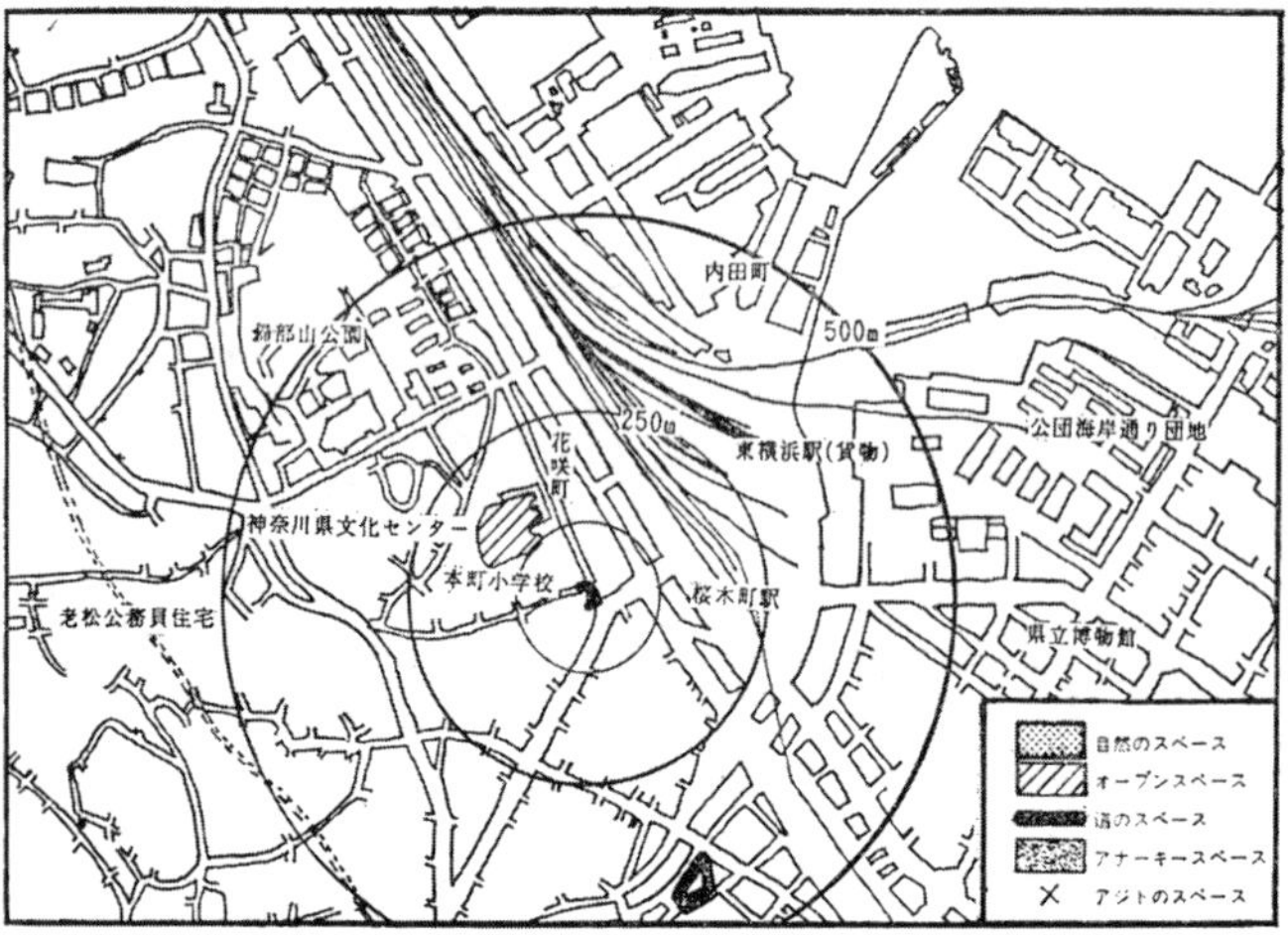

3—6図　同上（男10歳）

保土ヶ谷の例と花咲町の例を比較してみると、昔においても、地域的性格、すなわち住宅・農業混在地域と商業地域ではこどものあそび場の様態は異なっていたということに気づく。商業地域は道スペースが大きく、田園地域では五つのスペースがそれぞれあった、というようにである。すなわち、こども達の基本的なあそび空間は、五つすべてが豊富であれば望ましいのであるが、たとえば花咲町の場合には、道スペースが他の空間、特にオープンスペースの役割を補完していた、と考えられる。

とにかく、他の地域の調査からも昭和三〇年頃は五つの空間のうち、すべてとはいかなくてもどれかが豊富に存在して、こどものあそび環境を充足させていたということがわかった。しかし現在においては、そのどれもがきわめて少なくなっていることがどの地域にも現れている。

横浜市内一六ヵ所の各地域を整理し、昭和三〇年頃と昭和四九年における横浜市のこどものあそびの空間量の平均を出したものが3―7、3―8図である。

これをみてみると、まず自然スペースは、二〇年間に約八〇分の一になっている。昭和三〇年頃のこどもは約一六haもの自然スペースを身近なものとしていたが、昭和四九年のこどもは、たった約〇・二haの自然しかもっていない。かつての山や緑は、宅地開発などによって減少し、一部が公園となって、形ばかりの自然を提供している。ほとんどの河川は工場廃水などによって汚染され、あそび場として成立しているところは皆無である。昭和三〇年頃、こども達はオープンスペースを三・七haもっていたが、昭和四九年には〇・八haで約四分の一になっている。多かった田畑、空地、砂丘などども昭和四九年にはほとんどなくなり、たとえ残っていても柵で囲われた

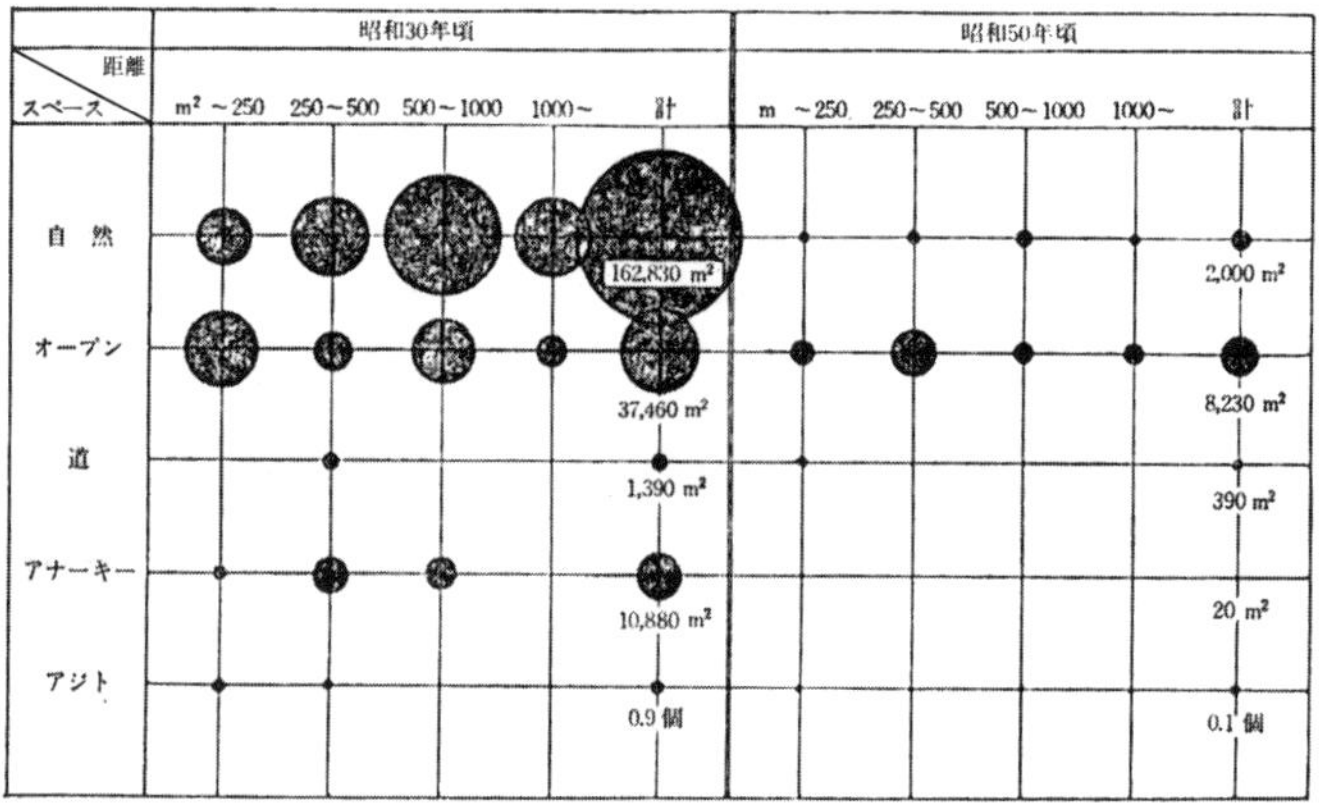

3—7図　横浜におけるあそび空間量の比較

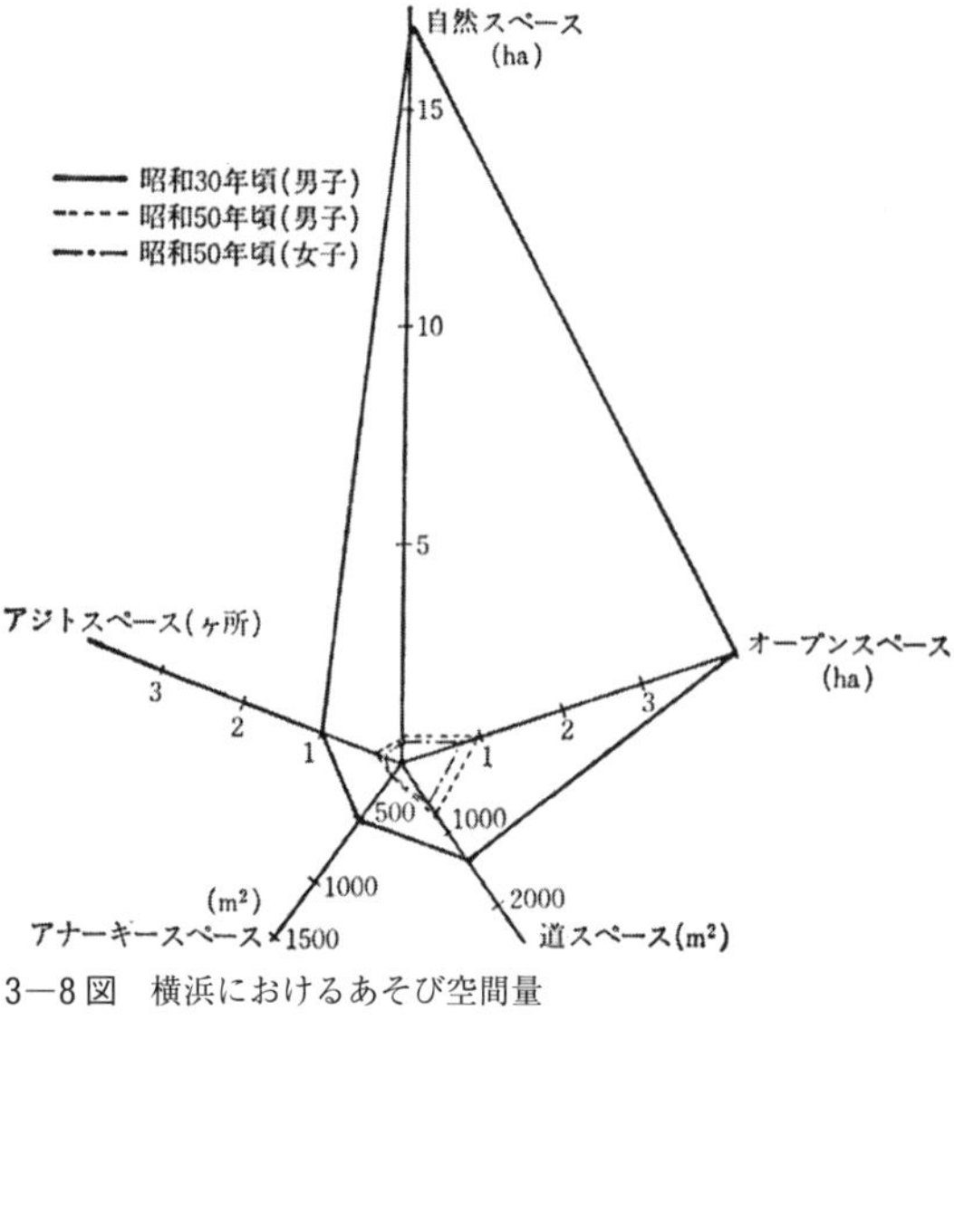

3—8図　横浜におけるあそび空間量

り、工場用地になっており、あそび場になっていない。昭和四九年時点、主なオープンスペースは学校の校庭と都市公園である。

二〇年間に、宅地開発、都市計画などによって防空壕、線路際、廃屋のある空地などのアナーキースペースは、ほとんどつぶされたり宅地化されたりしてなくなってしまっている。

昭和三〇年頃はこども一人一人がみんなアジトをどこかにもっていたが、昭和四九年には一〇人に一人しかアジトをもっていない。これに比べると、道スペースの減少率は小さい。しかし、道のあそびの内容は自転車あそびが主で、昔のように、メンコ、ビー玉に興ずるこども達は見られないという形で大きく変化している。

以上の空間の総合的な量を比較してみると、昭和三〇年頃のこども達は約二一haのあそび空間量をもっていたが、昭和四九年には約一haしかもっていない。実に二〇分の一の量に減少している。

次にあそび空間相互の関係について考えてみよう。

3—9図は代表的な調査地区三ヵ所のあそび地図をわかりやすくダイヤグラム化したものである。上段の図は昭和三〇年頃を示しているが、あそび空間がつながって団子状になっている。それに比較し下段の図は昭和四九年頃を示しているが、点がばらまかれている状態である。すなわち昭和三〇年頃には「自然スペース」「オープンスペース」「アナーキースペース」「アジトスペース」などが複合的に構成され、さらにこのあそび場の中、あるいはあそび場相互を「道スペース」が連結している。これに対して昭和四九年になると、あそび空間量の減少とともに、それ

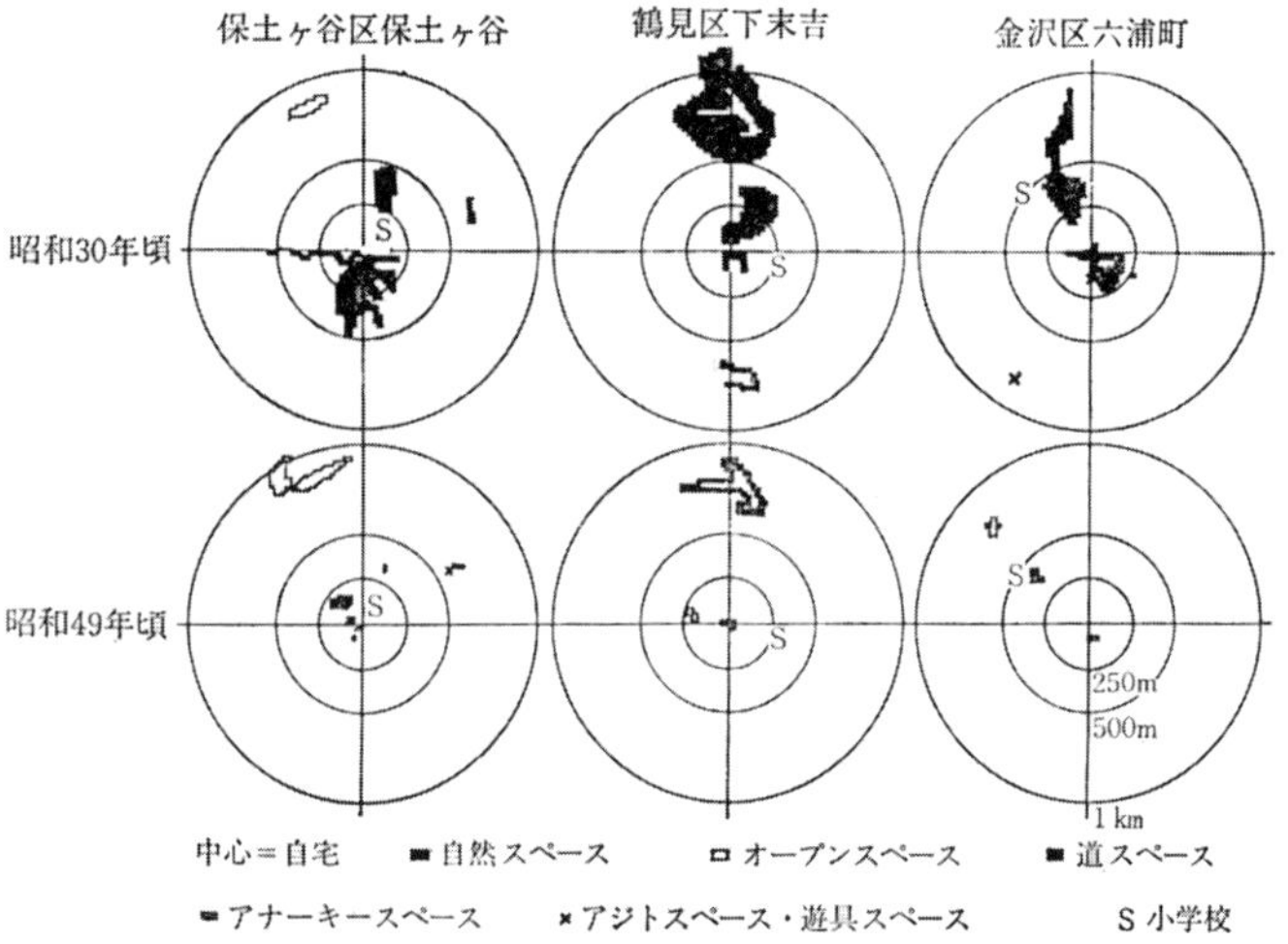

3—9図　あそび空間の連絡性

ぞれのあそび場が不連続に点在している。この理由は、第一に各あそび空間を接続していた道スペースが、車のためにあそび空間として成立しえなくなったためであり、第二に、都市化の過程の中で、こどものあそび場であった原っぱ、空地という曖昧な空間が排除され、単一機能化し画一化され、公園として計画された場所以外はあそびを受け入れないようになったためと考えられる。

三つの地区とも、二〇年前は、あるまとまりをもったつながりを形成しているのに対し、昭和四九年のこども達のあそび場の配置は、点在的であるのがよくわかる。二五〇ｍという距離は、児童公園の誘致距離になっている距離で、こども達が毎日利用するあそびの距離として重要である。この二五〇ｍ圏というものを考えてみると、昭和三〇年頃のこどもは、自宅を中心としたこの距離圏内に、実に多様なあそび空間を有していた。この範囲に五つのあそび空間を有していたのは、全体の一二・五％、三つ以上のあそび空間をもっていたのは七・五％で、平均三・四種類のあそび空間をもっていた。これに対し、昭和四九年のこどもは、この範囲に一種類のあそび空間しかもっていないものが一九・七％、二種類もっているものが五二・二％で、平均一・七種類のあそび空間しかもっていないことになる。これは、現在のこどもの生活環境そのものが単一化、あるいは画一化の傾向をもっており、貧しくなっていることを示すものである。

3―7図によって二五〇ｍ圏における空間量の変化を比べてみると、昭和三〇年頃と、昭和四九年では二万三四〇〇㎡と三〇〇〇㎡である。これは、二五〇ｍ圏全面積のそれぞれ一一・九％と一・五％に当る。すなわち、かつては地域面積の一一・九％がこども達の解放区であったものが、今やその八分の一以下におしこめられていることがわかる。

次に3―7図によって、あそび空間量と自宅からあそび空間までの距離との関係を考察してみる。昭和三〇年頃のこどもを見ると、あそび空間には、それぞれ利用圏があることがわかる。自然スペース、オープンスペースでは一㎞が利用圏と考えられる。道スペースとアジトスペースは二五〇ｍで、アナーキースペースは五〇〇ｍである。これを昭和四九年のこどもについて考えてみると、ここでもきわめて異なった状態になっているのがわかる。自然及びオープンスペースは二五〇～一〇〇〇ｍの距離の間できわめて大きく減少しており、その意味ではこどものあそびのテリトリー（なわばり）が小さくなっているのだが、逆にその小さなあそびの空間をもとめて遠くまで行かなければならなくなっている。

私の生まれ育った横浜のこどものあそび環境がこのように大きく変化しているのは、一体何によるのだろうか。昭和三〇年から昭和四九年の間に横浜市の人口は一三〇万人から二五〇万人へと膨張した。確かにこのように人口が増え、都市化の激しい都市は、全国的にも稀であったかもしれない。それでは、このあそび環境の変化は、横浜だけの特殊な状況なのか、それとも全国的に同じ現象が現われているのか。それを知るために、昭和五〇年、私は北は北海道から南は沖縄まで全国的なあそび環境の調査を行なった。

3—2　全国三九地区におけるあそび環境の変化

横浜における第一段階の調査をふまえ、全国調査を行なった。あそび空間として新しく「遊具スペース」を入れ、六つのあそび空間による分析方法によった。その他の方法は横浜の場合と全く同じである。調査は昭和四九年から昭和五一年まで全国の市町村（三九地区）で行ない、さらに昭和五六年七月から一〇月にかけて、三九地区のうち代表的な一四地区を選んで五年間の変化を調査した。昭和五六年の調査では大人の調査を行なっていない。調査地区は首都東京都はもちろん、日本の南北端ということで沖縄県と北海道の地域をまず選んだ。次に人口密度、地域の種別、歴史などを考慮して地区を選出した。しかしながら前項のような調査方法で行なうので、便宜的に調査者がその土地をよく知っており、大人のサンプルを容易にとれる地区を最終的に選んでいる。調査地区及びサンプル数は3―10表の通りである。なお本項における「現在、今」とは昭和五〇年、五一年を指し、「昔、二〇年前」とは昭和三〇年頃を指している。

(1) 空間量の減少

全国三九地区でこども一二六九人、大人一一九人を調査したわけであるが、これから昭和三〇年頃のこどもの平均空間量と昭和五〇年頃のこどもの平均空間量を比較してみると、3―11図のようになる。男子のあそび空間の総量でかつて約一一万四〇〇〇㎡あったものが現在約一万二〇〇〇㎡に、女子においても約六万一〇〇〇㎡が約七九〇〇㎡に、それぞれ一〇分の一、八分の一に減少している。横浜ほどではないが、このように全国的にも、やはりこの二〇年間の急激な都市化によって大幅なあそび空間の減少がみられた。六つのあそび空間に分けて、その変化をみてみると（3―11図）、自然スペースは、男女平均で約四万五〇〇〇㎡から約一四〇〇㎡へ約二九分の一に大きく減っている。オープンスペースは男女平等で約四万六〇〇〇㎡から約七九〇〇㎡へと、絶対面積は小さくなっているが減少率は自然スペースに比べれば小さい。アナーキースペースの減少率も大きい。逆に遊具スペースは、当然のことであるが、三倍から五倍にものびている。横浜だけでなく全国的にも自然スペースが大きく減少していることにおどろかされる。またあそび空間量を自宅からの距離圏別にみてみると、3―12図に示すように、遠方のあそび空間がより大きく減っており、二五〇m圏内では約四分の一程度しか減少していないのがわかる。これはあそびのテリトリーがかつてより狭くなっていることを示している。

3—10表　全国調査のサンプル数と調査地区

地域	学校名	サンプル数								
		昭和 51・大人			昭和 50・こども			昭和56・こども		
		男	女	計	男	女	計	男	女	計
札幌市	創成小学校	2	1	3	14	8	22	18	15	33
	発寒〃	4	0	4	14	6	20	24	14	38
	真駒内〃	3	2	5	15	8	23	17	19	36
	幌南〃	2	2	4	13	11	24			
函館市	青柳〃	4	2	6	10	12	22	16	16	32
	高盛〃	3	3	6	10	12	22	21	19	40
	柏野〃	1	0	1	11	8	19	22	14	36
	港〃				20	12	32			
大成町	久遠〃	9	0	9	5	10	15			
仙台市	南材木町〃	4	0	4	9	9	18	23	9	32
	長町〃	2	0	2	11	8	19	20	7	27
	北六番町〃	2	0	2	11	7	18			
塩釜市	塩釜第3〃	1	3	4	4	11	15	16	23	39
	塩釜第2〃	2	1	3	4	10	14			
	塩釜第1〃	2	0	2	11	4	15			
山形市	双葉〃	2	1	3	10	10	20			
山辺町	山辺〃	2	1	3	10	10	20			
富山市	五番町〃	1	2	3	12	10	22			
	愛宕〃				15	16	31			
高岡市	川原〃				7	7	14			
	博労〃	0	1	1	7	3	10			
新湊市	新湊〃				12	0	12			
	放生津〃	2	1	3	6	2	8			
千代田区	神田小川町〃				14	6	20			
品川区	御殿山〃				6	4	10			
中央区	京橋〃				11	17	28	15	11	26
江東区	明治〃				21	14	35			
町田市	小山〃				10	9	19	20	19	39
	本町田東〃				9	10	19	22	16	38
横浜市	上菅田〃							22	18	40
	桜台〃							19	20	39
	その他	8	1	9	44	25	69			
那覇市	神原小学校	1	0	1	10	5	15			
	久茂地〃	5	2	7	8	5	13			
	前島〃	1	0	1	6	6	12			
	泊〃	1	0	1	4	4	8			
名護市	安和〃	1	3	4	12	9	21			
	名護〃	4	4	8	11	8	19			
糸満市	糸満〃	4	2	6	13	4	17			
嘉手納市	嘉手納〃	5	2	7	13	4	17			
今帰仁村	今帰仁〃	6	1	7	9	8	17			
計		84	35	119	442	332	774	275	220	495

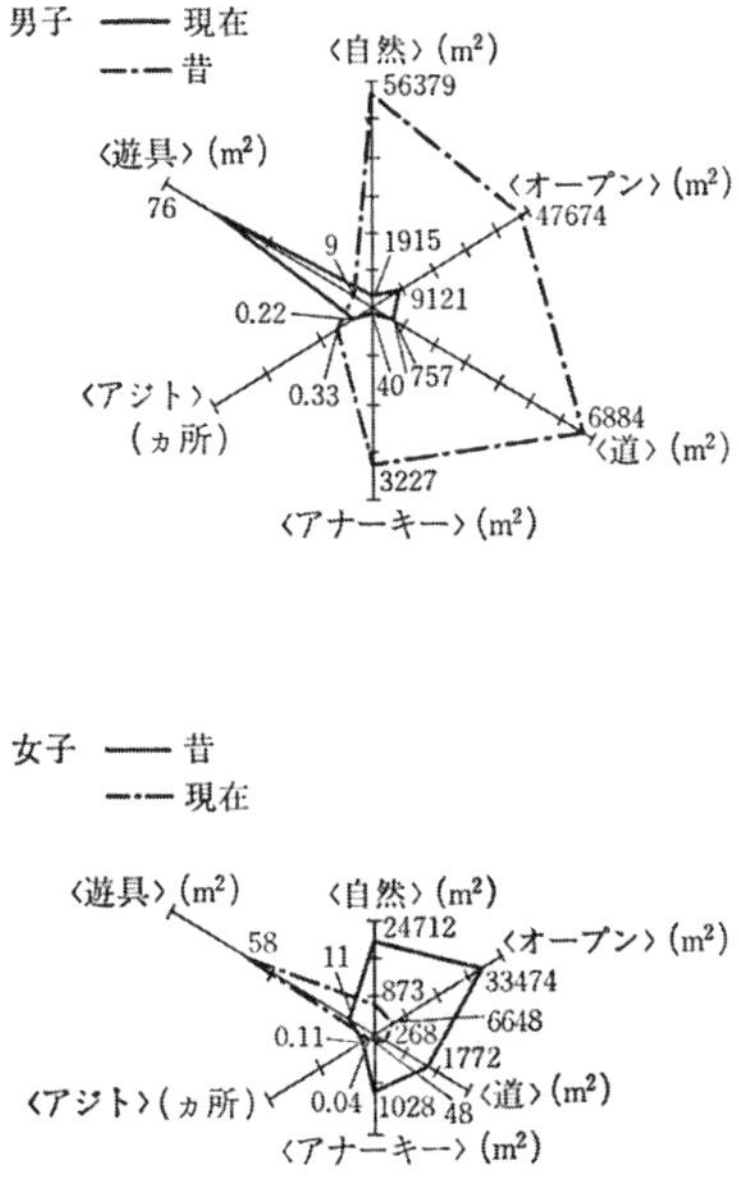

3―11図　あそび空間の比較

次に都市化の程度とあそび空間量の減少率との関係をみるために、便宜的に調査市町村を人口規模によって四つに分類した。そのⅠ～Ⅳ（3―13表）の各グループのあそび空間量の変化を示すと（3―15図）、二〇年前においては、都市部の方が空間量が多くなっていたのがわかる。農漁村では家の仕事を手伝うことも多く、またこども集団の構成人数が少ないというような社会的状況の違いが影響していると考えられる。一方現在においては、大都市部のあそび空間量は、地方小都市より少なくなっている。各あそび空間別にみてみると（3―16図）、Ⅱのグループが自然、オープン、道スペース、アナーキースペースともⅠグループよりも小さい値を示しており、10～50万ぐらいの地方中核都市のこども達が、大都市のこども以上に都市化の影響をうけている

分類	地域		学校名
I〈人口・50万以上〉	東京	区部	神田小川町小学校
			御殿山〃
			京橋〃
			明治〃
	神奈川	横浜市	
	北海道	札幌市	創成小学校
			発寒〃
			真駒内〃
			幌南〃
	宮城	仙台市	南材木町〃
			長町〃
			北六番町〃
II〈人口・10万〜50万〉	沖縄	那覇市	神原小学校
			久茂地〃
			前島〃
			泊〃
	北海道	函館市	青柳〃
			高盛〃
			柏野〃
			港〃
	富山	富山市	五番町〃
			愛宕〃
	東京	町田市	小山〃
			本町田東〃
	富山	高岡市	川原〃
			博労〃
III〈人口・3万〜10万〉	宮城	塩釜市	塩釜第3小学校
			塩釜第2〃
			塩釜第1〃
	富山	新湊市	新湊〃
			放生津〃
	沖縄	名護市	名護〃
		糸満市	糸満〃
IV〈人口・3万未満〉	山形	山辺市	山辺小学校
	沖縄	嘉手納市	嘉手納〃
		今帰仁村	今帰仁〃
	北海道	大成町	久遠〃

3—13表　調査都市の分類

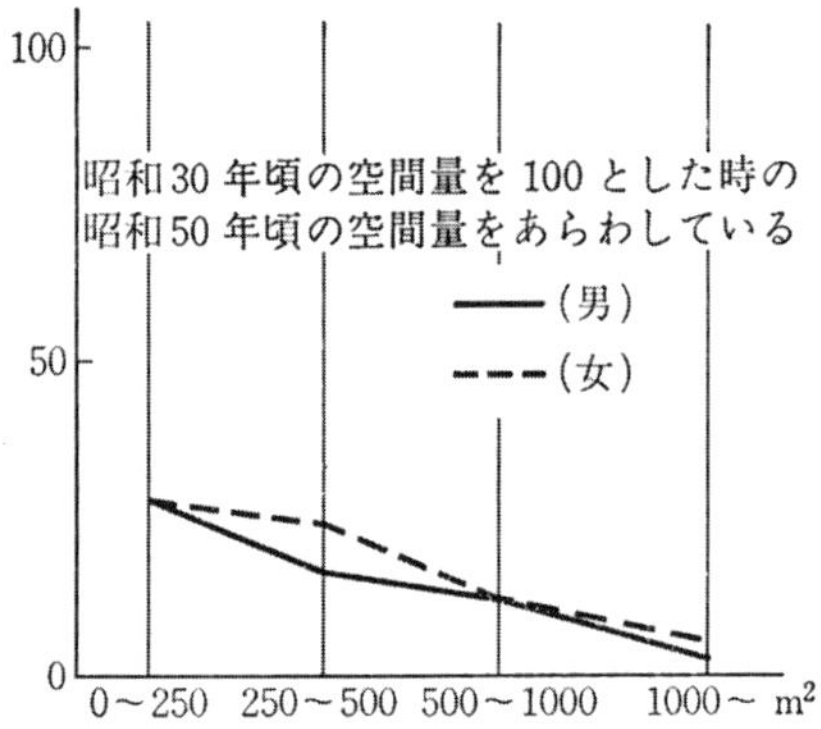

3—12図　自宅からの距離とあそび空間量

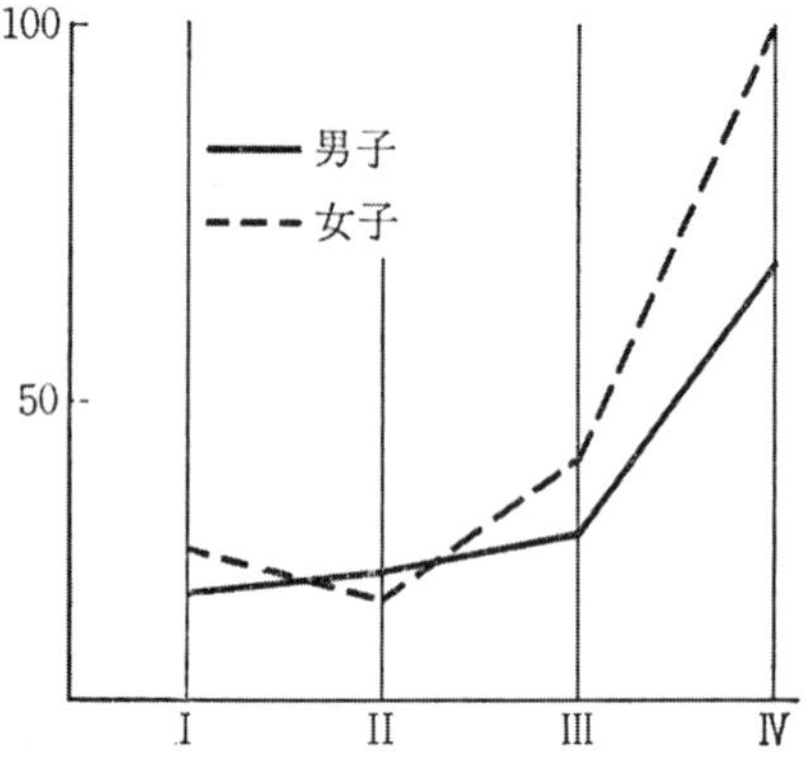

3—14図　自宅より250m圏内のあそび空間量の変化（昭和30年頃の空間量を100とした時の昭和50年頃の空間量）

ことがわかる。Ⅱのグループでは、自然スペース、オープンスペースの二〇年間の減少率は、それぞれ二〇分の一と二六分の一である。3―14図はⅠ～Ⅳの各グループ毎の二五〇m圏内の空間量の減少の割合を示したものであるが、大都市ほど身近なあそび場が失われているといえる。

(2) あそび空間とあそび内容の変化

あそびの内容とあそび人数について、六つのあそび空間〈アジトのかわりにここでは室内あそびを入れている〉ごとに3―17～20図に示した。同心円の大きさはあそび人数をあらわし、小さな円のドットはあそびの頻度をあらわしている。

全体に昔にくらべ、今のあそびのドットは求心的に分布している。これは各あそびのグループ人数とあそびの種類が大幅に減少していることを示している。

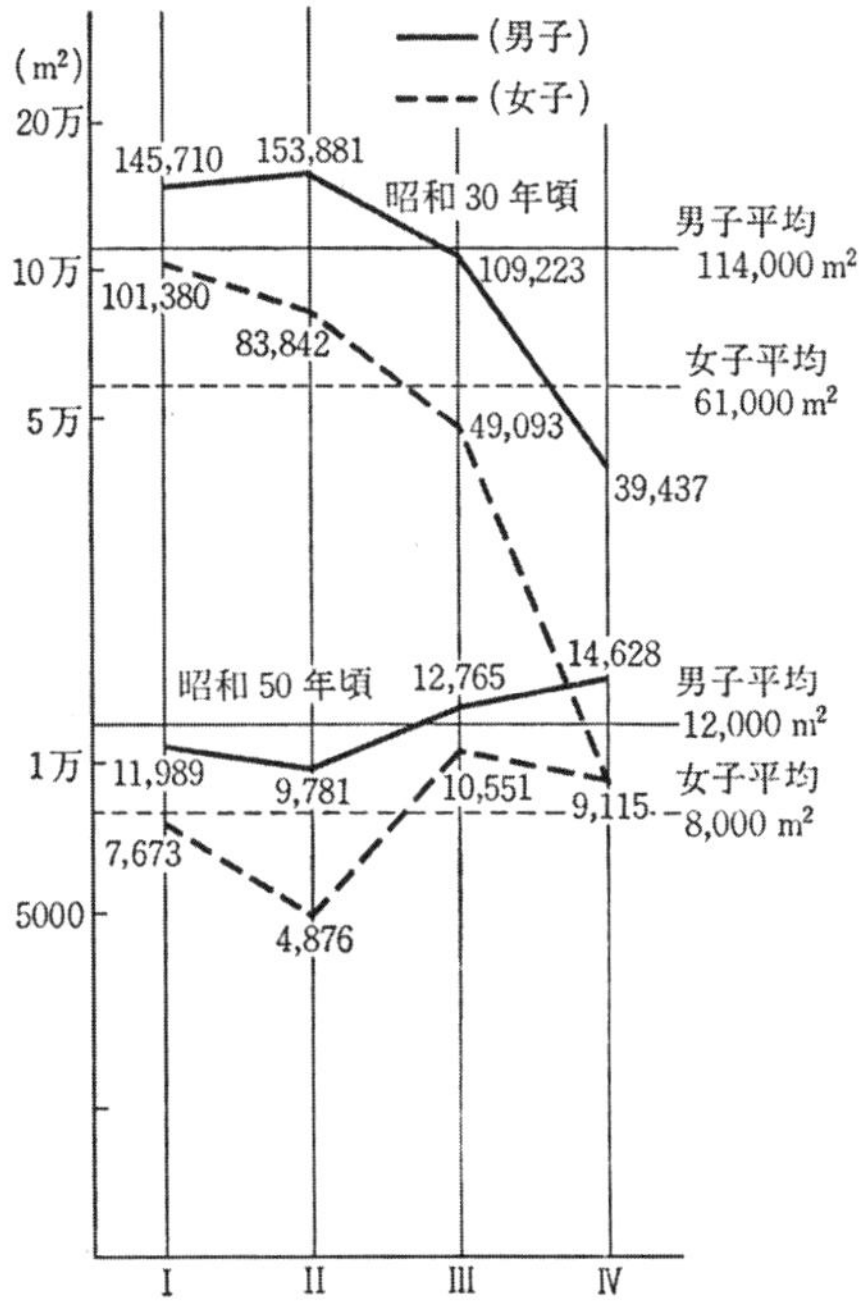

3―15図　各地域別あそび空間

特に〈自然〉〈道〉〈アナーキー〉の部分において現在のあそびの

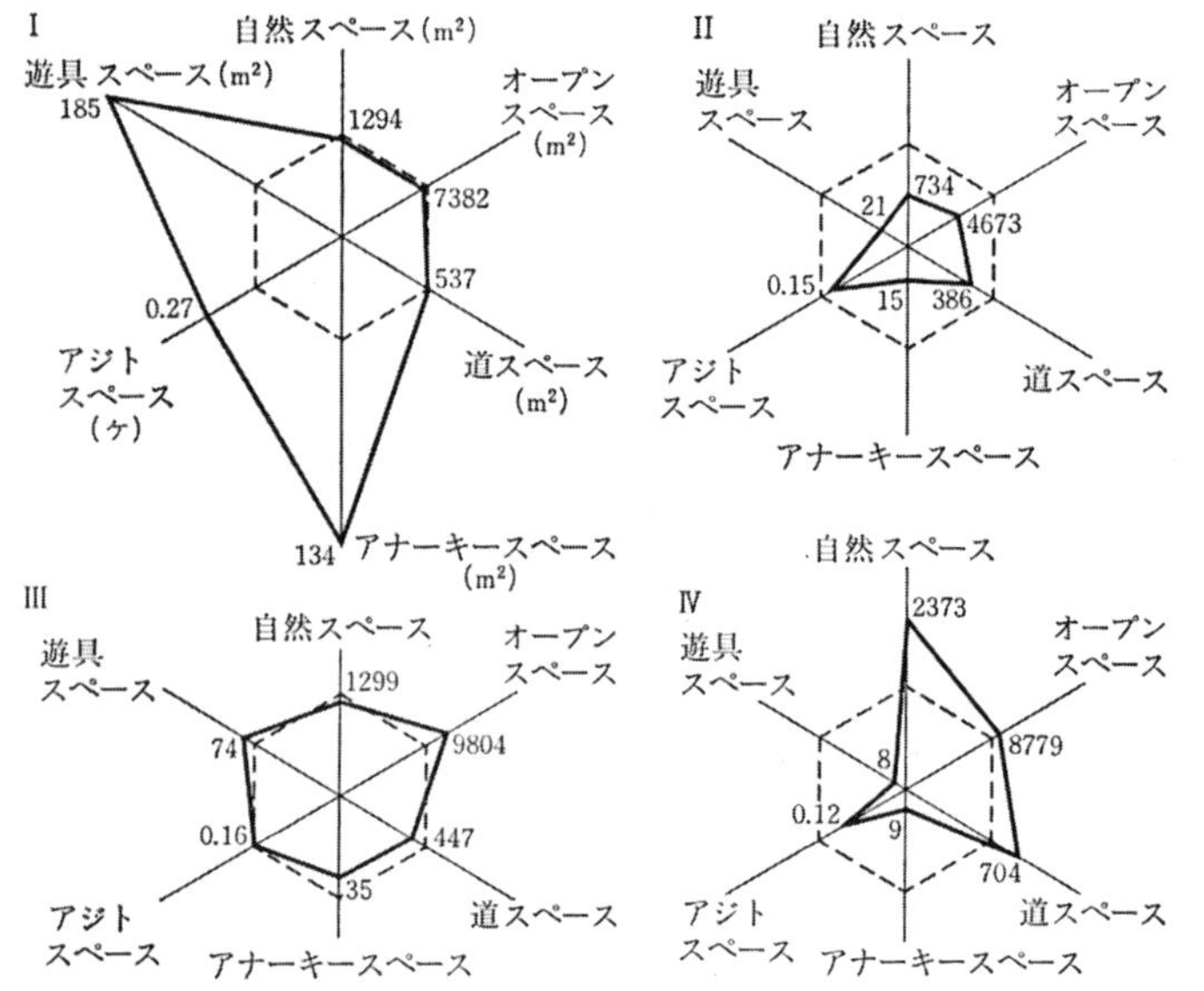

3—16図　地域別のあそび空間量とその差異（昭和50年頃）
内部の-----線は全国の平均値を示す。

ドットは少なくなっており、これらのあそび空間におけるあそびの数も、あそび集団も小さくなっていることがわかる。

3—21図は、各あそび空間のあそびの種類の数をあらわしたものである。これをみても〈自然〉〈道〉におけるあそびが特に大きく減少しているのがわかる。それに比べ〈オープンスペース〉は3—17〜20図でも、また3—21図でもみるように、昔とそう変化はない。

あそびの内容の変化をみると、〈オープンスペース〉では凧あげ、メンコ、ビー玉、まりつきといった玩具類を使ったあそびと、すもう、陣取り、隠れんぼといった伝承的な人あそびが減って、スポーツ用具を使

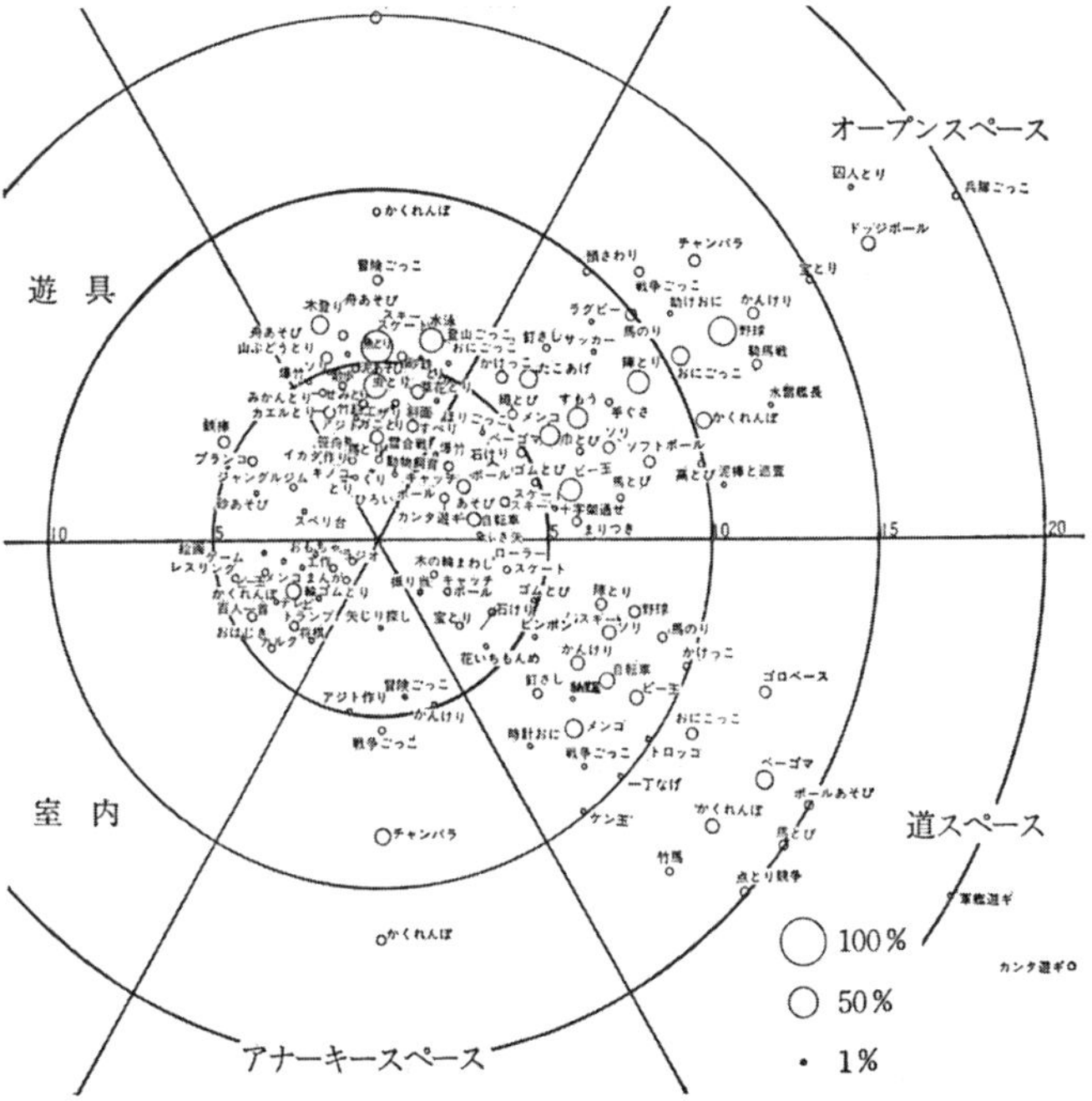

3—17図 あそび内容と人数の変化（昭和30年頃男子）

った広がりのあるあそびが多くなっている。〈道スペース〉では、かつて道あそびの主流であったメンコ、コマ、ビー玉、カンケリ、ゴム跳び、石ケリといった玩具類を使ったあそびがほとんどなくなってしまい、自転車と、わずかにバトミントンといったあそびがみられる程度で、特にその変化は激しい。〈アナーキースペース〉においては、チャンバラ、戦争ごっこといった集団的あそびが全くなくなっている。〈家の中〉ではテレビが圧倒的な地位を占めるようになり、かつて女子にみられたお手玉、人形あそび、ままごとなどの玩具あそびが少なくな

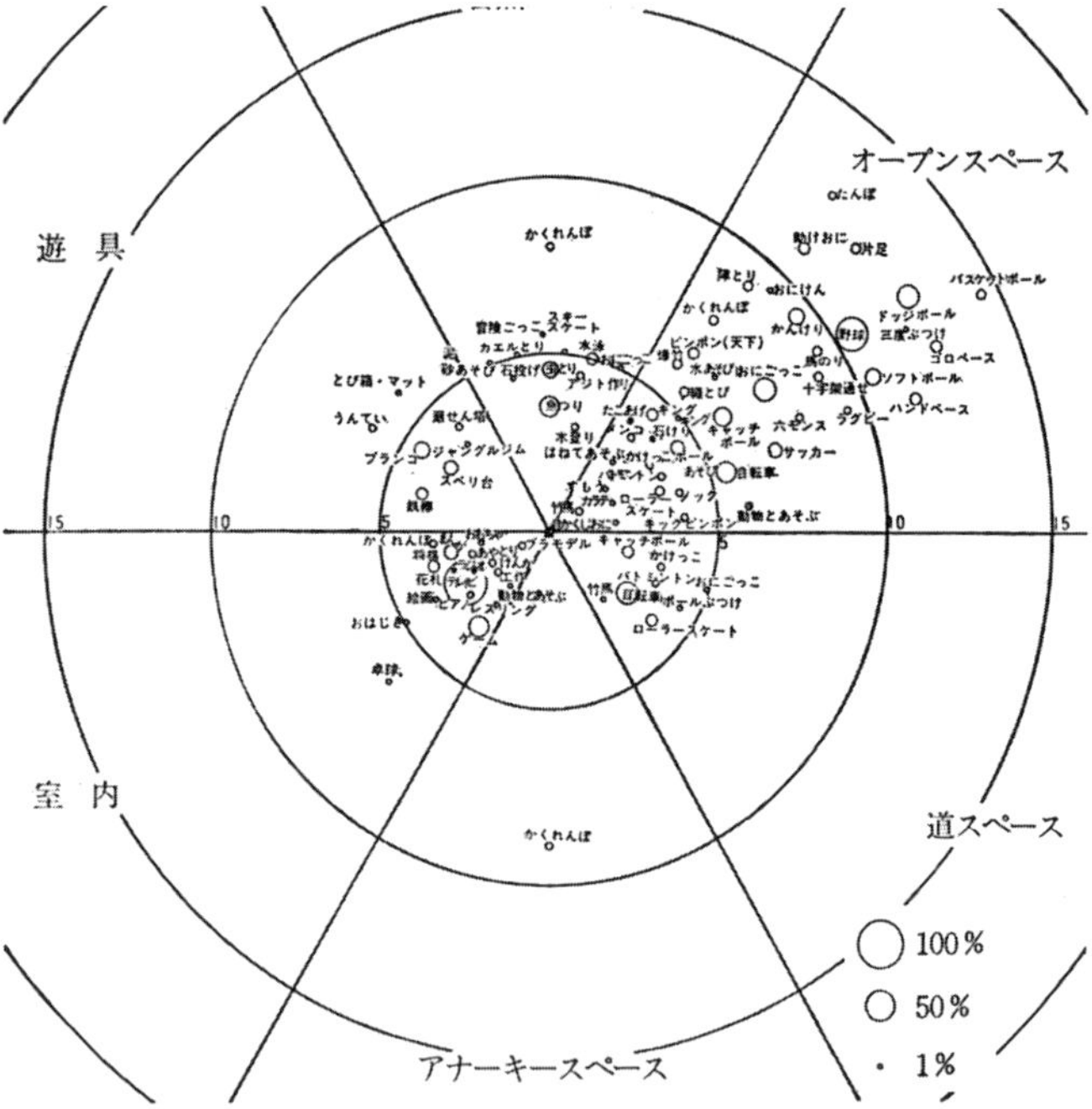

3―18図　あそび内容と人数の変化（昭和50年頃男子）

っている。

総じてすもう、陣取り、隠れんぼのような人あそび、玩具あそびといったものが、スポーツ的あそびと自転車、テレビといったものに変ってきている傾向にある。

またかつてのあそびにおける種類、人数の男女差は小さくなり、均質化の傾向にある。I～Ⅳの地区別に現在のあそびの種類を3―22図でみてみると、大都市になればなるほど、あそびの種類が少ない傾向を示している。男女の差も、都市部になればなるほど変わらない。

一般に大都市ほどあそびの種類が少なく、画一化の傾向にあ

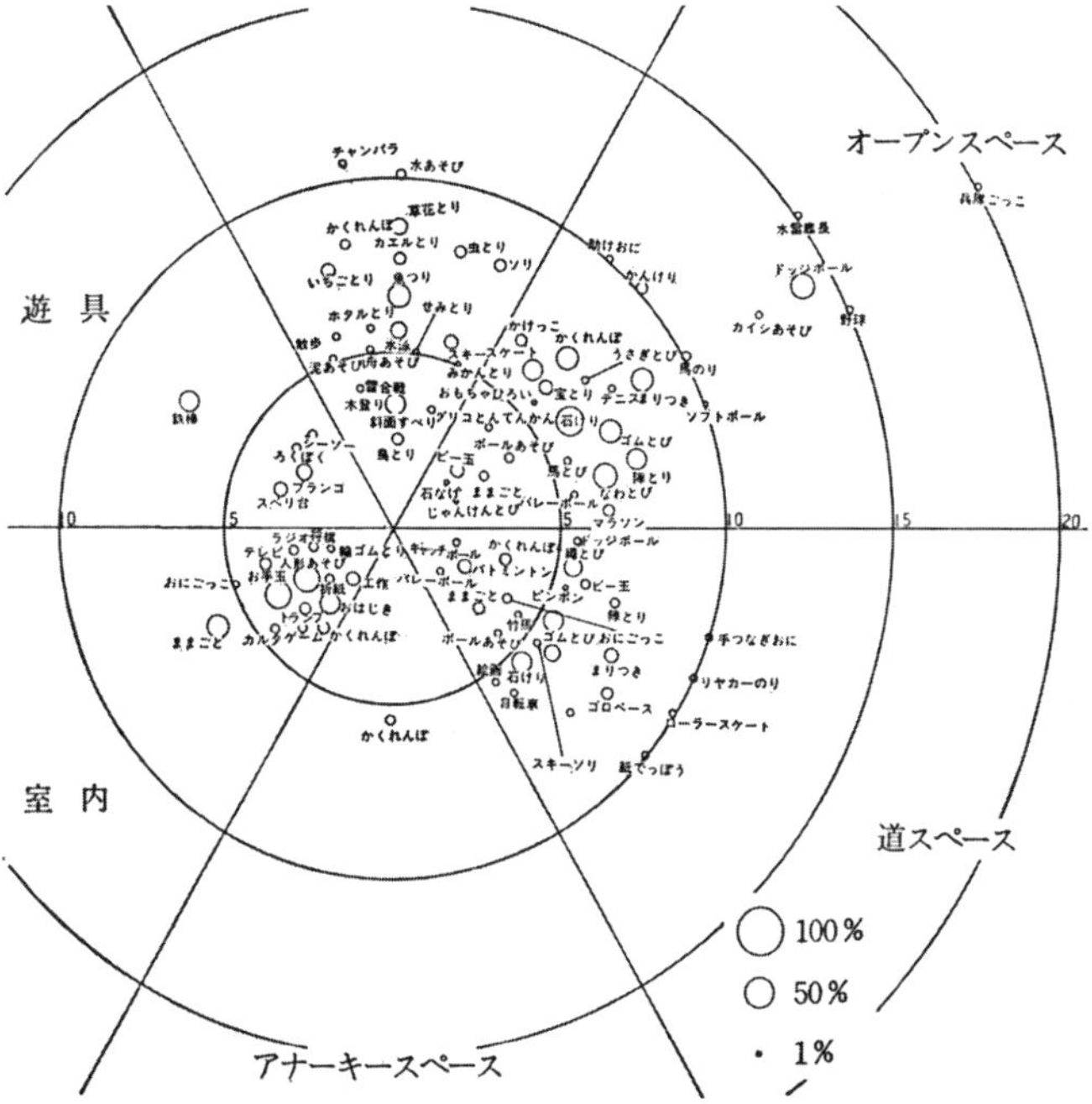

3—19図　あそび内容と人数の変化（昭和30年頃女子）

るといえよう。

この二〇年間におけるあそびの変化は、あらゆる意味での都市化の総合的結果とみることができる。なおあそび時間、あそび集団の変化については、後の節（あそび環境の問題複合性）でくわしく考察したい。

(3)　人口密度とあそび空間量

昭和四九年から五〇年にかけて調査した全国三九ヵ所の全地区に対して、各地区における人口密度と、あそび空間量の関係について分析をしてみた。

各地区の学校を中心とした一㎞平方の人口密度を求め、それとその地区の平均あそび空間量

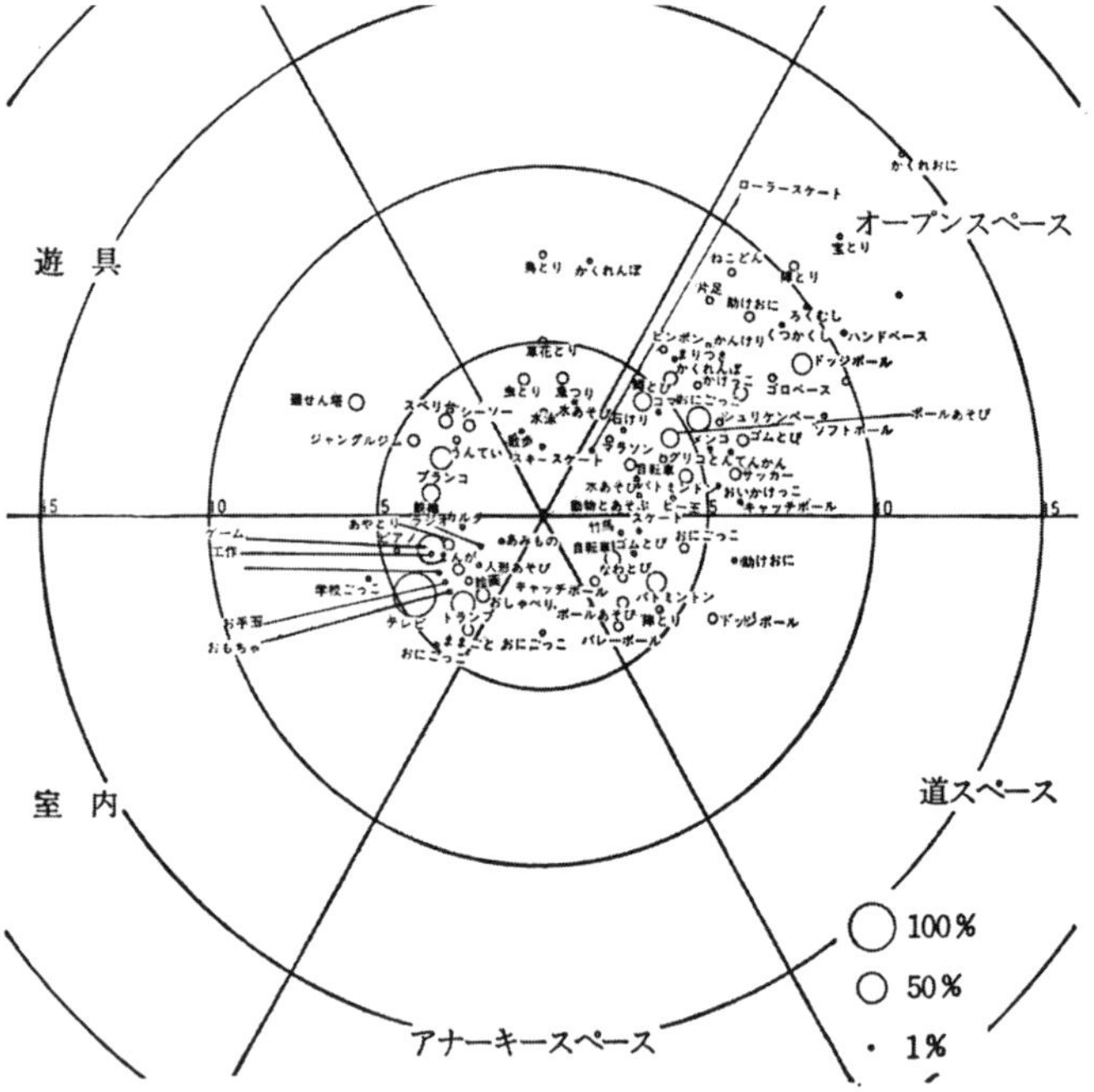

3―20図　あそび内容と人数の変化（昭和50年頃女子）

の関係をグラフ化したものが3―23図である。このグラフをみると人口密度とあそび空間量がきわめて明確な関係をもっていることが明らかである。分析できる点を以下に箇条書きに述べたい。

1　東京地区のあそび空間量は最低のレベルに集中している。

2　富山、富岡、仙台、札幌の市街地は人口密度がほぼ等しく、空間量もほぼ同じである。

3　1、2のように各都市ごとに固まった傾向がみられ、都市間の隔差とも考えられるが、さらにそれぞれの都市の一つ一つの地区を調べると、やはり地区間にも一定の

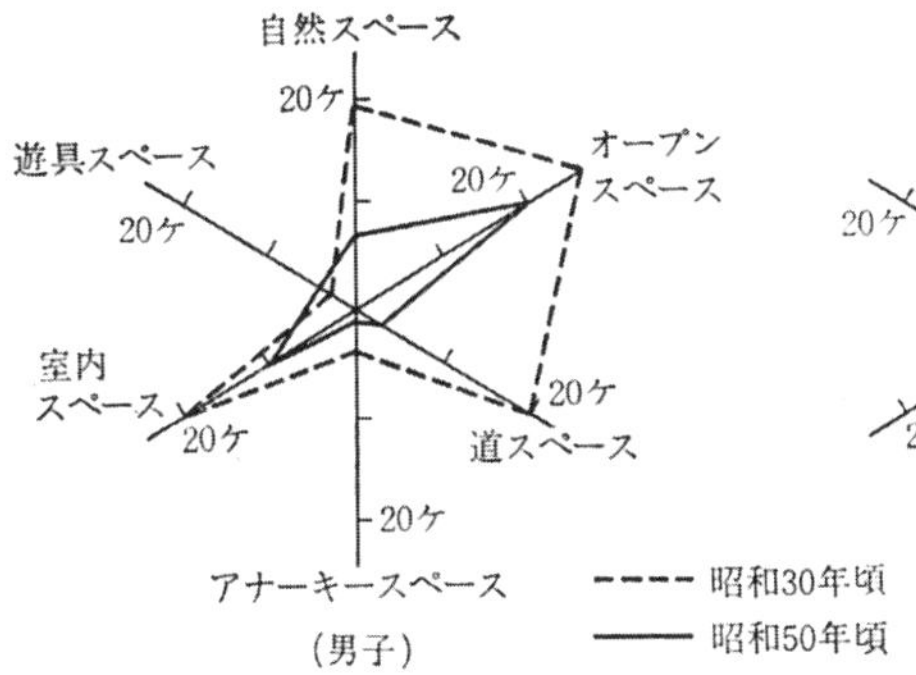

3—21図　各スペースのあそびの種類数の変化

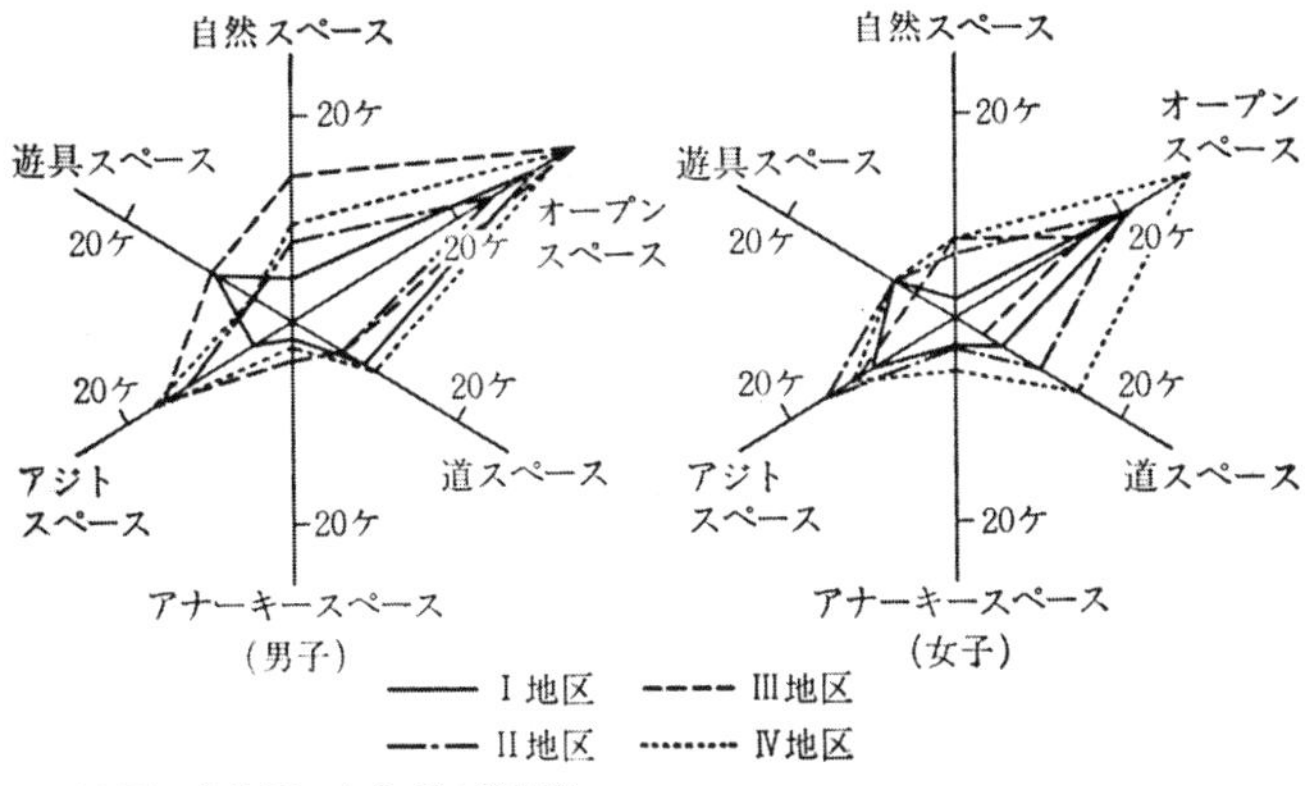

3—22図　各地区のあそびの種類数

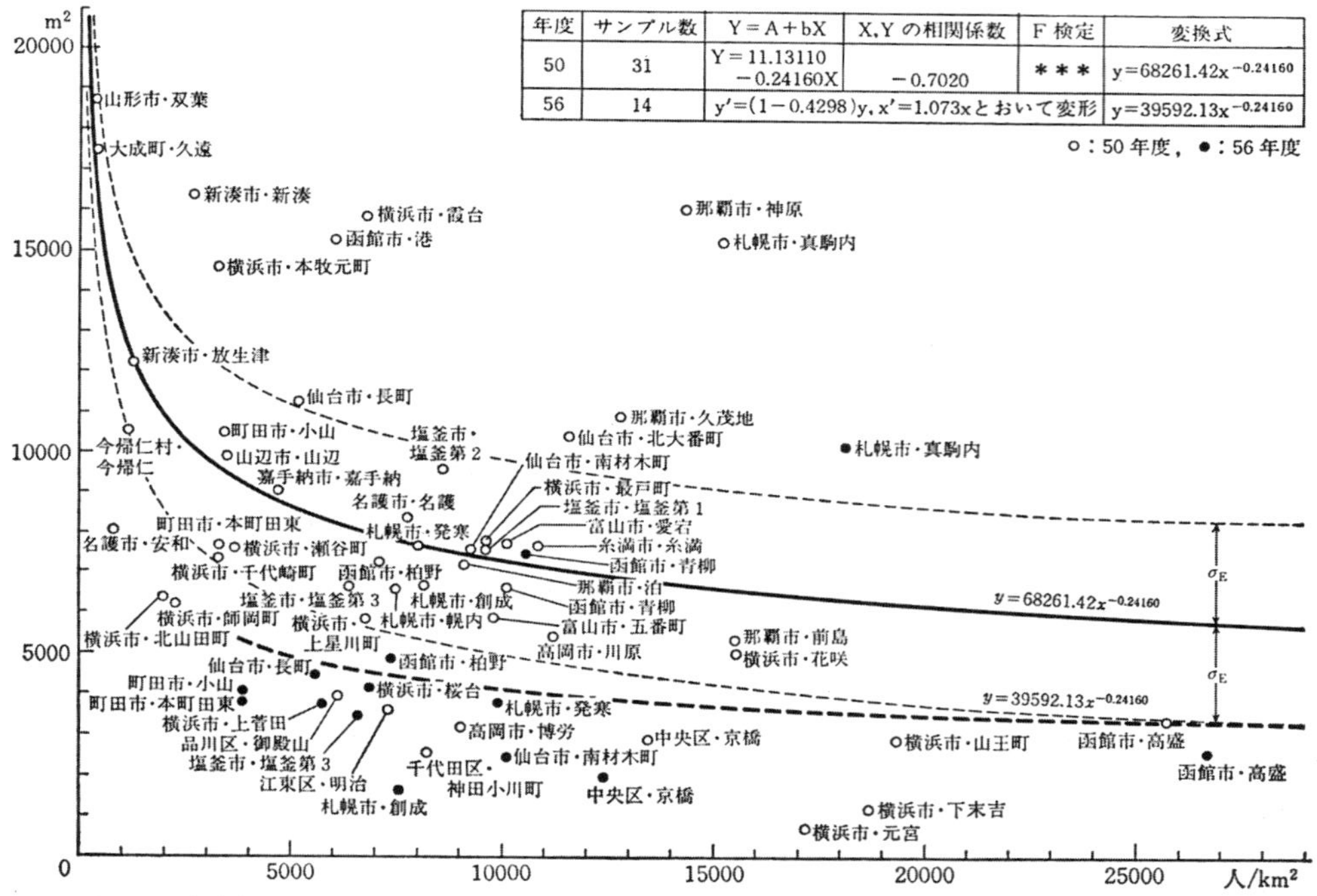

年度	サンプル数	Y＝A＋bX	X,Y の相関係数	F 検定	変換式
50	31	Y＝11.13110 −0.24160X	−0.7020	＊＊＊	$y=68261.42x^{-0.24160}$
56	14	$y'=(1-0.4298)y$, $x'=1.073x$ とおいて変形			$y=39592.13x^{-0.24160}$

3—23 図　人口密度とあそび空間量

傾向があることがわかる。たとえば札幌市の調査では、中心部の幌南、創成、発寒はほぼ人口密度が同一で、あそび空間量も同じ値を示している。また、横浜では、旧市街地の花咲、山王、下末吉等は人口密度が高く（約一五〇〜二〇〇人／ha）、あそび空間量が小さい（一五〇〇〜五〇〇〇㎡）。それに比較して、本牧、霞台等は人口密度が低く（約四〇〜七〇人／ha）、空間量は大きいというような傾向を示している。従ってこのことから、都市間隔差はあるものの、それ以上にその地区の人口密度や住環境とあそび空間量が密接な関係をもっていることが推察できる。

4　函館市高盛は非常に高い人口密度を示し、また空間量は小さい。

5　逆に山形県双葉、北海道大成町は人口密度が低く、空間量が高い。

6　3—23図をみると人口密度は高いが、大きいあそび空間量をもっている二つの地区がある。那覇市神原と札幌市真駒内である。那覇市神原はその区域内に大きな公園をもち、議事堂などのある官庁街であるため、パブリックなオープンスペースに恵まれているところである。また札幌市真駒内は大きなオープンスペースをもつ集団住宅団地である。そういう点で、二つの地区はオープンスペースが多いという共通点をもち、また北海道、沖縄という地域コミュニティが存在している地域であるという類似点をもっている。

7　東京の御殿山、明治は人口密度は低いが、実際には、工場、ビルなどがたてこんでおり、都市化の度合としては高い。従って実際には、御殿山、明治などは、このグラフで右寄りに移動した点にあるべきで、逆に、神原（那覇）や真駒内（札幌）は左寄りに移動した点として考えるべきである。

8　以上のことを考慮して、全体のグラフの流れをみてみると、人口密度の低い地区ほどあそび空間量が多く、人口密度の高い地区ほどあそび空間量が少ない傾向、すなわち空間量と人口密度が反比例する傾向がみられることがわかる。

この相関関係式（回帰式）を求めてみると、

〈昭和五〇年度〉

$$y = 68261.42x^{-0.2416}$$

（y＝あそび空間量㎡, x＝人口密度人／km²）　ただしこの式の標準偏差は$\sigma_E = 2507$(㎡)である。上記の回帰式を算出する際、これまで検討したように、特殊な事情が想定される地区として東京都内の調査地区、那覇市神原地区、札幌市真駒内地区等を除き、サンプル総数三一地区で上記の回帰式を求めている。この算出方法は$y = ax^b$を$Y = A + bX$（$Y = \log y$, $X = \log x$, $A = \log a$）として一次式に変換を行ない、最小二乗法を用いている。結果として、X、Yの相関係数は-0.7020で、高い関係性を示している。また回帰係数の検定（F検定）の結果は危険率〇・一％で上記の式が十分有意であることを示している。

(4)　昭和五〇年から昭和五六年の変化

私は昭和四九、五〇年に調査した三九ヵ所のうち札幌、函館、仙台、東京、横浜の各都市の一四ヵ所について、昭和五六年にあそび空間調査をしてみた。その結果は、3―23図にみるように各都市とものきなみあそび空間量は減少しており、昭和五〇年に対しその減少率は四三％にものぼっている。全国的にますますこどものあそび環境が悪化しており、こども達は、外であそばなくなっていることを示している。私達は、こどものあそび環境の問題に対して早急に対策を考えることを迫られている。

3—3　あそび空間と体力、運動能力の関連

こどものあそび環境の悪化がもたらす心身の影響についての具体的な研究——すなわち環境と心身との相関的な研究——は多くない。しかし、昔のこども達に比べ、今のこども達（昭和三五年以降）に、精神的、身体的な変化がおきていることを指摘するデータ調査は、近年多く提出されている。その好例は日本体育大学、正木健夫教授を中心としたチームが全国の小中学校、一〇〇〇校に、アンケート調査（約八九％の回収率）を行なったものであった。[※1] その主なものを取り上げて記述してみると、次のような項目があげられる。

① つまずいた時など、咄嗟に手が出ず、顔や頭にケガをする。
② まばたきが鈍く、目にゴミや虫が入る。
③ ちょっとしたことで骨折する。
④ いつ骨折したかわからないケースが目立つ。
⑤ 朝礼の時など、バタバタたおれる。
⑥ 高血圧や動脈硬化が目立つ。

⑦ 腰痛の訴えが目立つ。
⑧ 土踏まずの形成が遅れ、遠足などで長く歩けない。
⑨ バランスをくずした時、踏みとどまれない。
⑩ 棒登りなど、足裏を使って登れない。
⑪ 神経性胃潰瘍などが目立つ。
⑫ 肩こりを訴えるのが目立つ。
⑬ 背筋がおかしい子が目立つ。
⑭ 朝からアクビをする子が目立つ。
⑮ 大脳の興奮水準が低く、目がトロンとしているのが目立つ。
⑯ 物事に関心を示さずボーッとしている。

この調査は、現場の教師の目から見て、最近のこども達の身体的な退行現象ともいえるものを、実感的に集積したという意味で、大変興味深いものであるといえる。

また長野県上矢作病院長、大島紀久夫氏は、地域に「こどもの心と体」研究会というものをつくり、地域医療と、こどもの調査を行なっているが、※2 氏は「こども達の疲れ」というものを指摘している。これらのこども達の最近の諸現象や傾向の原因を考えてみると、食生活の環境、教育環境の変化、生活の様式の変化、家族関係の変化、情報の過大化など、数多くの関係を探し出すことができる。しかしその中で最も大きい原因として私が考えているのは「あそび環境の変化」である。あるいは「こどものあそびの疎外」といってもよいだろう。こども達が、かつてのように力いっぱい友達とあそびまわることから疎外されていることが、こども達を身体的にも、また精神的にも退行させている主たる原因であると考えられる。そしてそのあそびを疎外させている一要因が、こども達のあそび場の喪失である。つまりこども達のあそび場が自宅周辺からなくなってしまったということである。この認識の上にたって、あそび空間と、こどもの成長、運動能力、体力との関係をここで考えてみたい。

こども達のあそび環境と、こどもの健全な成長の関係をみるため、体力・運動能力がすぐれている地域と劣っている地域とを、あそび環境から比較調査するという方法をとり、あそび環境の豊かさの意味を調べてみた。

(1) 調査対象地区の設定

横浜市において、毎年、小学校五年生から高校三年生までを対象としたスポーツテストが行なわれている。昭和五一年度スポーツテスト実施校三六小学校の五〜六年生について、体力診断テスト七項目、運動能力テスト六項目の、各学年別・男女別の平均値及び標準偏差をもとに、各小学校別に、横浜市平均との有意差検定[※3]（有意水準は〇・〇五）をし、各校の体力・運動能力の各種目（一三項目）について優劣を判定した。この結果3—24〜26図より、すべての種目で平均か、それより優れている（九五％の確率）上位五校（Aグループ）と、平均か、それより劣っている（九五％の確率）下位五校（Bグループ）を選び出した。すなわちAグループは体力・運動能力の優れているこどもが多い小学校であり、Bグループは体力・運動能力が劣っているこどもが多

分類	種目	性別	年齢	1	5	13	36	38	42	64	83	87	101	103	131	136	168	170	174	213	216	217	240	244	250	273	281	306	309	313	314	358	362	372	402	408	421	474	478
敏捷性	反復横とび	m	10	●					○	●		●							○						○	●				○			○				○		
		m	11	●		○		●		○	●	●		●	○	●		○	○		●	●	○	●	○							○	○	○			○		
		f	10	●	●	○			○	●		●	●	●	○		○	●						○				●		○		●	○				○		○
		f	11	●		○	○		○	○		●		●	○	●	○		○			●	○		○			●	●	○		○					○	●	
瞬発力	垂直とび	m	10			●	○	○	○		○			●	○								●						●		○		○		●				
		m	11	○				●			○	○	○	●		○	●			●			○			●				●							●	○	●
		f	10			●	○			●				●	○						●	●				●				○		○					●		
		f	11	○							○			●	○	○				●		●	○			●		●		●		●	○				○		●
筋力	背筋力	m	10	○	●	●	●	○		○			●	○	●		○					●	●		●		●	●		●			●					○	●
		m	11	○		●	●	●		○	●	○		○			○					○	●		●		○		●	●		○						○	●
		f	10	○	●							●	●	●	○	○					●		●	●				●		●				●	○				●
		f	11	○						○				○			○			●			●			●	○	●	●	●					○		○	○	●
	握力	m	10	○	○		○					●						○		○				○			●			●		○	●	●			●	○	
		m	11	○	○	●	○	●			●	○								○					●		●	○	●					●	●	○	●	○	
		f	10	○	○	●						●			●			○	●				○			○	●		●	○	●	○	●	●	●		●	○	
		f	11	○	○	●	○						●			●								○	○	●	●		●	●	●			●					
持久性	踏台昇降	m	10		○		○	○	●	○		●						●		●	○	●	○			○		●	○						○	●			○
		m	11	●			○		●						●			●	○	●	○	○				○		●		●	●	○				●			○
		f	10	●	○		○	○	●			●	○	○		●		●	○	●	○	●	○		●	○		●				○	○						
		f	11	●					●		○	●	●	○	●		○			●	○	○			●	○					●	○				●			
柔軟性	伏臥上体そらし	m	10				○		○	○				●					○	○		●		●		●		●			●			○	○				
		m	11									○				○		●					○		●	●	●	●						○	○				
		f	10	○						○			●	●					○		●							●			●			○	○		●		
		f	11	○								○		●	○	○	○		○				○			●	●	●			●			○					○
	立位体前屈	m	10			●	○		○	○							●		●	●			●		●				●	○	●			○					
		m	11			●											●	●	●				○	●	●														
		f	10	○	○	●			○			○	●				●		●			●					●			○						●			●
		f	11											●		○		●	●		●							●		○		○							●

注）1～478の数字は，各小学校のコード番号を表わす．
○は，横浜市平均より優れていることを示し，●は，劣っていることを示す．
有意差検定は，右の式により，$t_0 \geqq |1.96|$（95％の確率）を有意差とした．

$$t_0 = \frac{\bar{x}_1 - \bar{x}_2}{\sqrt{\frac{\sigma_1^2}{N_1} + \frac{\sigma_2^2}{N_2}}}$$

$\bar{x}_1$：各校平均値　$\bar{x}_2$：横浜市平均値
σ_1：各校標準偏差　σ_2：横浜市標準偏差
N_1：各校標本数　N_2：横浜市標本数

3—24図　各校別体力診断テスト結果と横浜市平均との有意差

種目	性別	年齢	1	5	13	36	38	42	64	83	87	101	103	131	136	168	170	174	213	216	217	240	244	250	273	281	306	309	313	314	358	362	372	402	408	421	474	478
50メートル走	m	10	○							●						○	●						○					●							●	○		●
	m	11	○	○	●				○	●		○			○	○	●	●		○		○			●			●				○		○		○		●
	f	10	○		●					●				○	○	○	●								○								●			○		●
	f	11							○			○			○	○		●				○			●	○		●			●					○		●
走り幅とび	m	10	○		○	○			●	●	○			●		○			○			●					○	○	○						●	●		
	m	11								●	○		●			○						○			●			●	○				○		○	●		
	f	10	○		○	○			●		○		●			○					●	●				●	○		○		●							
	f	11	○		○	○							●		●	○				●					●				○									●
ソフトボール投げ	m	10			○				●						●					○																		
	m	11																		○			●	●			○											
	f	10		●			●		●			●		○						○							●			○			●					
	f	11			○	○						●					●								○	○		●			●			●				
斜め懸垂腕屈伸	m	10	●				●		○	●	○		○	●		○	○	●	●	○	●	●				●		○	●	●		●	●	●			●	●
	m	11	●	●		●	●			●	○			●			●			○	○	○						○				●			●		●	○
	f	10	●	○			●			●	○		○		●	○		●		○		●				●			●	●	○	●	●		○		●	●
	f	11		○		●	●	●					○				●	○		○		○					●	○	●	●	●	●	●	●	●		●	○
ジグザグドリブル	m	10		●	○		●	●	○		○			○		○				●			○	○	○	●		○	○			○				●		
	m	11						●	○		○	○		○	○	○				●	○	○	○	○		●			○		○	○			○	●		●
	f	10			○		●	●					●	○		○					○		○	○	○		●		○	○						●		
	f	11	○			○		●	○	○				○		○					○	○	○	○					○	○	○					●	○	●
連続逆上り	m*	10	○						○	●		○								●		●		●			○			○								
	m	11	○							●	●					○						○							○			●				●		●
	f	10			●				○					○		○							●								●	●		○				●
	f	11	○		○																																	●

注）1～478の数字は，各小学校のコード番号を表わす．○は，横浜市平均より優れていることを示し，●は，劣っていることを示す．

3—25図　各校別運動能力テスト結果と横浜市平均との有意差

種　目		1	5	13	36	38	42	64	83	87	101	103	131	136	168	170	174	213	216
体　力	優	6	4		9		3	6	1				4	2	3		3		
	劣			7						4	5	7				4		5	1
運動能力	優	7		5	3			4		7	2		4	1	16				4
	劣					7	5		9			1				5	3		
総合結果	優	13	4		12			10		3			8	3	19				3
	劣			2		7	2		8		3	8				9		5	
種　目		217	240	244	250	273	281	306	309	313	314	358	362	372	402	408	421	474	478
体　力	優		4									8	3	1	3			6	
	劣	6		1	4	4	6	13	7	1	7					3			4
運動能力	優	2	3	3	2			1		6	1								
	劣						3					2	3	4	1	1	3	3	10
総合結果	優		7	2						5		6			2			3	
	劣	4			2	4	9	12	7		6			3		4	3		14

（注）表中の数値は，3－24，25図での○●の各々の数を差し引きしたものを得点として入れた。

3―26表　各校別スポーツテスト得点表

3—27表　調査小学校の概要とサンプル数

	小学校名	合計	6年	5年	性別	地区の特徴
A	SY小学校	男 女	7 4	7 6	14 10	第2種住居専用地域・住居専用地域。住宅密集地の中心を国道が走り，交通量が多い。しかし，近くにかなり大きな三ツ池公園があり，自然は残されている。
	IK小学校	男 女	2 3	9 8	11 11	市街化調整区域，まだまだ自然は多く残されているが現在，急速に都市化へ向っている。あき地が多い。
	IP小学校	男 女	2 2	8 8	10 10	第2種住居専用地域。丘の上に位置し，周辺は住宅が密集しているが近くに，整備された野毛山公園がある。あき地もけっこうある。
	NN小学校	男 女	6 6	6 5	12 11	第1種住居専用地域・住居専用地域。古い住宅と新興住宅の両方をもつ。近くにまだ残っている山も，どんどん切り崩して，住宅開発工事が進められている。
	SD小学校	男 女	0 7	17 5	17 12	第1種住居専用地域・一部，住居専用地域。ほとんど住宅は建ちならびあき地は少ない。幼児公園は少しあるが，大きな公園は地区外にいかなければならない。
	計	男 女			64 54	
B	TN小学校	男 女	3 8	7 5	10 13	第1種住居専用地域・一部，住居専用地域。山手駅のすぐ前に位置する。山の斜面にあるような地区で坂道が非常に多い。道路は狭く，オープンスペースも少ない。
	KS小学校	男 女	0 0	12 13	12 13	第1種住居専用地域・一部，市街化調整区域。新興住宅地の学校で，地区内には新幹線も通る。未開発の丘やあき地・畑が豊富にある。
	KN小学校	男 女	4 4	7 7	11 11	第1種住居専用地域。巨大な分譲地の中にある。ここに住む人達の為に開校された学校。児童公園2つ，幼児公園2つのみ。
	JG小学校	男 女	6 10	17 1	23 11	第1種住居専用地域・一部，住居専用地域。住宅地だが，山や川があり，変化に富んでいる。オープンスペースは少ない。
	DM小学校	男 女	8 11	3 1	11 12	第1種住居専用地域・一部，住居専用地域。瀬谷駅から5～6分にある地区。完全にスプロールした地区で，狭い道路に車があふれている。土地が少ないという印象を受ける。
	計	男 女			67 60	

い小学校と考えられる。ここでは、この二つのグループを調査対象地区とした。

(2) 調査方法

1節の調査方法と同一の調査方法である。あそび場所とその範囲を住宅地図に記入し、そこでのあそび人数、名称、方法等、あそび内容の記録をとり、調査用紙に記入した。本調査ではさらに、こども達自身が現状のあそびやあそび場に対してどのように感じているのか、またこども達が望んでいるあそびやあそび場は、どのようなものであるかを調査した。

調査は地図を使った聞きとり調査であるので、被験者は小学五〜六年生とし、下校時に男女それぞれ一〇名以上無作為に選び調査をした。採集されたサンプルは、Aグループでは男子六四名、女子五四名、Bグループでは男子六七名、女子六〇名であり、総サンプル数は二四五名である（3—27表）。

(3) 調査結果

① あそび空間量

面接により得られたあそび場の地図より、その空間量を〈自然〉〈オープン〉〈道〉〈アナーキー〉〈アジト〉〈遊具〉の六つのあそび空間に分類して計測し、A、Bグループ別に、一人当り平均空間量を出したものが3—28図である。Aグループは Bグループに比べ男子では〈道スペース〉で約二・七倍、〈アナーキースペース〉で約四・一倍、〈アジトスペース〉で約五・六倍であり、女

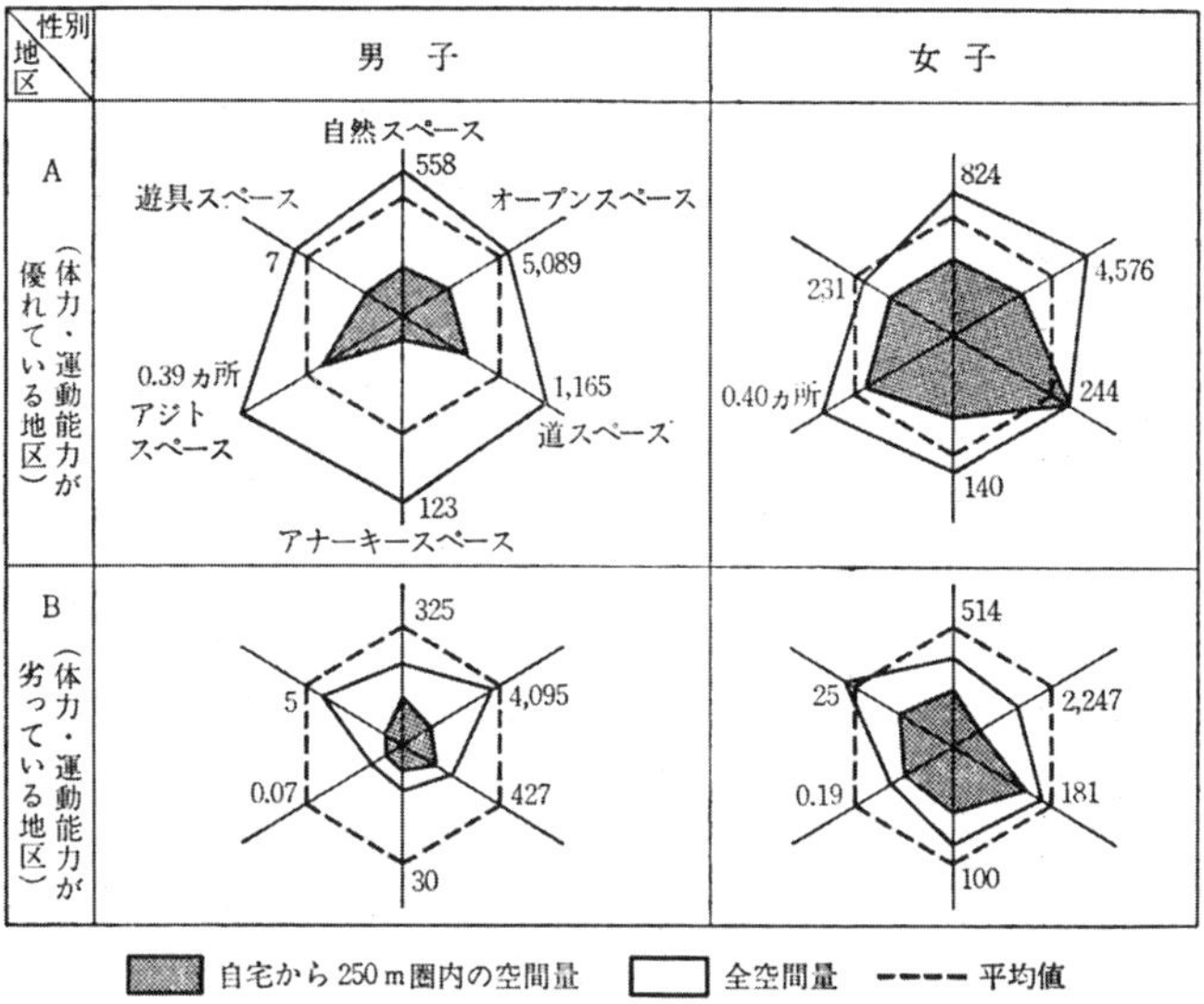

3―28図　A，B地区のこども1人当りのあそび空間量

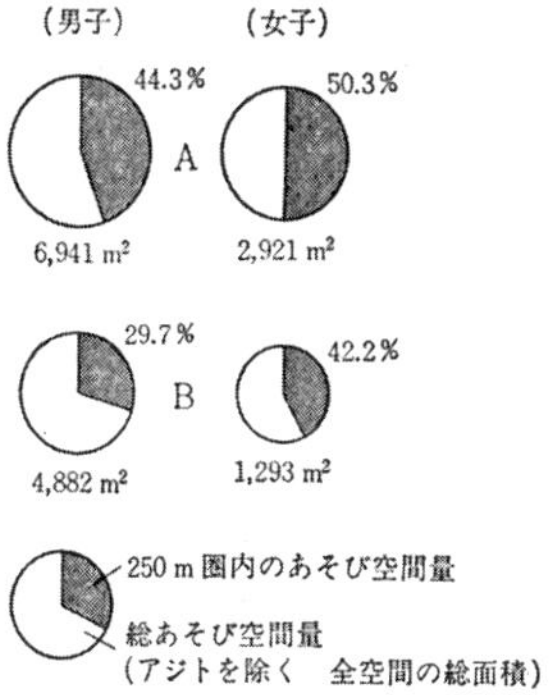

3―29図　自宅より250m圏内にあるあそび空間量の割合

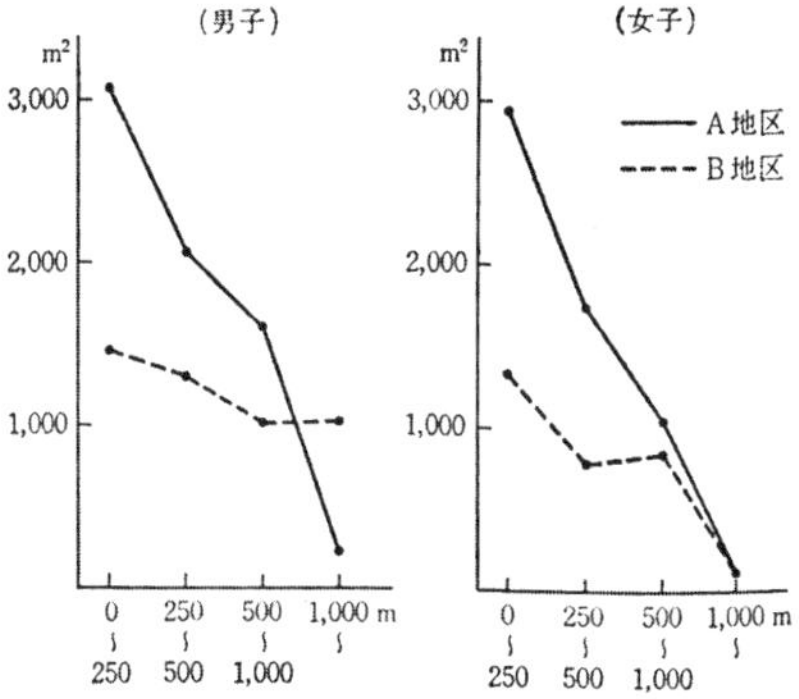

3―30図　自宅からの距離とあそび空間量

子では〈オープンスペース〉で約二・〇倍、〈アジトスペース〉で約二・一倍とそれぞれ大きな空間量をもっている。一方〈遊具スペース〉は男女とも大差はない。

② あそび空間と自宅からの距離

自宅より二五〇m圏におけるあそび空間量を調べると3―29図のようになる。また自宅からの距離別にあそび空間量をあらわしたものが3―30図である。Aグループの方がBグループに比べてあそび場が自宅の近くに多く分布している。二五〇m圏内の空間量は、Aグループの約三〇〇〇㎡に対してBグループでは約一三〇〇～一四〇〇㎡と半分以下になっている。

③ 調査地区の都市環境

各地区毎のあそび環境を検討するために、ここで各地区それぞれ男女一〇名ずつ、計二〇名のあそび場を総合して、A、B毎にまとめてみると3―31図のような結果を得た。あそび場の面積の総計はA、Bグループとも前記で検討したあそび空間量のような大差はみられない。

あそび環境の内容を比べてみると、川・森・空地・原っぱ・神社・道などの非計画的あそび環境がAグループで六二%、Bグループ四〇%、学校・グラウンド・公園などのあそび環境ではAグループは三八%、Bグループは六〇%であった。各地区の昭和四五～五〇年の人口の増加率を調べると、A地区では二五%であるが、B地区では五一%と高くなっている。B地区にはDM、KNといった大規模新興住宅地が含まれており、Aグループに比べて、住宅地のつくられ方が歴史的に浅い傾向にある。

④ あそび内容・人数

A、Bグループのあそび内容を整理してみると3―32、33図のようになる。男子においては〈道スペース〉におけるあそびが、女子においては〈オープンスペース〉におけるあそびが、それぞれ、Bグループにおいて少ない傾向にある。

あそびの種類とあそび人数を比較すると、Aグループのこども達の方があそびの種類は豊富であり、あそび集団も大きいことがわかる。あそびの種類だけを比べると、Aグループの方が男女とも多く、Aグループのこどもは平均して男子五九種、女子六六種であり、Bグループより男子は約一〇%、女子では約二五%も多くのあそびを持っている。

⑤　こどものあそび場に対する希望

あそび場に関する希望についてまとめたものが3―34図である。近所にあそび場所があるかという質問に対しては、Aグループが不満としているのに対し、Bグループではやや満足している傾向にある。またあそびたい場所としては、Aグループでは、道、空地、隠れ家に対する希望がBグループより大きく、原っぱ、運動場に対する希望が、やや少ない。Bグループは、やや〈オープン〉指向的であり、Aグループは、やや〈アナーキー〉〈道〉〈アジト〉指向的であると考えられる。

(4)　あそび空間と体力・運動能力との関連性

①　あそび空間量の大小

A、B両グループのあそび空間量は、Aグループでは男子六九四二㎡/人、女子五八〇七㎡/

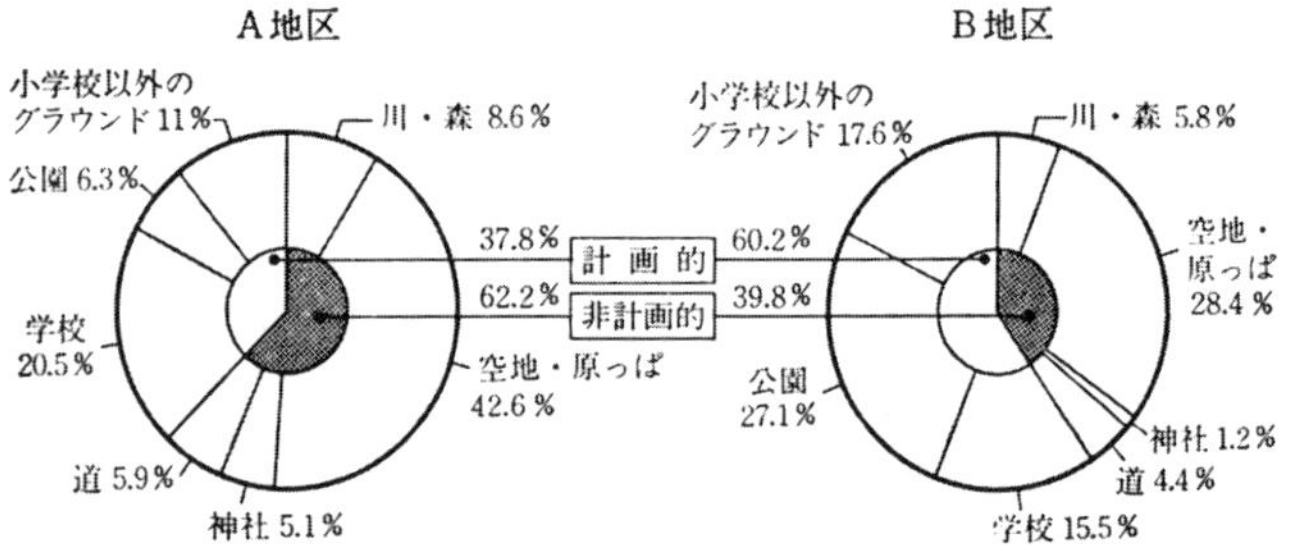

3—31図　あそび場の内容

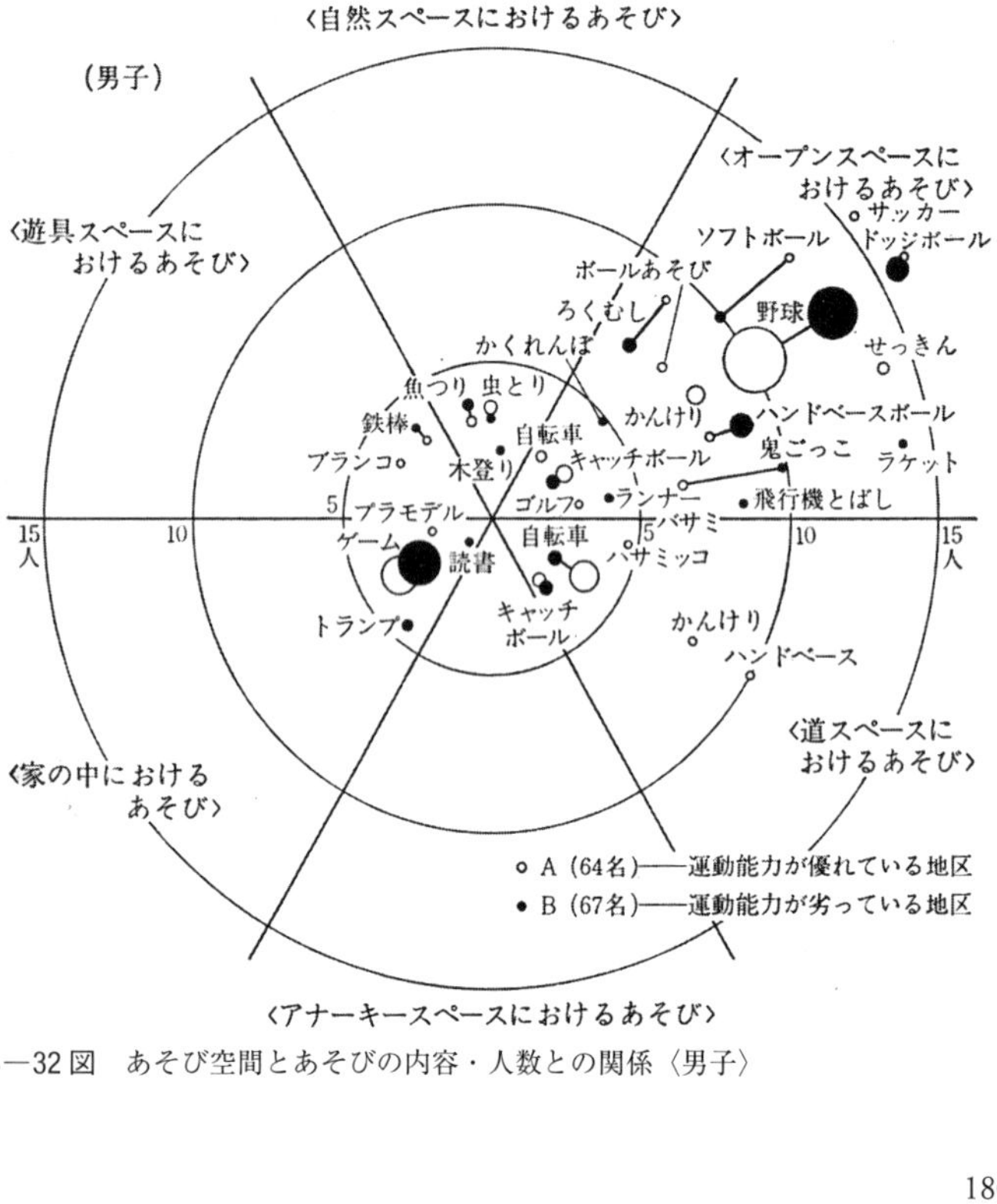

3—32図　あそび空間とあそびの内容・人数との関係〈男子〉

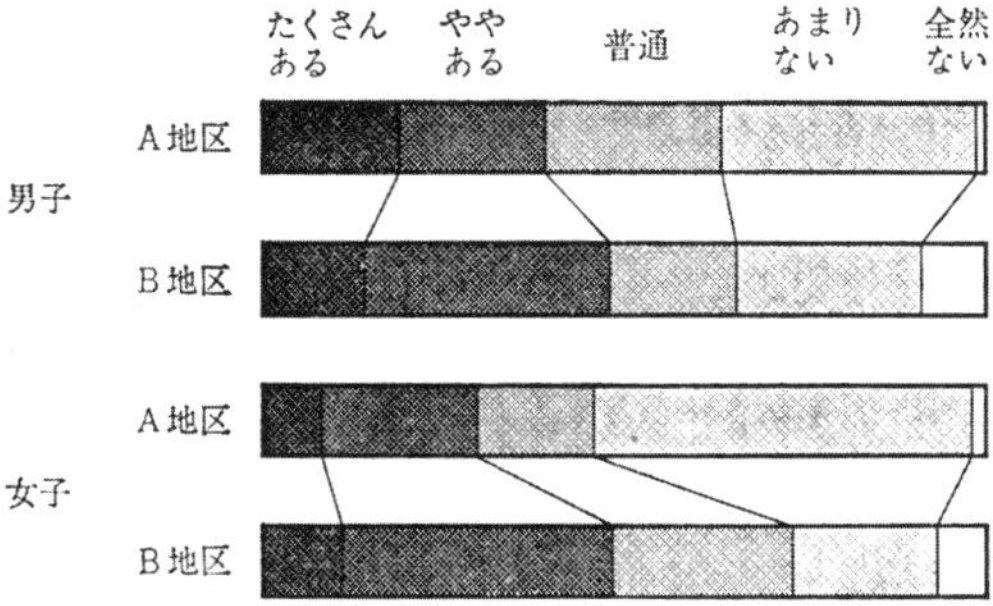

3—34図　近所のあそび場についての感想

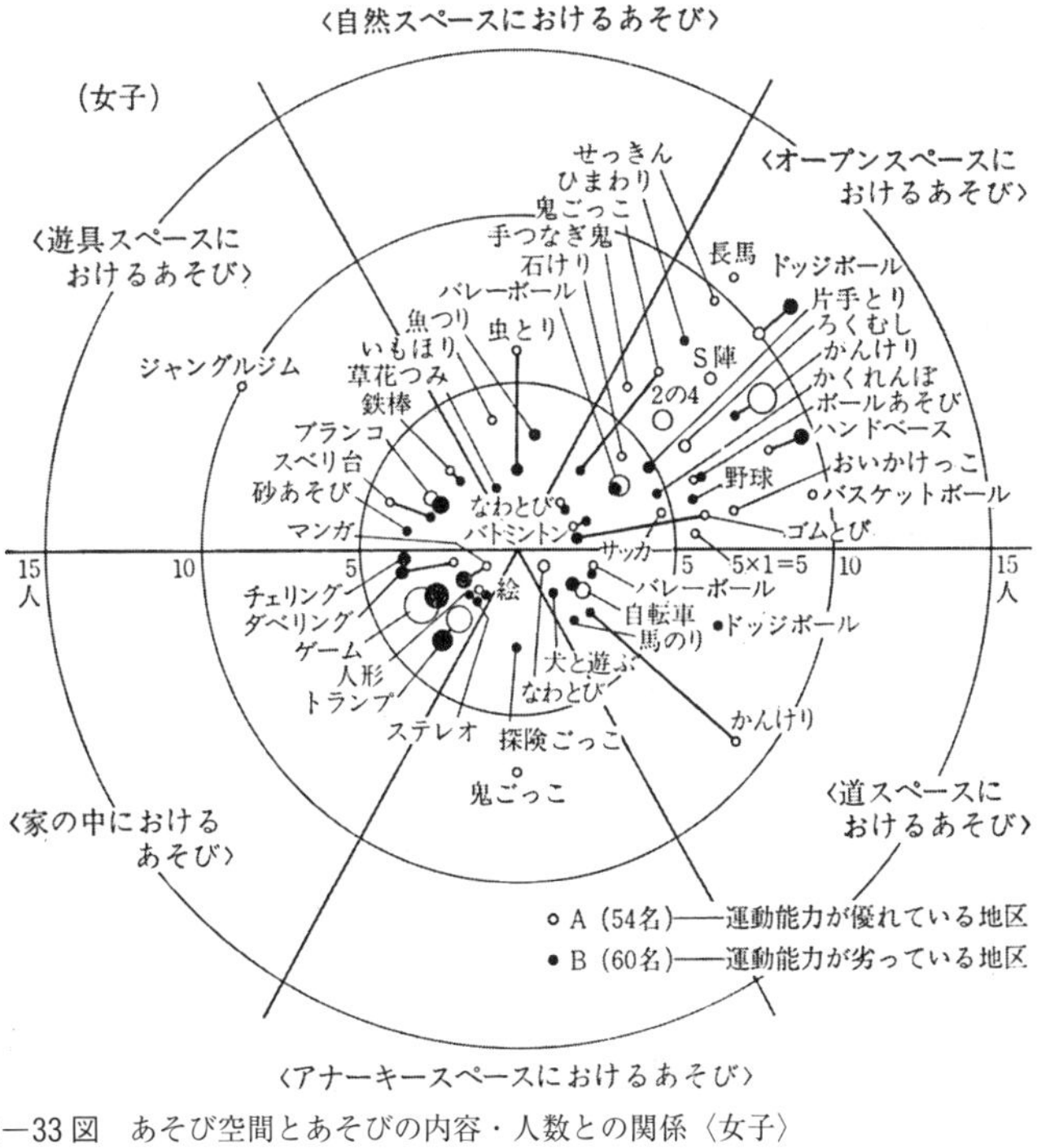

3—33図　あそび空間とあそびの内容・人数との関係〈女子〉

人、Ｂグループでは男子四八八二㎡／人、女子三〇六七㎡／人であり、Ａグループのあそび空間量は約三〇～五〇％も多くなっている（3―28図）。この差は有意差検定※3においても確認され、Ａグループのあそび空間量はＢグループのそれより大きいと言える。あそび空間量とは、あそび環境の豊かさの一つの指標であるから、体力・運動能力が優れているこどものあそび環境は、そうでないこどものそれよりも豊かである。言葉を換えれば、体力・運動能力とこどものあそび環境の豊かさはパラレルであるということができる。

②　あそび空間量の内容

あそび空間量の総量としては、Ａ、Ｂ両グループ間では差があることが確認されたが、六つのあそび空間について、個別に有意差検定を行なうと、空間量においては〈道スペース〉と〈アナーキースペース〉に、また各スペースの構成の割合については〈アナーキースペース〉に有意差が認められる。

〈道スペース〉ではＡグループの方がＢグループより男子で二・七倍、女子で一・三倍、〈アナーキースペース〉では男子で四・一倍、女子で一・四倍も大きく、際立った違いをみせていた（3―28図）。すなわち、Ａ、Ｂ両グループの空間量の差は〈道スペース〉と〈アナーキースペース〉のあり方により大きく影響を受けており、ひいてはこれらの空間の存在が、児童の体力・運動能力の発達に影響を与えていると考えられる。

③　自宅からのあそび空間量の距離

あそび空間量において、Ａグループの方が、全体量としてＢグループより約三〇～五〇％も多いが、二五〇m圏だけでみると、Bグループでの約一三〇〇～一四〇〇㎡に対し、Aグループでは約三〇〇〇㎡と二倍以上のあそび空間をもっていた（3―30図）。ところがこども自身が感じているあそび空間の大小関係を調べてみると（3―34図）、Aグループのこども達の方が身近にあそび場が少ないと感じているものが非常に多いことがわかる。これは、こどものあそび意欲の違いをあらわしていると考えられる。

この違いは地域の教育方針、生活形態、慣習などの違いのためとも考えられるが、同じ横浜市内であるので、それほどの差があらわれるとは考えられない。何よりもこども自身があそびの醍醐味を体験したか、否かによる影響が大きいと思われる。こどもはあそびのおもしろさを体験すると、今まで以上にあそび意欲が増大するといわれている。※4 Aグループでは、自宅から二五〇m圏内に、すなわち身近なところにあそび空間を、Bグループのあそび空間の二倍以上ももっている。それだけあそびの醍醐味を体験できることになり、より一層あそび意欲が高まり、よくあそぶことになりうると考えられる。

④　あそび空間の配置

A、B両グループのあそび空間の構成をみると、Aグループの地区では単に身近にあそび空間が多くあるというだけでなく、あそび空間を互いに結ぶあそび道を量的にも多くもっていることがわかる。3―28図のように、Aグループでは〈道スペース〉がBグループより約六割も多い。3―35図はAグループのこどもの代表的なあそび環境図である。自宅のすぐ近くに小さなあそび場（駐車場）をもち、更に遠くにある学校へ、グラウンドへ、そして森、川へとあそび場のすべてがあそび道で結ばれている。

これに対し、Bグループのこどもの多くは、Aグループのこどものあそび場と同じような広さをもちながら、それらを結ぶあそび道が分断されてしまっている（3―36図）。そのため、こどものあそびに連続性がなくなり、こどもの動きが鈍くなり、結果としてあそび場の利用頻度が下がり、あそび空間量が小さくなってしまっていると考えられる。

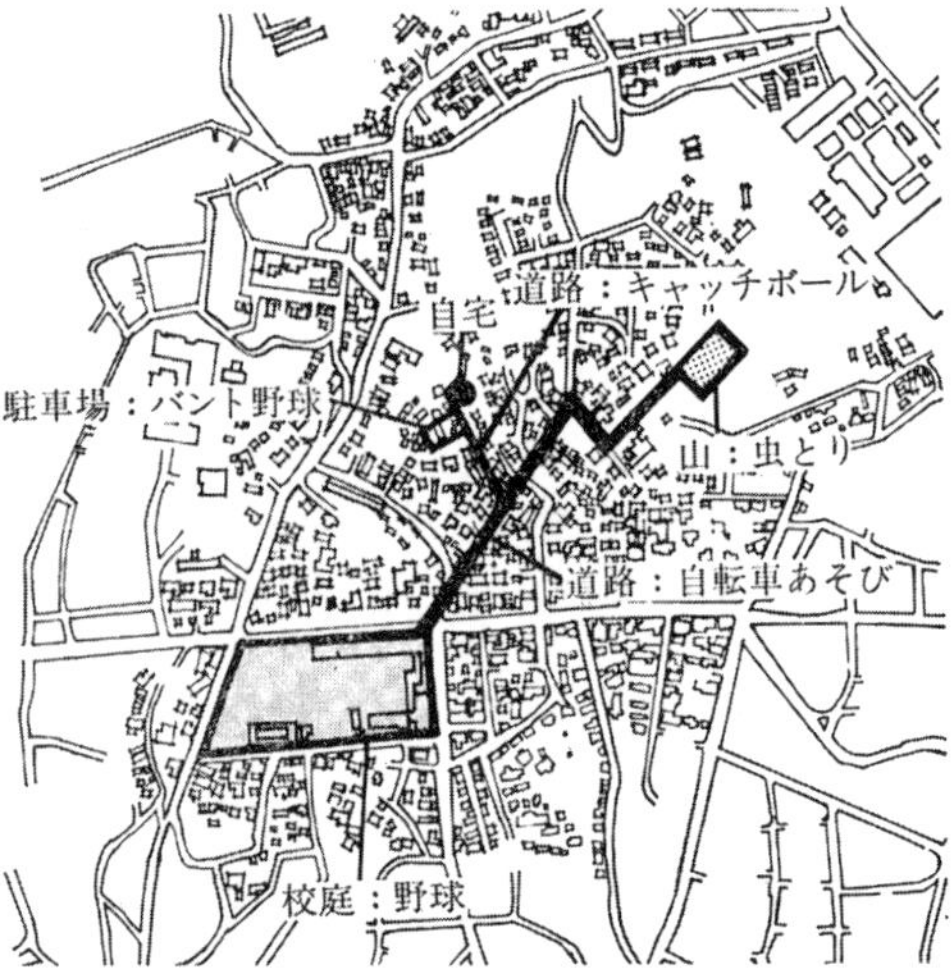

3―35図　A地区の代表例（5年生男子）

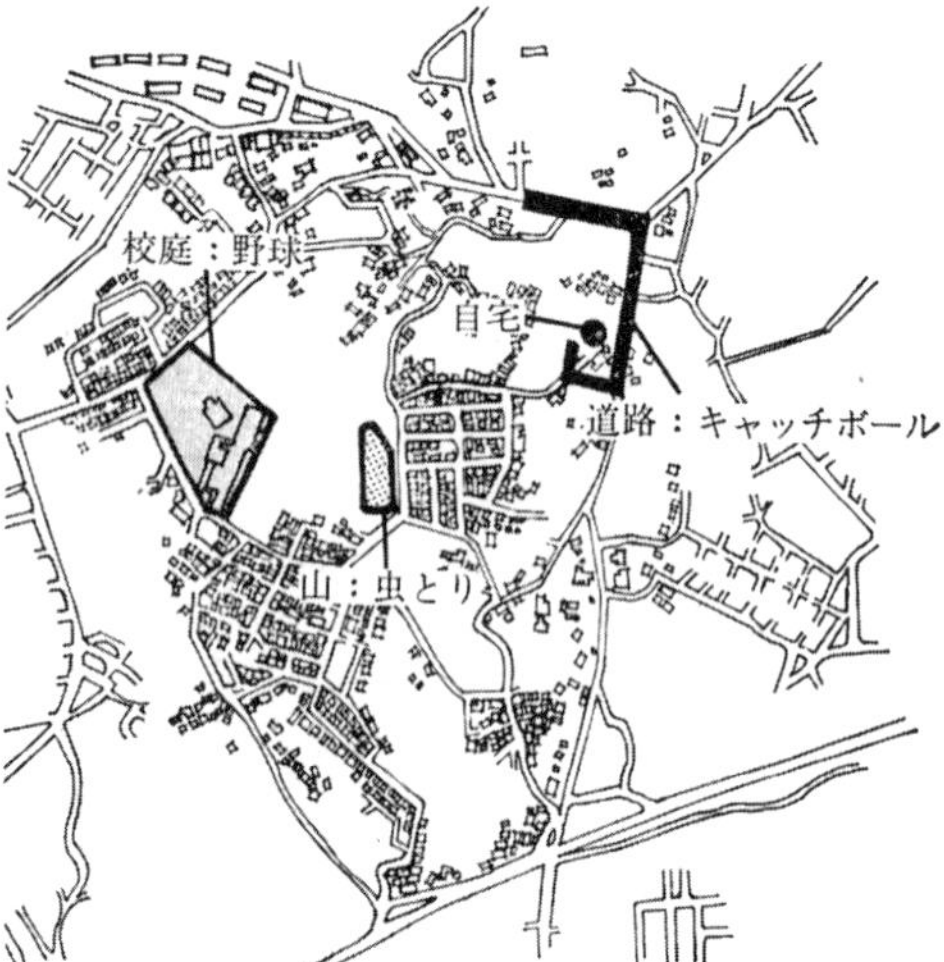

3―36図　B地区の代表例（5年生男子）

(5) 住環境とこどものあそび

Aグループと Bグループの住環境を比較してみると、Aグループは古い住宅地が多く、それに対しBグループは、いわゆる新興住宅地で、昭和四五〜五〇年の人口増加率は五一%。これはAグループの約二倍であった。Aグループは大都市にあっても比較的落ち着いた古い町であるのに対し、Bグループはまだ町が新しく、変化の途上にある。A、B二つの町のコミュニティの形態も当然異なっていると考えられる。観察調査によれば、大きいこどもと小さいこどもが一緒にあそぶ集団は、Aグループにはみられたが、Bグループにはみられなかった。AグループとBグループの地域コミュニティの差が、こどものあそび集団の差となって、あそび場の量的な違いや、配置的な相違だけでなく、こどものあそび意欲と、あそびエネルギー量に大きな差をもたらしていると考えられる。小さな路地裏や広場でも、Aグループではたくさんのこども達がいろいろなゲームであそんでいるのに対し、Bグループでは小さな広場があっても、ほとんどこどもの影を見出すことができなかった。それは、その小さな広場でのあそび方をこども達が知らないのであって、ゲームを教えてくれる年長のこどもがいないこと、友達がいないことによると考えられる。このようにあそびの伝承の有無があそび環境を大きく左右していることに気づく。

現代の多くの日本の都市は、いうなればBグループ化している。そのことがこども達の運動能力、体力を弱めていることを改めて認識できる。

3—4　あそび場問題の歴史的考察

　ここで、日本のこどものあそび場問題が、歴史的にみてどのように発生し、そしてどのように展開していったのかを、特に従来の児童公園の成立の背景について考えてみよう。

　こどものあそびの問題は、日本の都市化の歴史と重要な関連性があるはずであるし、また都市計画的な問題と社会福祉、教育的な問題とも、その時代時代において深く関わっているに違いないからである。

　児童遊園として教科書的によくいわれるのは、一八八五年（明治一八年）のボストン市における「砂庭」である。マサチューセッツのバーメンター街の礼拝堂の境内に砂場をつくったところ、多くのこども達が礼拝堂に出席してはあそんだ。この結果が非常によく、三ヵ所の砂庭をつくり、一二歳以下の児童をあそばせた。この施設が児童の健康に及ぼす影響が大であるとし、衛生協会がチャーレス河岸に屋外体育場を設け、一八九九年（明治三二年）までにこの砂場児童遊園の数は二一ヵ所となったが、一ヵ所を除いて全部学校校庭に付設されたといわれる。[※5] このようにアメリカでは、児童遊園はこども達の体力増強、あるいは健康保持という点から計画された。

　もちろん運動器具としてのブランコ、鉄棒の類はすでに公園に設置されており、日本でも明治四年（一八七一年）には、三田の慶応義塾にブランコ、鉄棒、シーソーが設置されたといわれている。[※6] これは日本で児童の運動遊具がおかれた最初のものである。

明治政府が日本に公園をつくった最初の動機は、西欧と同じような都市をつくる、すなわち西欧の都市のパターンをコピーすることであった。公園も道路と同様そのコピーの一つであったにすぎない。

明治六年一月一五日、「古来ノ勝区名人ノ旧跡ヲ公園ト定ムルノ件」について太政官布告が発せられて、全国に公園の建設がうながされたが、この時には、こどものためという理由は全くなかった。しかし、西欧の都市事情を知る人々には、大公園のみならず小公園についての意識はあったと思われる。明治一八年の東京市区改正委員会による意見書には、小公園についての具体的な計画が掲げられている。

日本でこどものあそび場の問題が取りあげられ、小公園建設要求の理由となったのは、路上でのこどもの多くの事故であった。明治一〇年（一八七七年）、大通りでのこどもの路上あそび、いわゆる凧あげ、独楽、羽根つきなどが交通妨害として禁止された。[※7] もちろんその頃は自動車はなく馬車であった。明治三二年（一八九九年）にアメリカ製自動車が初めて輸入されたが、[※8] その後、路上でのこどもの交通事故死が増え、明治四三年（一九一〇年）に、東京市区改正委員であった内務省衛生局長の窪田清太郎が、小公園設置に関する建議を東京府に対して行なった。

「東京市区改正設計中ニハ、公園地トシテ已ニ二十余箇所ノ定マレルモノアルモ、人口ノ増加ニ伴ヒ、家屋ノ稠密ヲ加フル甚シキモノアルヲ以テ、市内各所ニ広場ヲ設ケ以テ市民逍遥ノ地ト為スハ衛生上極メテ必要ノ事タルヲ認ム。加之、児童ノ多クガ到ル処通路ヲ馳駆遊戯スルガ如キ是レ一ハ慣習ノ然ラシムル所ナルベシト雖、一ニハ恰好ノ広場ニ乏シキニ因ラズンバアラズ。近来、市内交通機関ノ発達ニ伴ヒ、往来益々頻繁ニ赴ケルニ拘ラズ、児童ノ多クガ通路ヲ馳駆スルガ如キ啻ニ交通ノ妨害タルノミナラズ、其危険少シトセズ、此点ヨリシテ見ルモ、市内適当ノ箇所ヲ選定シ、更ニ、幾多ノ小公園ヲ設置スルハ、寔ニ緊要ノ事ナリト信ズ。依テ本会ニ於テ委員ヲ置キ、公園地ノ調査ニ着手センコトヲ望ム[※9]。」

窪田清太郎の小公園設置の建議が出る前、すでに明治三六年に日比谷公園が開園し、そこに約一〇〇〇㎡の児童遊園がつくられた。また明治四一年には「公園改良委員会」を設置して、大部分の公園に運動遊具を設置し、「児童の遊戯に供する」よう指示され、お茶の水公園（現宮本公園）が最初の単独の児童公園として設計された[※10]。

明治四三年の窪田の建議を受け、東京市は翌四四年に小公園調査委員会をつくり、数多くの小公園の設置を決めた。その時にできた小公園は、数寄屋橋公園、虎ノ門公園等の八公園[※11]である。

その一〇年後、こどものあそび場の要求は、児童を交通事故から守るという保護的立場に加えて、この頃児童に対する教育的関心が高まり、児童の身体発達という建設的要求が加えられた。大正九年（一九二〇年）六月、東京市児童校外取締役連合会議長、渋谷徳三郎が「本市公園の増設改善に関する建議」の中で次のように述べている。

「本市ニ於ケル戸口ハ歳ニ月ニ稠密ノ度ヲ増シ、電車馬車自動車ハ日ヲ追ツテ其ノ数ヲ加ヘ、幼児並ニ児童ハ遊ブニ地ナク集フニ所ナク彼等ノ蒙リツツアル身体発育上ノ障害ハ近来益々多キヲ加フルノ情況ニ有リ、而シテ之ヲ救済スルノ途ハ主トシテ公園ノ増設並ニ園内ノ設備ニ俟ツノ外

之ナキハ論ヲ要セザル所ト存候……。」[※12]

あそび場、児童遊園建設の動機は、明治初期から明治四〇年頃までの外国の公園の形式の輸入というまねの時代を経て、こどもの交通事故からの保護と健康・体力の増進という二つの明確な意識をもつ時代になった。その宣言文が、窪田清太郎と渋谷徳三郎の二人の建議である。またこれらの建議に共通して言えることは、都市化によってこども達の自由なあそび場が失われているという認識である。

大正時代およびその前後五、六年間（すなわち明治四三～昭和六年）は、日本の都市化が極めて急激に進んだこと、また日本の都市計画理論ができあがりつつあったこと、また社会事業が一つの最盛期を迎えたことなど、顕著な動きがみられた。

明治末から慈善事業が組織化されて一つの大きな運動となりつつあって、感化、救済、育児という事業からさらに多様化し、植木の有陵園や救世軍、大学殖民館、浄土宗労働共済会などが生まれ、セツルメントを通じ、幼児保育、児童遊園、児童図書館、少年少女クラブなどの仕事が始まってきた。[※13]

大正四年には、大森安江女史によって東京児童遊園協会が誕生し、遊戯指導員型の児童遊園が民間で初めてつくられた。[※14]また大正六年には、岸辺福雄、倉橋惣三、久留島武彦諸氏の児童文学者が、虎ノ門、数寄屋橋両公園において児童遊戯の無料奉仕を市に申し出ている。[※15]

渋谷徳三郎が建議を出した同じ大正九年、内務省主催による「児童衛生展覧会」が開かれ、第二国民の育成養護が強調された。[※16]

大正一〇年には、東京墨田区押上に「共愛館」という児童クラブが開設されたが、これは児童館の初めである。[※17] 大正一〇年一月三〇日の時事新報には「東京のこどもには遊び場が必要」と題する社説がのり、社会的にもこどものあそび場問題が大きく取りあげられた。

「尚、子供の遊び処は是れ迄人道を使用する場合が多かったが、是れを禁止したので、子供は早速遊び場所に困るので此際寺院の庭園開放、建築敷地として久しく放置してある空地などを是非子供の遊ぶ処に開放して貰ひたい。それと同時に富豪の庭園の一部を子供の遊び場所に開放して貰へれば是れに越したことはない。」

大正一一年には、専任児童指導員が初めて公園（日比谷公園）に設置された。その後昭和一〇年代まで、東京市ではこのような公園における遊戯指導にあたる職員を配置した。[※18]

一方、都市計画的には、前述のように明治四四年に小公園調査委員会ができて八つの小公園が建設され、[※19] 大正八年には都市計画法が制定された。また大正一〇年には、東京市役所に公園課が創設された。[※20] 大正一一年に庭園協会が「小公園特輯《とくしゅう》号」を発行し、小公園の意識が固まった。[※21] が、大正一二年の関東大震災は首都の都市づくりの再開発の大きなきっかけとなり、この年には、東京都市計画として五二ヵ所の小公園が起工された。これが小公園、児童公園の計画論を呼びおこした。大正八年に東京府下における公園並びに児童遊園の調査が行なわれたが、大屋霊城氏は大正一三〜一四年に大阪で小公園の利用実態調査をまとめた。[※22] これは科学的な調査方法に基づいたわが国最初の公園利用実態調査とそれに基づいた計画論である。昭和六年には名古屋で狩野力氏、[※23] 昭和八年に吉田定輔氏[※24]が東京の震災後、小公園の利用実態調査をまとめた。しかも、大屋氏は公園の利用実態調査だけでなく、こども達がどこであそんでいるかという調査もこの頃行ない、前出の論文中に大正一三～一四年に調査したものを発表している。また昭和二年、第一回全国都市問題会議が大阪で開かれたが、都市計画京都委員会は「都市の児童の遊び場所に関する調査表」[※25]を提出した。

大屋、狩野、吉田の三氏の公園利用実態調査の内容については、別項で詳しく分析するが、当時児童公園を利用するものは少なく[※26]、利用率は五％以下であった。ほとんどの都市のこども達は街路であそんでいた。それだけまだまだ現代の都市から比べれば、こども達にとって道路は安全であったわけである。しかし、昭和六年に学会報に発表した狩野力氏の論文[※27]は児童のあそび場の重要性について次のようにいっている。

「今日いやしくも都市計画を考へ、公園計画を案ずるものは、其の最も緊急なものの一つとして児童遊戯諸問題を念頭に置かないものはない。その理由は

① 近年殊に、欧州戦後著しくやかましく言はれる様になつた国民保健問題を解決せんが為。

② 都市に於ける自動車の激増に係る交通事故の頻発と共に、之れが犠牲となりつつある児童をば、街路上危険から救はんが為。

③ 益々尖端化しつつある都市の魅惑的環境から児童を護り、その不良化を防止し、進んで教化善導の具としやうとする為。

の大凡そ三つであると云へやうと思ふ。」

この三つの理由を今風に翻訳すれば、第一は児童の保健および体力増進、第二に交通事故から

の保護、第三に不良化防止ということになろう。

第一、第二の理由はすでに窪田、渋谷が建議書に述べた理由である。第三は都市化がさらに進み、単なる肉体的な健康上の障害だけでなく、児童、青少年の精神的な荒廃を生み始めているという時代的な背景を示している。こども達を良好な環境で育てなければ心身共に健全な成長は望めないという論理を感じることができる。

大正末から昭和にかけて大変重要と思われる動きがみられる。それは先にも述べたが、大正一一年に矢津春男氏が日比谷公園に専任児童指導員として初めて配置されたことである。その理由は定かではないが、当時の東京市公園課長井下清氏がヨーロッパの諸都市を視察し、指導員のいる児童公園のあり方に深く感ずるところがあったためと思われる。

井下清氏という新しい感覚をもった技術者が長く公園課長を務めたことによって、東京だけに可能であったのだが、公園児童係の存在と組織という先駆的試みに改めて今の私達は驚かされる。これは正に福祉と公園行政の合体であり、私達にとって示唆に富む公園のあり方である。その東京市公園課児童指導員の一人である末田まつ氏は昭和一七年七月に『児童公園』という本を著している。時すでに日本は第二次大戦に突入しており、戦時下体制である。その時代にこども達のあそびを指導していた人々が公園にいたということもまた驚きである。戦後も末田氏は日比谷公園で児童遊戯指導を行なっていたが、まもなく議会の反対にあい消滅したといわれる。

大正六年から一二年までアメリカに留学した末田氏は、大正一三年から二〇年近く日比谷公園を中心として公園における児童遊戯指導を行なった。彼女も、横浜ＹＭＣＡの主事から移った内田二郎氏（在職、昭和二〜一四年）も井下氏に請われて児童遊戯指導係となった。

昭和一五年には、東京市公園課に公園児童係が創設され、職員三二人が組織された。しかしこの係は現在、東京都の公園課には全くなく、また他の地方自治体にも波及しなかった。

終戦時日本の公園の八割は全滅したといわれる。しかし、焼跡と化した都市の中で育ったこども達――主に昭和一〇年代生まれのこども達――にとっては児童遊園も児童公園も全く必要はなかった。焼跡があり、空地がそこここに散在していた。

昭和三〇年代に入って都市は急激に整備され、区画整理によって数多くの児童公園がつくられた。しかし一方、都市化が進み、空地がなくなり、川が汚染され、道路は自動車によって占領され、こどものあそび場は急速に失われ始めた。また昭和二八年にテレビ放映が開始され、昭和三八年には全国八〇％の家庭にテレビが普及し、こども達はその巨大な情報に影響され始める。※28こども達の生活環境は、昭和三〇年代半ばからかつてない大きな変化を遂げ始める。日本の高度成長と共に、こどものあそび環境の変位も高まった。昭和四〇年頃よりこどものあそび場要求は極めて高くなった。それは第一にこどもの交通事故の問題である。車の増加率もまことに急激で、それにつれてこどもの事故件数も伸びた。こどものあそび環境の問題は、戦前のような単なるあそび場の問題だけではなくなった。空間の量だけで解決できる問題ではなく、生活空間全体の中で考えねばならなくなった。

昭和四〇年以降の問題は、あそび時間、あそびの伝承、あそび集団など数多くの重要な要素を併せ考えねばならぬ問題となったのである。

私達は、こどものあそび場の要求が日本の都市化の進行に従って、第一段階としてこどもの交通事故からの保護、第二段階として健康・体力の増進、第三段階として心身の健全な発達というように、命↓体↓心という形で変わっていった過程を追うことができた。戦後のこどものあそび場の問題もまた同じような過程をもっているということができる。戦後のそれは戦前に比較し極めてはげしくなっており、戦前では東京や大阪のような大都市の問題であったのが、全国的な問題として展開されてきたのである。

3—5　児童公園の利用の変化

現在こどものあそび場というと児童公園と思っている人が多い。たしかに役所がこどものあそび場としてつくる場所として児童公園が最も一般的である。しかしこども達は児童公園だけであそぶものではない、あそばなければならないものでもない。児童公園をつくってもこどもはあそんでいないではないかという人がいる。こども達にとって他にあそぶところがあれば、児童公園であそばないかもしれない。本来町のいたるところがこどものあそび場になっていなければならないのに、児童公園をつくって、こどもはここで安全にあそびなさいというのは、大人のかってのように思える。児童公園の利用のしかたを歴史的にたどることによって、現代のこどものあそび環境を考えてみたい。

昭和初期にあいついで発表された小公園の利用実態調査研究のうち、特に大屋霊城氏の「都市の児童遊場の研究」は、日本で初めての小公園計画理論でもあり、その後大きな影響を与えた。氏の学位論文でもある。大屋、吉田、狩野各氏の調査研究の内容については、詳しくは学会誌を見ていただくとして、ここではその概要について簡単に述べてみたい。

大屋氏の研究論文は、五章より成っており、各章は次の通りである。

第一章　都市の各種児童遊場の得失
第二章　都市の児童遊場の分類
第三章　都市の児童遊場設計の基準
第四章　都市の児童遊場計画
第五章　結論

この中で、調査は第一章に述べられている。その目的を「遊戯場又は小公園の児童の遊場としての価値を明らかにせんが為」としている。調査地は、住宅地の東区清水町西一丁目にある清水谷公園と、工事・小商店の密集する港区九条南通二丁目にある九条小公園で、大正一三年一〇月より、一四年九月に至る満一年間、毎月一回適当なる日を選んで、朝九時から夕方五時まで同公園を利用する者を、年齢別（〜七歳、七〜一五歳、一五〜三〇歳、三〇歳〜の四段階）並びに時間別（一時間毎）に数えて、一日間の来遊者数を調査したものである。調査日は日曜以外の週日を選んでいる。

更に、大屋氏はここで公園以外の児童のあそび場の調査を学校を通じて、週日と休日について児童達（小学校四年以上の生徒約四〇〇〇名）に、「あなたは昨日（主として）どこであそびましたか。」という質問形式によって調査している。

その男女生徒合計の結果は3—37表に示す通りである。さらに、昭和三〇年に建設省都市局都市計画課が行なったこどものあそび場に関するアンケート調査結果及び昭和四三年に日本女子大の小川信子氏が東京で行なったあそび場調査の結果が、それぞれ3—38表と3—39表である。

これらの三つの調査は、調査地も調査方法も異なるため、厳密な意味において数字を比較できないが、大きな傾向を読み取ることができる。すなわち、大正末期の都市のこども達はほとんど街路をあそび場としていたが、昭和四〇年頃は公園があそび場として高い利用率を示しており、街路が使われていない。公園は、昔も今も交通事故からの保護という目的ではあったが、昔は今に比べ街路が安全であったことをこの数字は示している。

大屋氏は、このあそび場の調査の結果から「小公園は児童の遊場としての価値左程に大ならざる事を窺ふに足る。」といい、「今若し街路を以て児童遊場の最も利用し易き種類なりとせば、この街路の構造等に多少の参酌を加へ、各自の住宅と都合よく連結し、形態を適当に考慮せば、所謂小公園以上に児童の遊場としての効果を挙げ得るものとなすを得べし。」といい、現在でいうコミュニティ道路化や、自動車交通を遮断して児童のための道路とする街路の遊戯利用を提唱している。

今から約五〇年前の街路と児童公園についての実証的な研究とその分析は、十分に現在も説得力をもっている。また、誘致圏とその利用率についても詳しく分析しているが、これについては

3—37表　児童のあそび場調査（大正13年）

		船場	清堀	菅南	済美	九条	築港	難波	天王寺	計
公園	数	15	49	37	161	68	34	59	16	439
	%	3.4	9.5	11.4	19.8	10.7	9.2	7.8	4.1	10.3
街路	数	66	194	133	228	318	95	441	114	1,589
	%	15.0	37.5	40.8	28.1	49.8	25.6	58.7	29.1	37.4
空地	数	29	142	47	113	72	53	22	166	644
	%	6.6	27.5	14.4	13.9	11.3	14.3	2.9	42.3	15.2
社寺	数	58	27	62	60	3	2	43	33	288
	%	13.2	5.2	19.0	4.3	0.5	0.5	5.7	8.4	6.8
庭園	数	10	36	10	23	9	4	13	3	108
	%	2.3	7.0	3.1	2.8	1.4	1.1	1.7	0.8	2.6
学校	数	149	13	0	13	2	4	0	0	181
	%	33.8	2.5	0	1.6	0.3	1.1	0	0	4.3
室内	数	107	49	35	159	124	74	68	54	670
	%	24.3	9.5	10.7	19.6	19.4	20.0	9.1	13.8	15.6
其他	数	6	7	2	55	42	105	106	6	329
	%	1.4	1.3	0.6	6.8	6.6	28.2	14.1	1.5	7.8
計		440	517	326	812	638	371	752	392	4,248

備考　某他欄築港105難波106中それぞれ34, 61の水泳行を含む(原注)

3—38表　都市別あそび場の実態調査（昭和30年）　単位％

種別＼都市	都市計	東京都	横浜市	名古屋市	神戸市	福岡市	札幌市	川崎市	仙台市	広島市	宇部市
公園	18.9	27.6	16.3	22.5	13.8	20.0	20.6	18.7	10.4	18.9	20.9
道路	13.6	22.4	11.5	8.8	26.9	7.5	14.4	7.7	7.5	15.7	10.6
空地	14.9	9.7	13.2	17.5	13.9	16.4	13.6	20.2	17.9	13.2	20.2
校庭	7.5	2.1	9.8	3.3	5.6	9.1	10.7	13.1	12.1	10.0	5.1
家の庭	24.4	16.1	30.2	27.5	18.2	25.4	20.5	33.8	33.6	22.0	25.9
社寺境内	3.6	3.0	3.4	4.6	4.3	4.8	1.8	3.8	4.0	3.1	2.5
その他	17.0	19.1	15.8	15.8	16.9	16.4	18.4	23.0	15.6	17.0	15.8

加藤一男「こどものあそびとあそび場の実態」新都市63—06

3—39表　戸外のあそび場調査（昭和43年）

単位％

地区別	小学生								
	公園遊園遊び場	道路	空地	校庭	幼稚園保育所の庭	家の庭	その他	無回答	合計
文京区	23.5	21.7	8.3	9.7	−	16.1	20.3	0.4	100.0
台東区	25.2	29.5	7.7	11.1	3.8	3.4	18.3	1.0	100.0
墨田区	20.3	23.7	16.6	9.8	3.4	5.1	24.1	−	100.0
世田谷区	12.7	10.6	17.9	18.0	1.6	22.9	13.5	2.8	100.0
杉並区	3.2	35.1	20.0	7.4	1.1	21.3	11.7	−	100.0
豊島区	6.5	14.4	21.3	28.2	−	7.9	21.3	0.4	100.0
北区	12.1	26.5	16.7	21.9	−	7.0	15.8	−	100.0
練馬区	4.5	15.2	31.0	6.7	4.0	21.1	13.5	4.0	100.0
合計	14.4	21.0	17.3	14.4	1.4	12.4	17.9	1.2	100.0

地区別	中学生								
	公園遊園遊び場	道路	空地	校庭	幼稚園保育園の庭	家の庭	その他	無回答	合計
文京区	28.7	21.8	7.9	12.8	1.0	8.9	16.9	2.0	100.0
台東区	16.7	38.9	12.2	5.6	2.2	3.3	17.8	3.3	100.0
墨田区	−	−	−	−	−	−	−	−	−
世田谷区	14.6	14.6	18.3	15.9	−	17.1	17.1	2.4	100.0
杉並区	2.5	15.2	10.2	50.6	−	11.4	7.6	2.5	100.0
豊島区	4.2	35.2	12.7	22.5	−	8.5	11.5	5.6	100.0
北区	11.4	30.7	25.0	8.0	−	1.1	21.6	2.2	100.0
練馬区	4.9	22.6	33.3	14.7	−	10.8	8.8	4.9	100.0
合計	12.4	25.4	17.5	17.8	0.5	8.6	14.5	5.3	100.0

小川信子、日本建築学会大会学術講演梗概要（中国）昭和43年10月

後年の研究との比較をするため、後に述べることとする。

狩野力氏は、昭和六年に園芸学会誌に郊外小公園の利用実態調査の研究論文を発表したが、そこで郊外（児童密度二三人／ha——児童とは一五歳以下のこども）における公園の誘致圏、公園利用率、児童遊戯時間、各季節における来遊自動の最多時刻、一日来遊最多数、及び一時的来遊最多数との割合、一日来遊最多数と居住児童数との割合などを求めている。

また、吉田定輔氏は昭和九年園芸学会誌に「公園利用調査に就いて」と題する論文を発表している。「一日の中において利用者の最も多い時間に、全入園者が公園内において如何なる関係、即ち比率をもつて利用されてゐるかといふ所謂利用状態を数字的に知らんが為。」と調査の目的を述べ、震災復興小公園のうち南桜を始め二〇ヵ所について調査しているが、六月初めの週日の午後三時〜四時における入園者の利用状況を調査しており、動的利用者と静的利用者の割合、年齢別（幼、小、中、大、老の五段階）による動的・静的利用者の分布、遊具やベンチ等の各施設物の利用形態、公園利用者の性別、公園利用者の職業調査も行ない、小公園の一人当りの占有平均面積も算出している。

戦前昭和一〇年以降、戦後二〇年代後半まで公園の利用実態調査はみられない。戦後戦災復興による児童遊園の建設、復興都市計画事業として、区画整理による児童公園の確保が図られた。福富久夫氏が昭和二七年に、竹内保克氏、近藤公夫氏らが昭和二九年に相次いで、児童公園の利用実態調査を行なった。

その後、日本が高度経済成長時代に入り急激に都市化していく中で、幼児の交通事故の激増、こども達のあそび場喪失が社会問題化して、こどものあそび場調査が多くの人々、団体で行なわれたが、公園の利用実態調査についてみると、建設省が昭和四一年から五年毎に主要都市で公園利用実態調査を行なっており、私も昭和四六年に横浜で調査し、さらに五一年にも行なった。

日本の小公園の利用実態調査の歴史を眺めてみると、今までに大きく三つの時代的段階があると考えられる。

その三つの時代は、その直前に小公園の建設が多く行なわれたか、あるいは小公園、児童公園の要求が高まった時代で、公園をこども達はどのくらい利用しているのか、あるいは公園はこども達にどのくらい有効なのかという公園の理論的な根拠を社会的に要請された時代である。

それをもう少し整理してみると、その三つの時代とは、次の時代である。

第Ⅰ期は都市近代化と大震災復興及び大正デモクラシーによる小公園建設の気運が盛り上がった時代。大正末〜昭和一〇年。

第Ⅱ期は第二次世界大戦後の戦災復興による児童遊園、児童公園の建設要求の時代。昭和二五〜三五年。

第Ⅲ期は高度成長に伴う都市化現象によるこどものあそび場要求の時代。昭和四五年以降。

この三つの時期におけるそれぞれの調査者、研究者によってその調査方法、求めた調査結果もばらばらであるが、ここで私は、それぞれの調査データからそれらをできる限り比較できるように再構成した。それが3—40表である。

これを作成するにあたり参考にした利用実態調査の掲載誌及び文献は3―41表の通りである。
3―40表により明らかになった点を述べると、
1　第Ⅰ期から第Ⅲ期にかけて誘致距離は小さくなる傾向がみられる。概略三五〇mから二〇〇m。これは自動車交通によって安全に公園まで到達する距離が小さくなっていることを示していると思われる。
2　全利用者に対する児童の利用の割合はあまり変化がなく、概略六〇～七〇％である。
3　単位面積当たりの児童利用数は、周辺人口密度との関係をみてみると3―42図のように、
①　各時代毎に単位面積当たり児童利用数は、人口密度と比例している。
②　Ⅰ、Ⅱ、Ⅲ期に移行するに従ってグラフの勾配が急になる。
③　すなわち時代を経るに従い少ない周辺人口密度でもたくさんのこども達が利用する傾向になっていることを示している。
4　公園の八〇％誘致圏内利用率（3―43図）をみてみると、
第Ⅰ期では三～四・五％
第Ⅱ期では八・三～二七％
第Ⅲ期では一三・七～二九・八％
Ⅰ期からⅢ期になるに従って高い利用率を示している。すなわちこれは公園しかあそび場がなくなっていることを示していると推測される。
5　公園の利用形式は、第Ⅰ期、第Ⅱ期では休日の方が利用者が多かったが、第Ⅲ期に入ると休

1日延利用者/面積（人/ha） 休	平（幼 学 全）	80％誘致距離（m）（幼 学 全）	周辺人口密度（人／ha）（幼 学 全）	80％誘致距離内利用率（％）（幼 学 全）	1人当り利用面積＊（㎡） 平均	最小	幼 学 少 成 老	1日延利用者数最大時間帯別利用者数
	631 843 2,217 (66.5％)	304 304 349	114.2 −	4.21 −	45.4	22.11 (適当33㎡)	28 38 33 (7〜15) (15〜)	
		307 320 377	156.6 −	4.41 −	45.0 (同上)	27.39	31 27 42 (7〜15)	
	393 428 (1,236) 277 337 (849)	85％ 3町〜330m	70 23	3.37	70.9 109	26.8 26.8		約3倍
	(1,521)				(全)平均 35.97		24.7 43.3 10.9 16.1 1.1 (7〜13) (13〜20)	
	709 904 (2,429)	210 220	59.0 39.5	19 35				
	505 492 (1,502)	350 440	42.5 28.5	11 11				
幼 学 1,575	1,058 (1,593)	(日) (平) 292 272	92.5	(日) (平) 12.3 10.6				
631	460	271 200	47.6	16.9 22.9				
674	382	304 300	47.6	8.2 4.8				
幼 学 461	269 (405)	168 119	110.5	8.3 9.5				
幼 学 1,486	775 (1,167)	275 236	87.6	11.6 8.3				
幼 学 1,405	767 (1,155)	277 247	74.4	15.9 11.1				
5,100	(2,108) 3,175	250 550	121 233	(日) (平) 39 67 13 20	平 29.2 休 19.3			
1,373	(737) 1,110	400 400	133 193	7 7 7 9	104.2 52.9			
1,772	(1,806) 2,720	400 450	100 521	14 7 2 2	54.9 95.2			
1,722	(920) 1,385	700 500 900 320	100 160 87 140	2 6 6 5 3 3 3 3	73.5 87.7			
1,224	1,340 1,862 (72.0％)	272	60 240	(休)9.9 (平)13.7 4.74	46 46	17 17		3.17
1,506	1,368 2,163 (63.2％)	179	43 170	(休)22.2 (平)29.8 9.35	44	25		5.4
125 208	1,300 1,108 192 (1,958)		38 160					
	2,616 人/ha							
人/ha 1,668	1,389 人/ha							

（注）＊最大時の利用者人数で除した値を使用。＊＊この表に用いた数字は，学会誌に掲載されたもののみを利用しているため（すなわち原データから計算していないため）意味において誤りが全くないとはいいがたい。数字を用いさせていただいた研究者各位にお礼を述べる。

	調査者	調査日	公園面積（㎡）	1日延利用者数				男女比		
				休	平					
					幼	学	全	幼	学	全
清水谷小公園住宅地（大阪）	大屋霊城「都市の児童遊場の研究」	大正14年5月13日（水）	2,643		167	223	586	37：63	48：52	48：52
九条小公園工場商店街（大阪）	大屋霊城	大正15年5月14日（木） 4月28日（火）	3,343		421 330	361 244	1,336 899	56：44 45：55	62：38 48：52	60：40 52：48
下飯田児童公園 新郊外住宅地（名古屋）	狩野力「或る郊外小園と其の来遊児童に関する研究」	昭和5年6月30〜昭和6年5月24日	992	秋平均	(0〜6) 39 22.6		(7〜14) 42.5 33.5			
小公園20ヵ所（東京都内） 最小：久松公園1,980㎡ 最大：坂本公園5,197㎡	吉田定輔「公園利用調査に就いて」	昭和8年6月26日（月）3時（鉄砲州公園）	2,918				(444)			
鉄砲州公園（中央区湊町1丁目）	福富久夫「子どもの遊び場の構成」	昭和27年5月24日（土）	3,000		207	264		55：45	67：33	
若宮公園（墨田区本所2丁目）	福富久夫「子どもの遊び場の構成」	昭和27年10月15日（土）	4,000		202	197				
富士公園（台東区浅草2丁目）	昭和28年度建設省技術研究公園緑地協会 竹内保克 近藤公夫他	昭和27年3月〜4月	2,400	幼 学 378	254					
堀留公園（中央区日本橋堀留1丁目）	昭和28年度建設省技術研究公園緑地協会 竹内保克 近藤公夫他	〃	3,690	233	170					
駒留公園（世田谷区上馬2丁目）	昭和28年度建設省技術研究公園緑地協会 竹内保克 近藤公夫他	〃	2,090	141	80					
新森小路比公園（大阪市旭区新森小路比1丁目）	昭和28年度建設省技術研究公園緑地協会 竹内保克 近藤公夫他	昭和29年3月〜4月	2,190	幼 学 101	59					
鶴満寺公園（大阪市大淀区長柄東通り）	昭和28年度建設省技術研究公園緑地協会 竹内保克 近藤公夫他		2,025	幼 学 301	157					
野里公園（大阪市西淀区野里）	昭和28年度建設省技術研究公園緑地協会 竹内保克 近藤公夫他		2,555	幼 学 359	196					
鉄砲州（東京都） 新森小路（大阪市）	建設省都市局公園緑地課	昭和41年	2,900 8,800	1,605 4,371			934 2,784			
椿森（千葉市） 八ツ梅（岐阜市）	建設省都市局公園緑地課		6,140 4,200	498 916			497 647			
なかよし（札幌市） 市崎（福岡市）	建設省都市局公園緑地課		4,000 1,700	352 658			695 825			
翠田第2（広島市） 錦（福井市） 琴芝（市部市） 大王路（飯田市）	建設省都市局公園緑地課		3,700 2,600 6,800 1,000	926 666 699 137			362 717 757 119			
三春台公園（横浜）	仙田満 横浜市公園利用実態調査報告書	昭和46年4月4日（日）4月7日（水）10月21日（水）11月1日（日）	1,783	173（児） 220（全）	239		332			
勝田第2公園（横浜）	仙田満 横浜市公園利用実態調査報告書	昭和46年4月4日（日）4月7日（水）10月21日（水）11月1日（日）	943	96（児） 142（全）	129		204			
洋光台4丁目公園（横浜）	仙田満 横浜市公園利用実態調査報告書	昭和51年11月3日（休）11月12日（平）	2,400	30（幼） 50（学） 116（全）	266	46	385	50：50	68：32	
全国56ヵ所（平均）	建設省都市局	昭和46年								
全国23ヵ所（平均）	建設省都市局	昭和51年								

3—40表　公園利用実態調査比較表

3—41 表

	研究者・調査者	発表論文名	発表年	掲載誌
Ⅰ期	大屋霊城	都市の児童遊場の研究	昭和 8 年	園芸学会誌第 4 巻第 1 号
	狩野力	或る郊外小公園と其の来遊児童に関する研究	昭和 6 年	園芸学会誌第 2 巻第 1 号
	吉田定輔	公園利用調査に就いて	昭和 9 年	園芸学会誌第 1 巻第 3 号
Ⅱ期	福富久夫	児童公園の研究	昭和 29 年 1 月	造園雑誌 17 巻 3 号 調査日 S.27 5 月, 10 月
	竹内保克	児童公園に関する研究 (1)	昭和 33 年 9 月	造園雑誌 22 巻 2 号 調査日 S.29
	近藤公夫	京都市児童公園の利用実態について	昭和 39 年 3 月	造園雑誌 23 巻 3 号
Ⅲ期	建設省都市局公園緑地課	都市公園利用実態調査	昭和 42 年	
	建設省（財）日本都市センター	都市公園利用実態調査	昭和 47 年	
	建設省（財）公園緑地管理財団	都市公園利用実態調査	昭和 52 年	
	仙田満	公園利用実態調査	昭和 46 年	横浜市委託調査
	仙田満	公園利用実態調査	昭和 51 年	横浜市委託調査

※なお昭和 41 年調査実施の建設省都市局による利用実態調査のうち 80% 誘致距離内利用率は被調査者が自宅から公園までの到達時間（きわめて大分類）で答えたものによるデータで，不正確のため参考にとどめる。

日よりも平日の方が利用者の多い公園がみられるようになっている。これはこどものあそびが、休日は友達とあそぶのではなく家族であそぶという形に変わってきたためと思われる。

6　一人当り公園利用面積は四五㎡前後で、時代にはあまり左右されていない。

以上公園の利用の変化を時代的に眺めてみると、現代のこども達が公園を利用する傾向が著しいが、それは公園でしかあそぶ場所がなくなりつつあることを一方で示していることと、街路が車に占領されたため、公園の誘致圏が小さくなっていること、こどものあそびの形式が変化して、休日には外で友達とあそばなくなり

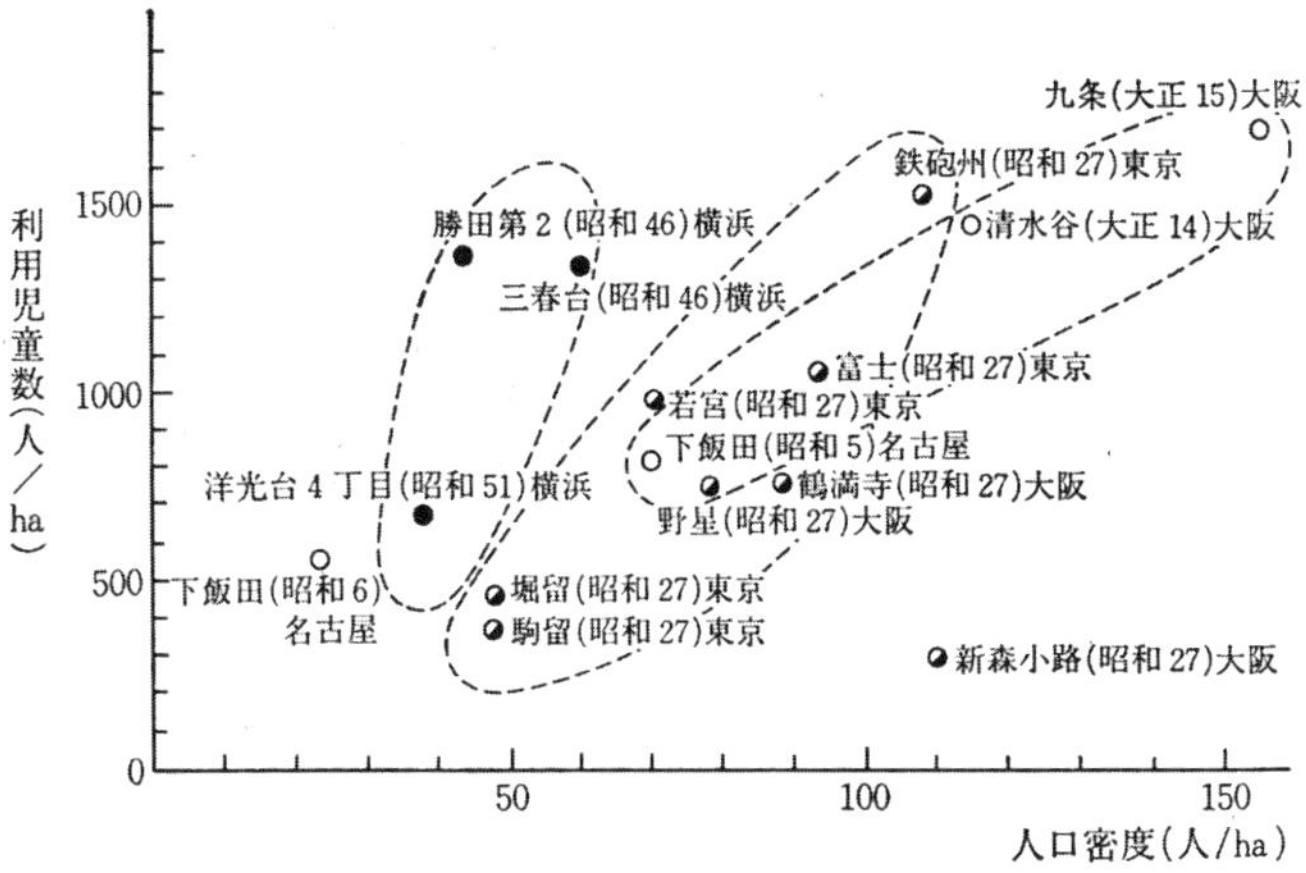

昭和 41 年のデーターは都市における人口密度であるため除外した。

3—42 図　利用児童数と人口密度

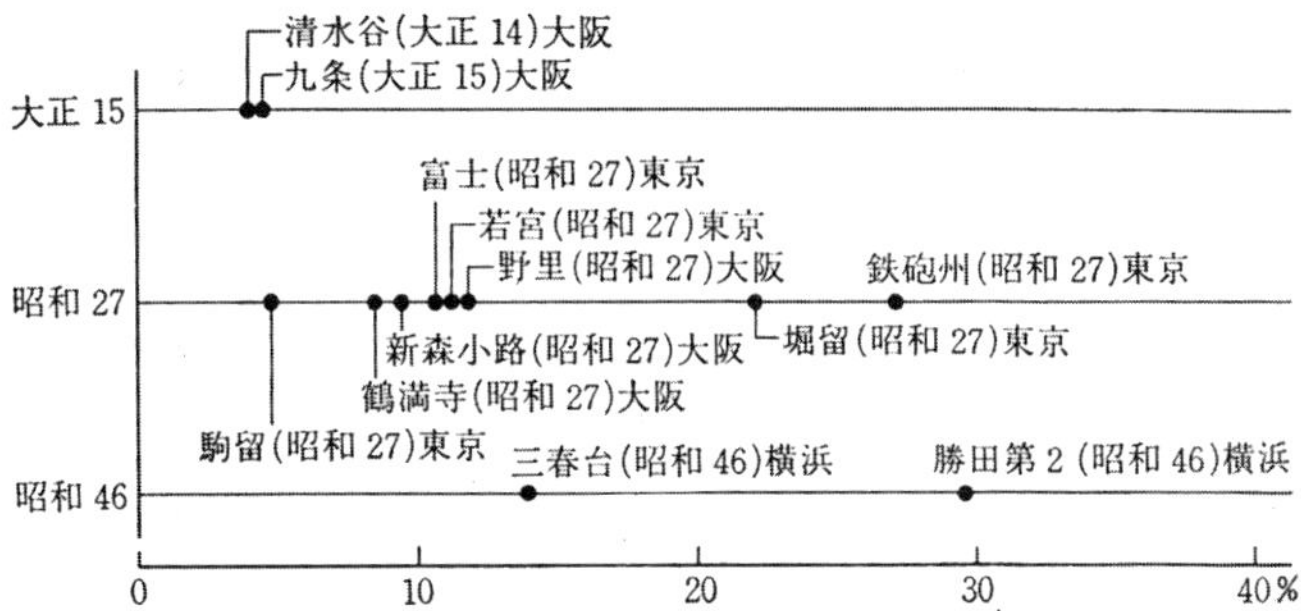

3—43 図　誘致圏内利用率（%）

つつあること、などが公園の利用実態の調査比較から明らかになった。

公園の利用実態調査の結果は大きく三つの要因によって左右される。それは「時代」「地域」「公園の魅力、あそびやすさ、デザイン」である。私は本節で大正から現代までの公園の利用実態調査をながめ、時代的特性、あるいは時代的変化があることを指摘した。しかし一方、建設省の全国調査が示すように、地域によっても公園の利用実態は異なり、特にその地域の都市化の程度によって左右される。そしてまた最後の要因、デザインの問題も重要である。同時代、同地域でも利用される公園と利用されない公園がある。それは正にデザインの問題である。

多くの児童公園は本来はもっともっとこども達にとってあそびやすい公園であるべきはずである。多くの場合、広場と標準化された滑り台、ブランコ、砂場がおかれている。滑り台、ブランコ、砂場も私はその遊具としての基本的な内容を否定しないし、かえって重要性を強調したい。しかし前章に述べたように、もう少しこどものあそび集団を形成させるような遊具と公園のつくり方があるように思う。児童公園の重要性がますます増している現在、児童公園までのこども達のアプローチ＝安全な道のネットワーク化と、児童公園の内容の見直しをはかる必要があると考える。

3—6　あそび環境の問題複合性

こどものあそび環境は単にあそび場の問題だけではなく、またあそび場の問題も都市化によって空地や原っぱが失われただけの単純な問題ではない。現在小学校五年以上のこども達の姿を公園の中で見つけるのはなかなかむずかしい。それは、彼らが塾に行っていてあそぶ時間がないからである。そういう傾向は、現在ますます低年齢化してきている。ここで、こどものあそび環境を問題複合体としてとらえ、こどもの生活のあらゆる角度から考察を加え、こどものあそび環境の構造的問題を明らかにしようとしてみた。そのために最も大切なことは、あそび環境を立体的にとらえることである。

あそび環境を立体的にとらえるには四つの要素がある。その四つの要素とは、①あそび時間、②あそび方法、③あそび集団、④あそび場である。このどれか一つが欠けてもこどものあそびは成立しない。まずこの四つの要素が、この二〇年間にどのように変化したか、その変化した原因は何か、その変化はどのような影響を与えたか、という三つの分節に従って考えてみたい。

なお調査に関しては、前項の全国調査を基に考察することにする。以下本項文中の「今」「現在」とは昭和五〇年前後（昭和四九～五一年）をさし、「昔」「かつて」とは昭和三〇年頃を、「二〇年前」も昭和三〇年頃をいうこととする。

(1) あそび時間

こどものあそび時間は3―44図のように、二〇年前と現在とでは、ほとんど差がない。男子では四・九時間（二〇年前四・七時間）、女子では四・三時間（二〇年前四・二時間）である。しかし、その内容を見ると戸外あそびは大きく減少し、男子では三・二時間から一・八時間、女子では二・三時間から一・〇時間と大きく減っている。それにかわってテレビ視聴の時間が、男子では二・五時間、女子では二・四時間と大きく費されている。現在のこどものあそび時間の約半分がテレビ視聴で占められている。現在のこども達は、生まれた時からテレビと共に過ごし、テレビが完全に生活の一部になっている。3―45図は本章2節の都市グループ別（人口、Ⅰ五〇万以上、Ⅱ一〇～五〇万、Ⅲ三～一〇万、Ⅳ三万未満）による現在のこども達の生活時間をあらわしたものであるが、大都市部でも田舎町でもこども達の生活時間がほとんど変わらないことを示している。また3―44図のように学校以外での勉強や塾の時間は、二〇年前に比べて約三〇分程増えているに過ぎない。しかし、塾へ行く日数は、現在では週に二～三日であり、二〇年前の二倍に増加している（3―46図）。塾に行く日が増加すると、自分が塾に行かない日でも友達が塾へ行っている場合があり、前もって友達とあそぶ曜日や時間を調整しておかないとあそべなくなってくる。すなわち、塾に行くこどもが増加し、塾に行く日も増えてくると、急激にあそぶ機会が失われていくことになる。あるこどもは塾に行く理由として、「友達に会いに行く」と答えている。

友情を育てるには、ある一定の時間が必要なのは大人もこどもも変わりない。あそび時間が短くなったことは、こども達にとってまず友情をつくりにくくした。こどもはあそびを共有して友

3—44 図　生活時間の現在と 20 年前の比較（単位＝時間）→

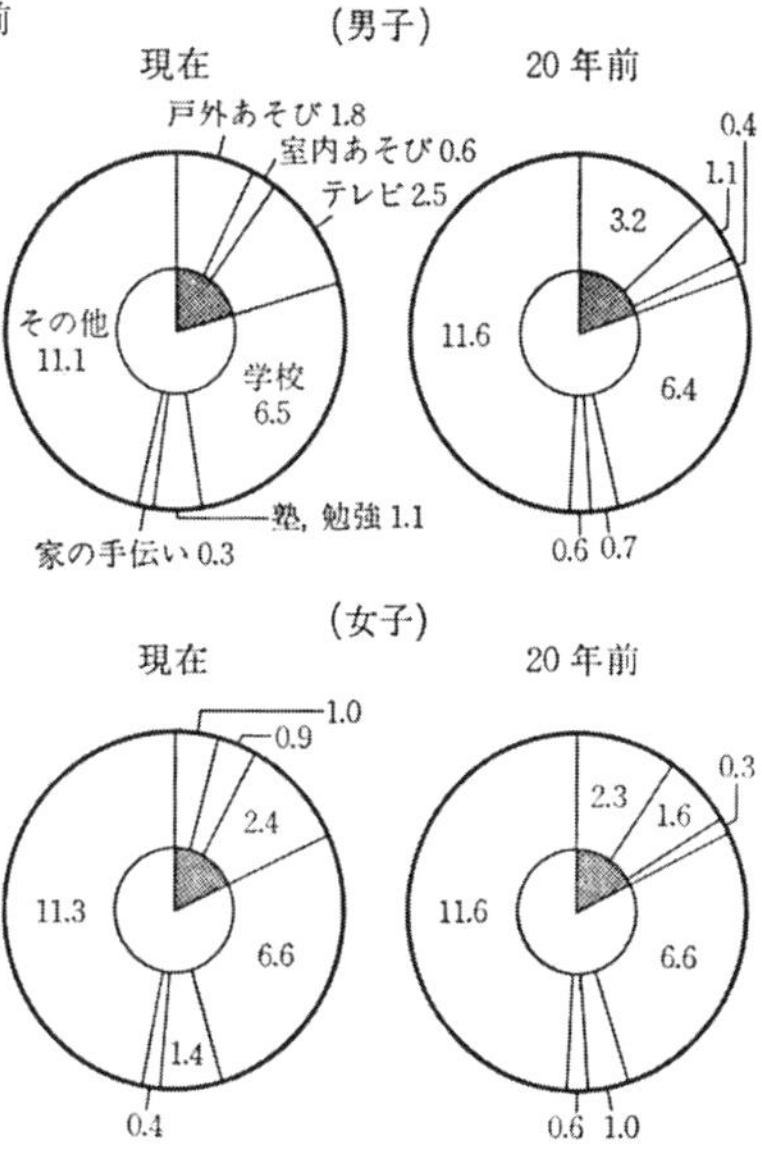

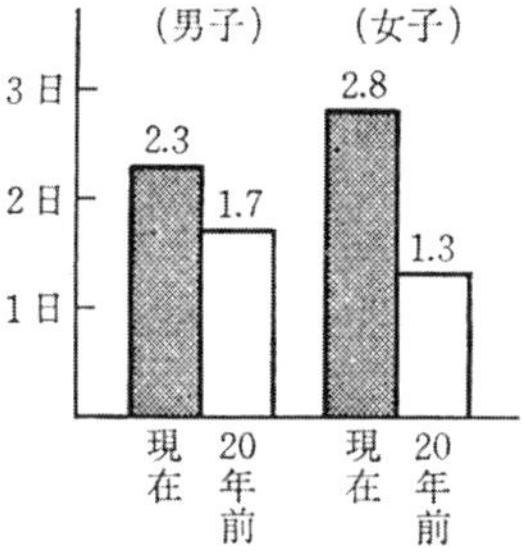

3—46 図　塾・けいこ事の現在と20年前の比較（一週間のうちに塾やけいこに費す日）

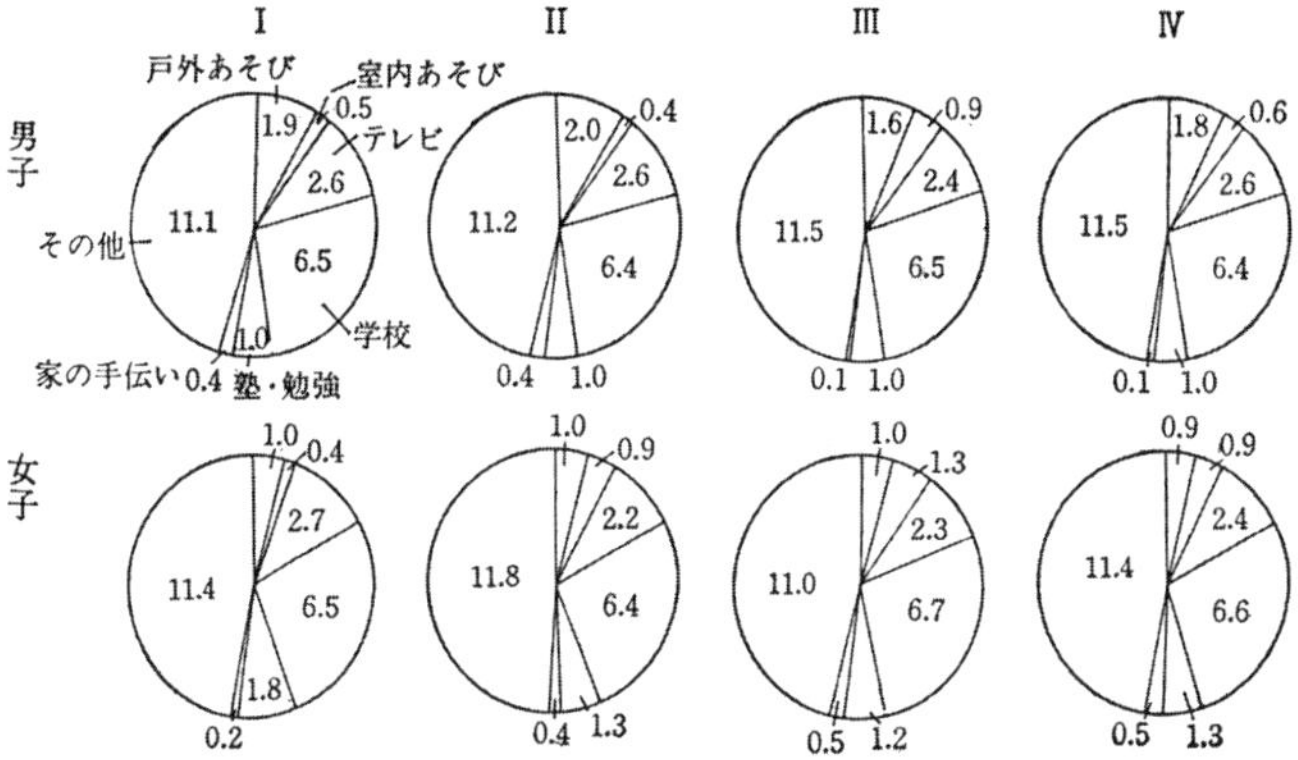

3—45 図　生活時間（単位＝時間）

情を育てる。時間割で決められたあそび時間の中で、こども達は友情をはぐくむことはできない。ケンカをすることも、こども達の友情と同じ精神的発育である。今日、ケンカをするこどもが少なくなっている（3—49図）。ケンカする時間さえもなくなっているのである。あそび時間が短いから、難しい複雑なあそびができなくなって、決められた、与えられた枠のあそびしか展開できないでいる。あそびそのものが、単純化し、貧しくなってしまっている。

あそび時間が短いということは、多くの友達とあそべない、おもしろく熱中してあそべない、空間であそべないということと深く関連しているといえる。

(2) あそび方法

あそび方法はこの二〇年間にどのように変化しただろうか。すでに本章2節でみたように（3—47図）、現在と二〇年前とのあそびの種類を比べてみると現在の男子では約二分の一に、女子では約三分の一に種類が減少している。更にこの減少傾向は「自然スペース」「道スペース」「アナーキースペース」で著しい。しかし、このような減少傾向の中にあって「遊具スペース」「オープンスペース」でのあそびに増加の傾向が見られ、こどものあそび方法の変化の一つとなっている。一方あそびの内容においても、伝承あそびは、現在の男子では二二％程度しかあそばれていないが、二〇年前では四七％を占め、あそびの多くが伝承あそびで構成されていたことがわかる。

かつてガキ大将組織があり、こども達のあそびが年長から年少のものに伝承されていたが、今、こども達のあそびの組織は同年齢小人数化してしまっている。[※29] また兄弟の人数も一〜三人という現代のこども達にとって、兄弟から学ぶ機会も少なく、核家族化した家庭で、こども達の相手になってやれる祖父母も少なくなっている。かろうじて昔に比べれば時間的な余裕のある両親だけが、こども達にあそびを教えてくれる人になっているようである。このように、あそびを教えてくれる人の不在は、こどものあそび方法の貧困化を大きくうながしている。

あそび道具やあそび場の構成素材とあそび方法とは密接に関係している。たとえば、今日ほとんどの道路はアスファルト舗装されてしまった結果「クギ刺し」あそびができなくなったといわれる。そのかわりに「ローラースケート」や「ローラースルー」あそびが行なわれるようになった。また野球にしてもビニールのボールやバットを使った変形ルールの野球が行なわれている。このように、あそびにはその素材と共に生まれ、変化し、消滅したものが数多くある。そして、これらの中に素材そのものの消滅によりあそびが成立しなくなったものも数多くみられる。その最も著しいものが「自然」を素材としたあそびである。今の都市の中では、クワガタやザリガニとりをする林や川がなくなっている。また、竹鉄砲の材料である竹やぶもほとんど消滅してしまっている。そのため、これらの自然あそびは、今の都市のこども達には日常的に体験することができなくなっている。

テレビはこども達に「自然」にとって変わった親しいあそびの素材を提供している。それはまず、あそびの共通のシンボルになりつつある。たとえばマジンガーごっこ、ウルトラマンごっこなど、あそびの新しい形式を生んでいる。しかし、これらのテレビに触発されるゲームは、ほとんどの場合、追いかけごっこ、鬼ごっこの類であり、カンケリ等と比べるとそのゲーム性（おもしろさ、複雑さ、規則性）は低い。

こどもの自転車の普及率はめざましい。ほとんどのこども達は自転車をもっている。自転車によってこども達のあそびの行動半径も広くなっている。道あそびの形態も変わっている。※30 家の近くの道路が危険であそべないので、一km離れた公園に自転車で行き、学校の同級生達とあそぶというようなあそびの形態もみられる。

さらにプラモデルやラジコンのような機械的玩具の出現は、こども達のあそび方を、たとえば潜水艦をつくるというような、かつてのように作るという形から組み立てる、構成するという形に変えてきているようである。外であそぶのが危険であるからというので部屋の中であそぶことが多くなり、室内ゲーム盤によるゲームあそびが多くなっている。このようにあそび方法が変化したことによって、こども達はどのような影響をうけたであろうか。

こども達は暴力的なあそびを忘れてしまっているようである。ケンカ、馬跳びのようなあそび行為はほとんどみられない。※31 あそびの意欲をかきたてるあそびがないため、あそびそのものに、さめたこども達が多くなっている。あそびとは、おもしろい、熱中する体験を通じて、広がっていくものである。※32 おもしろさを体験する機会を失っているこども達は、あそびの熱意も失いつつある。

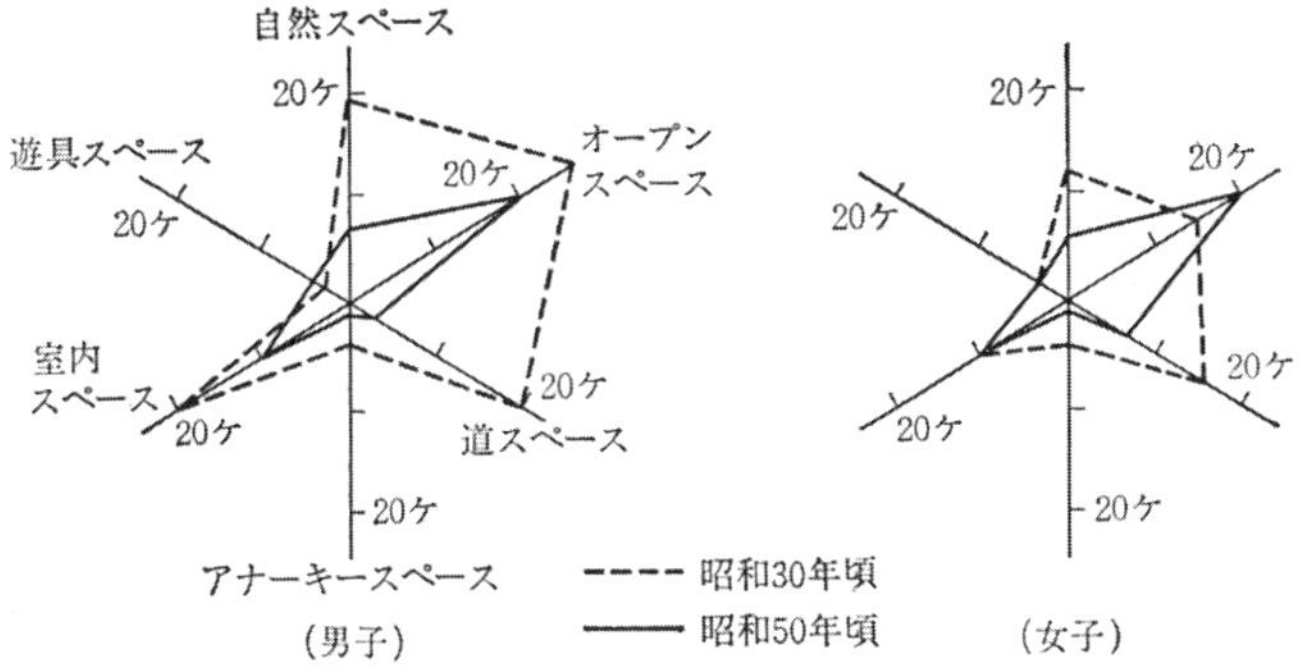

3―47図　各スペースのあそびの種類数

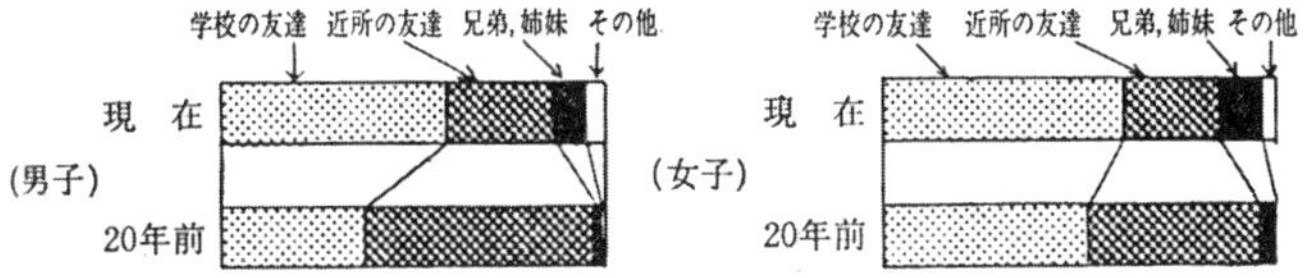

3―48図　友達の種類，現在と20年前の比較

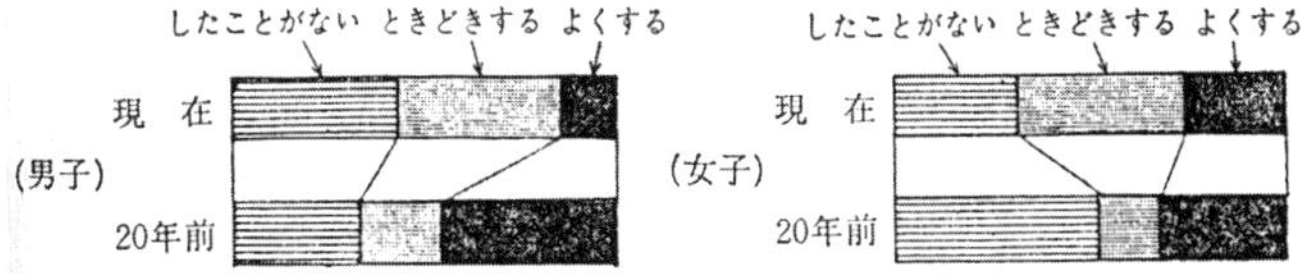

3―49図　友達とのケンカの度合，現在と20年前の比較

(3)　あそび集団

あそび集団はこの二〇年間にどのように変化しただろうか。全国調査より得られたあそび（約一二〇〇実例）のあそび集団の人数を調べてみると、現在は男子六・八人、女子五・一人であり、これは二〇年前のあそび集団の約五分の四となっている。

一方、友達の種類を調べてみると3―48図のように、二〇年前では「近所の友達」が多かった（特に男子）のに対して、現在のこども達の間では「学校の友達」が五～六割を占め、明らかに友達関係は同年齢化していることがわかる。また、友達同士のつきあい方をみるために、ケンカの度合を調べてみると、3—49図のように、男子と女子の特徴がなくなり、男子が女子化、女子が男子化しているのがわかる。むかしから女子の場合には学校の友達と遊んでいたのがわかる。現在では、ケンカをすることが少なくなっていることがうかがえ、友達同士の接し方にも変化がみられる。

なぜ、こどものあそび集団が、この二〇年間に縮小され、同年齢化し、ガキ大将を失ったのかをここで考えてみたい。

その第一は地域コミュニティの崩壊である。

こどもコミュニティと地域コミュニティはパラレルである。こどものコミュニティが崩壊した最大の原因は、大人の地域コミュニティが崩壊したことであると予想される。地域コミュニティの崩壊が議論され出したのは、昭和三〇年頃からであるが、戦後日本の近代化というのは、まさに古い地域コミュニティが崩壊し、会社や組合という形の新しい組織コミュニティが形成された過程であるといわれている。農村から都市へ若者達が学校や職を求めて集まり、結婚し、新しい家庭をつくった。彼らが住み、生活したところにも古い地域コミュニティはあったであろう。しかし、新しい居住者は、あまりにもたくさんいて古い先住者を数の上で圧倒してしまった。あとから来た居住者は、地域などにほとんど関心をもたない組織コミュニティ型のいわゆるサラリーマン達であった。こどもの世界でも同様の現象がおきたことが推測される。先住のこども達よりも新参のこども達の方がずっと圧倒的であった。そこでは地域的なつながりのない学校を唯一の共通項としてのこども集団が生まれ、だからそれは同学年でしか構成できないのであろう。

現代は変化の時代であるといわれている。その変化の速度はますます加速されているようであ
る。戸主の年齢が四〇歳前後の平均的な家庭で、結婚してから普通平均三回引越しをするという。

こども達も親の引越しに合わせて彼の生活環境、あそび環境も変えていかなければならないのである。あそびの原風景の調査でも、小学校で三回も転校した事例があったが、転校はこどもにとって大変な苦痛を伴うものであるといわれている。[※33] 流民化が、こども達の生活の基盤とあそびの心を奪っているともいえる。

第二は、テレビの影響である。

八丈島では、地域コミュニティも健在で、しかもあそび場も豊富にありながら、単にテレビが放映されたことによって、こども達のあそびが大きく衰退していったことが日本母親大会で八丈島の教師から発表された。[※34] このことはテレビという情報がこどものあそび集団までも破壊させることができるほど、こども達にとって魅力的な存在であることを示している。もちろん八丈島のこの事例は、テレビに対しまったく免疫がなかったこども達の驚きを計算して、その変化を割引いてみなければならない。しかしそれを考慮しても、あそびというものを情報伝達していた唯一の機関であったガキ大将的こども集団が、テレビという情報媒体に簡単に打ち砕かれたということがいえる。

こども集団から仲間はずれにされることは、あそべない、すなわちこどもとして生活していけないということであり、こども達にとっておそろしい刑罰であったにちがいない。それは、あそ

びが全く一つの組織を通じてしか行なわれなかったからである。しかしテレビが出現したことによって、次から次へ新しいあそびのヒントを教えてくれ、またひとりで見ていても退屈せずに何時間でもすごすことができる。もう仲間はずれにされることもこわくない。引っこみ思案なこどもにとって、テレビの方がこども集団よりもずっとおもしろいものになったのであろう。こども集団に入ることは、内向的なこどもにとって苦痛を伴うものである。組織の役割や序列を意識しなければならないからである。そんなことに気を使うなら、一人でテレビを見ている方がずっと楽しいのである。気の弱いこども達は、こども組織に背を向けて、ひとりでテレビの前に座ることを選んだといえるだろう。

第三に、あそび基地の喪失である。

あそび集団がその根拠地としたあそび場は多くの場合、空地、防空壕、路地裏のような、アナーキーでアジト的な場所であったのであるが、都市化が進行するに従って、そういう場所をこども達は失ってきた[※35]。彼らが集まり、あそびを企画する場所を失ったことは、こども集団までも解体していったと予想される。

このように、こどものあそび集団が変化したことによる影響は大きい。

その第一はあそびの伝承がなくなったことである。

そもそもこどもあそびは、年長の者から年少の者へ伝承されていったものといわれている。ゴロベース、馬跳び、カンケリ、水雷艦長、ベーゴマ等の集団で行なうゲーム的なあそびは、現在きわめて少なくなっている。調査によれば、そのような伝承あそびは昔の六九％になっている。

第二に自然あそびがなくなったことである。

自然あそびはそもそも都市に自然がなくなったためと考えられがちであるが、もちろんそれも重要な要素ではあるが、決してそればかりでもない。自然あそびは最もあそび伝承を必要とするあそびの分野であると考えられる。たとえば、カブトムシをとる、ドジョウをとる、川で泳ぐというあそびの形態を考えてみると、もし誰かが教えてくれなければ、どこに、どういう木に、カブトムシがいるのか、いつ頃、どのように捕まえていいのかわからない。ドジョウしかり、水あそびも同じである。どの山に、どの谷に、虫や実や鳥がいるのかわからなければ、こどもはどうやって捕まえることができるであろう。自然あそびの基本は採集のあそびである。原風景の調査によれば、自然あそびのうち採集あそびの占める割合は平均して三四％であった。この採集あそびは、上の子から下の子にそのありかや、時期や捕り方を教えてきたものである。また川あそびや水あそびのような採集でない運動的なあそびであっても、自然は一歩誤って死につながる危険がいっぱいあった。かつては、上の子が下の子にその危険場所を教え、安全なあそびを指導していた。

今の都市において、野生的な自然があっても、こども達はあそぶことができない。あそび方を知らないのである。彼らにとっては野生的な自然よりも、ゴルフ場や公園の芝生のような人工的な自然の方がずっと親しみやすいのである。しかしながらそこでは、こども達はバッタやホタルを発見することはできないだろう。このように、ガキ大将的なあそび集団が失われたことによって、あそびの伝承が失われ、それによって自然あそびも貧困化していったと考えられる。

第三にあそび熱が稀薄化したことである。

球技、スポーツの楽しさは、単に運動だけでなく変化やかけひきという政治的な側面や、やる気、意気込み、友情等という情感的なものまでも含めた高度に計画化されたゲームである点にある。このゲームやスポーツも一朝一夕にできたものでなく、長い成立の歴史があって、スリルやおもしろさや楽しさが重層化されたのである。こどものあそびでも、かつてそうであった。カンケリというゲームには、足の速さの他に、からかい、だましといった心理的なゆさぶりがそのおもしろさを形成していた。現在のこども達のあそびにそういう歴史的なおもしろさの重みをもったものはほとんどみられない。テレビや思いつきで場あたり的に発想されたものが多い。たとえばウルトラマンごっこなどは、せいぜい鬼ごっこの変型にしかすぎない。

このようなあそび形成におけるおもしろさの稀薄さは、あそびそのものの熱意までもうばっていると考えられる。あそびにも歴史が必要である。

そして第四に、あそびを通しての組織教育が失われたことである。

かつてこども集団の年長者は、中学一、二年であった。中学を卒業すれば、もう小さな大人であった。こどもと大人の境は明確であった。この六〜一四歳までの異なる年齢層をもつこども集団は、いわゆるガキ大将を中心として一つの組織体であった。こども達はその中であそびを通じて、組織教育を受けた。小さなこども達はおみそと呼ばれ、あそび集団の予備軍であった。上の子は下の子に単にあそびを教えるだけでなく、あそび集団の意味までも教えた。集団のテリトリー、すなわち縄張り、集団の抗争、集団の秩序等が、あそびを通して上から下に教えられた。自然や町の中にひそむ危険も伝えられた。こども達に組織のもつ快適さや安心さ、楽しさばかりでなく、仲間はずれにされた時のこわさや悔しさ、自己犠牲も含めて、人間の集団や組織の意味を学んだといえる。今、こども達は学校を出るまでは、そのような自治的な組織に入る機会はない。個人の確立は組織との対決があってこそ存在するのであるのに、今、こども達は自己中心的な個人時代が二〇代半ばまで続くのである。[※36] このことが、こども達の人間としての自立そのものまでも遅らせているのではなかろうかと憂慮されるのである。

(4) あそび場

あそび場は、この一五～二〇年間にどのように変化したかは本章2節のあそび空間の変化の調査の結果（3―50図）に示す通り、昭和三〇年前後と比較すると、約八分の一～一〇分の一に縮小している。更に大きな相違点は、「原っぱ・空地」という土地利用上明確な位置付けがなされていない場所をはじめ、「山」、「川」、「田んぼ」といった都市的に曖昧な場所が、一五～二〇年前に比べ、約二〇分の一にも減少していることである。

原っぱ、空地というところは、経済効率が悪く、なんら金をうむものでなく、ある用途に使われる前のほ

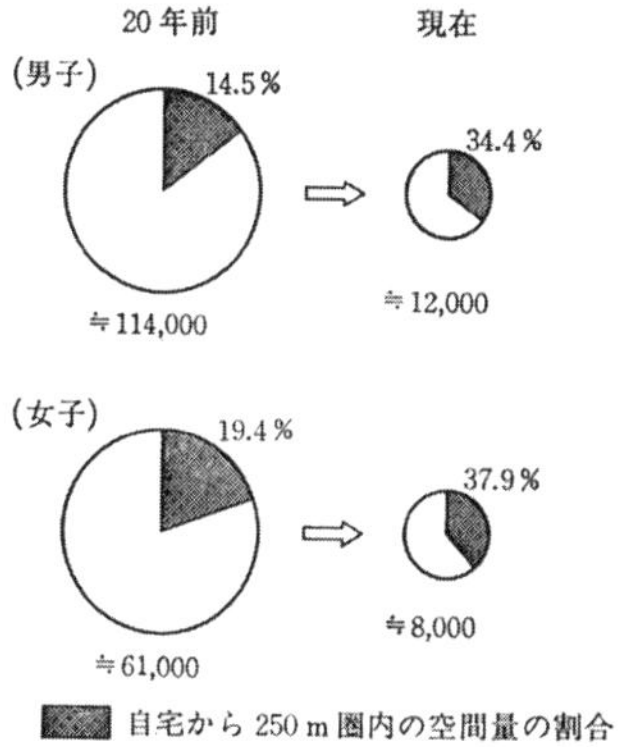

3―50図　20年前と現在のあそび空間量

んの一時期の状態である。いずれ何かがつくられ、原っぱ、空地は消滅してしまう。高密度な土地利用を要求される都市では、なおさら原っぱ、空地の存命期間は短くなってしまう。また「道路、路地」からあそびという曖昧な要素が削除され、単に移動のための空間になってしまっている。このような、あそび場の変化の要因は何だったのだろうか。

自動車の普及は、こども空間の最も重要であった道をうばってしまったといえる。道路の全舗装化は、こどものあそび方、あそび内容にまでも影響を与えた。たとえばビー玉や、釘あそびは、舗装化された道ではできない。とっくみあいのケンカをすることも、プロレスごっこをすることもできない。こども達のエネルギーを体いっぱいに表現すること、思いきって走ることもできなくなっている。こども達はいつも危険を感じなくてはいけない。そのようなところにあって、伸び伸びとしたこども達の生活ができなくなっているといわねばならない。

また、かつてはどんな小さな家でも一坪位の玄関があり、土間があった。廊下、縁側はこども達のかっこうのあそび場であった。お手玉の場所でもあった。そして家は小さくとも（一五坪位で七人家族で暮らしているなどというのが平均的な庶民の暮らしだった）全部が畳敷きで、たんす以外には家具もなく、すもうをとったり、ふざけっこをしたりすることが安心してできた。今、大きな玄関や土間や、廊下、縁側などというものが日本の住宅の中で少なくなりつつある。しかも、ダイニングテーブル、応接セット、電気器具、ベッド、たんす、机等の固定化した家具によって、ほとんどの空間を占領されてしまい、こども達が自由にころげまわれるところを失っている。家であそぶこども達にとって、住まい方も住宅の構造も、より生活しにくくなっていると考えられる。

このように自然を失い、原っぱ、空地を失い、自動車によって道を失い、そしてあそび場としての住居を失うというあそび場の変化は、こども達に大きな影響を与えた。

自分達しか知らない場所、自分達で発見したあそび場、大人の我々から見れば単なる原っぱ、空地、廃材置場、路地、そしてゴミだらけの裏山が、こども達にとって、かつては秘密のあそび場であり、アジトであった。そしてこれらの場所にいつとはなく集まり、そこからこども達が徒党を組んで、路地を、裏山をかけまわった。

これらのあそび場が近年減少していることは、こども達のあそびの基地が消滅していることにほかならない。そしてあそびの基地が消滅しつつあることは、それらの基地に集まり、基地から基地へとかけまわった集団も消滅していることである。このようなあそび基地、集団の消滅は、あそび場として公園、学校、グラウンドというあそび場の画一化を招くと共に、そこで行なわれるあそびも矮小化してしまっていると考えられる。

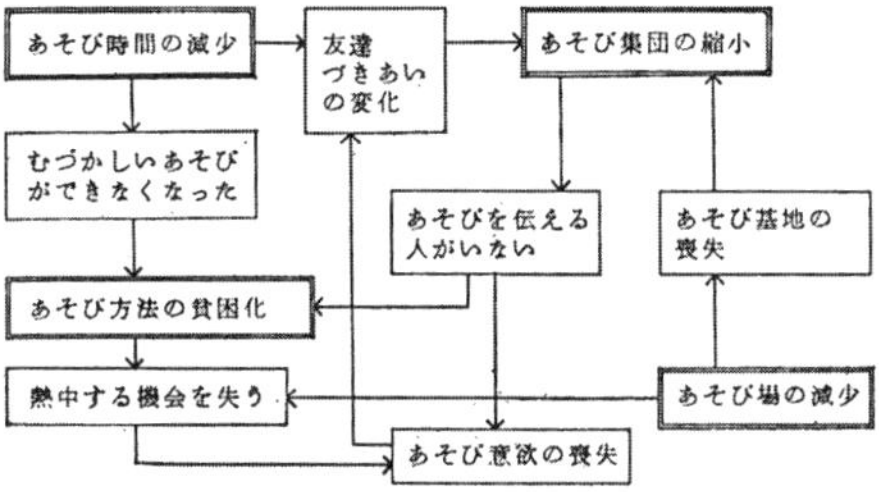

3—51図　あそび環境の悪化の循環
(注)　→は影響を与えるものから与えられるものへ

(5)　問題複合体としてのあそび環境

(1)〜(4)まで個別にあそび時間、あそび方法、あそび集団、あそ

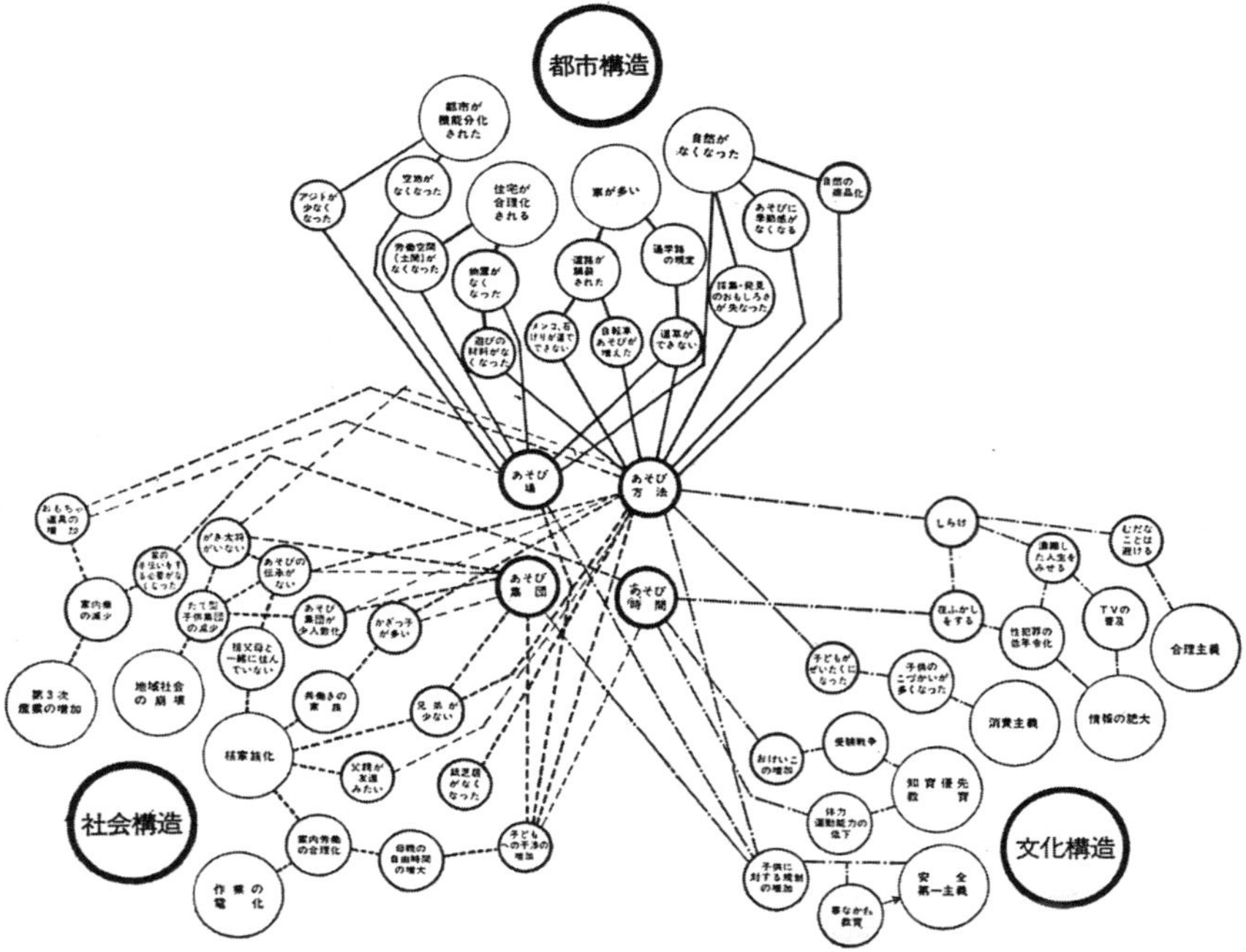
都市構造
都市が機能分化された
アジトが少なくなった
空地がなくなった
住宅が合理化される
車が多い
自然がなくなった
自然の商品化
あそびに季節感がなくなる
通学路の規定
道路が舗装された
物置がなくなった
遊びの材料がなくなった
自転車あそびが増えた
道草ができない
社会構造
第3次産業の増加
地域社会の崩壊
核家族化
共働きの家族
かぎっ子が多い
兄弟が少ない
父親が友達みたい
家内労働の合理化
作業の電化
母親の自由時間の増大
子どもへの干渉の増加
がき大将がいない
あそびの伝承がない
あそび集団が少人数化
あそび場
あそび集団
あそび方法
あそび時間
文化構造
しらけ
むだなことは避ける
TVの普及
合理主義
夜ふかしをする
子どもがぜいたくになった
子供のこづかいが多くなった
消費主義
情報の肥大
おけいこの増加
受験戦争
知育優先教育
体力運動能力の低下
子供に対する規制の増加
安全第一主義

3—52図

び場について考えてきたが、ここでその相互関係をもう一度整理してみると、3—51図のようになる。この図では、四つの要素の関係のみを抽出して、四つの要素に外的に影響している因子は入れていない。この図には、あそび時間がないから、あそび集団が形成されにくく、あそび集団がないからあそびが稀薄になり、そのためにあそびの意欲がなくなり、それがまた戸外でのあそび時間を少なくするという悪化の循環の構造を示している。あそび時間、集団、方法、場の四つの要素は、相互に影響しながら悪化してきた。この表の矢印から、四つの要素のうち「あそび場」と「あそび時間」が他の要素へ影響を与え、「あそび集団」と「あそび方法」が影響を与えられるという関係があることがわかる。従って「あそび場づくり」と「あそび時間の増大」があそび環境の再生の基本であるといえる。

今、あそび環境の四つの項目について考えてみたが、あそび時間、あそび方法、あそび集団、あそび場という四つの要素に制約を与えるものは、現代の社会構造、都市構造、文化構造のすべてである。その関係を一覧表にしたものが3—52図である。

社会構造としての、地域社会の崩壊、核家族化、産業の形態の変化、文化構造としての情報化、合理主義、消費主義、知育優先、安全第一主義、都市構造としての自然の喪失、車優先主義、住宅の合理化、都市の機能化等、これらの各現状が相互に影響しながら総合的に影響を与えている。

つまり、こどものあそび環境を考えることは、最終的なあそびの四つの要素の増大と向上を考えていくだけでなく、これらのものの根本的な見直しの上に立たなければならないことは明白である。

※1、2　正木健雄・野口三千三編『子どものからだは蝕まれている』柏樹社

※3　分散の異なる場合の二つの標本平均の差の検定

二組の標本をとり平均 $\bar{x}$, $\bar{y}$, 個数 m, n, 不偏分散 s_x^2, s_y^2 であるとき

$$W_1=\frac{s_x^2}{m}\qquad W_2=\frac{s_y^2}{n}\qquad t=\frac{\bar{x}-\bar{y}}{\sqrt{W_1+W_2}}$$

とおけば、t は自由度 v の t-分布をなす（Aspin, Welch）。ここに

$$\frac{1}{v}=\frac{p^2}{m-1}+\frac{q^2}{n-1},\quad p=\frac{W_1}{W_1+W_2},\quad q=1-p$$

よって $t_0=|t|$ として t-検定ができる。

※4　機械振興協会経済研究所「余暇ミニマム確保のための新施設、新システムの開発研究――子どもの〝遊び場〟の開発研究」昭和五〇年二月

※5　厚生省体力局「児童公園」昭和一五年刊

※6　内田二郎編『東京都における児童遊園等に関する沿革年表』

※7　東京都建設局公園緑地課『東京の公園その九〇年の歩み』

※8　青柳真知子・和田知子・中島恵子編『年表・日本のあそびの歴史』

※9　出典は※7と同じ

※10、11　佐藤昌『日本公園緑地発達史（上・下）』都市計画研究所刊

※12　出典は※7と同じ

※13　厚生省『児童福祉一〇〇年の歩み』

※14　出典は※10と同じ

※15　出典は※13と同じ

※16　出典は※10と同じ

※17　出典は※13と同じ

※18、19　出典は※10と同じ
※20　出典は※7と同じ
※21　出典は※10と同じ
※22　大屋霊城「都市の児童遊場の研究」昭和八年園芸学会誌第四巻第一号
※23　狩野　力「或る郊外小公園と其の来遊児童に関する研究」昭和六年園芸学会誌第二巻第一号
※24　吉田定輔「公園利用調査に就いて」昭和九年園芸学会誌第一巻第三号
※25　出典は※10に同じ
※26　第三章5節児童公園の利用の変化参照
※27　出典は※23と同じ
※28　中村博也『子供、教育とテレビ黒書』子どもの文化研究所
※29　第三章2節の調査によれば昭和三〇年頃と昭和五〇年の兄弟数の平均はそれぞれ四・三人と二・八人である
※30、31　第三章2節(2)参照
※32　『余暇ミニマム確保のための新施設　システムの開発研究』昭和五〇年二月　(財)余暇開発センター
※33　早川和男『住宅貧乏物語』岩波新書
※34　出典は※28と同じ
※35　第三章2節(2)参照
※36　深谷昌志『遊びと勉強』中公新書

第四章　あそび環境の計画

こどものあそび環境がこの二〇年間に激変したことを、またその要因が社会的、都市的、構造的変化にあることを述べてきた。それでは、それらのすべての情況は不可逆的であって、こどものあそび環境はよくならないのだろうか。私はそうではないと思う。都市化が進行し、町が美しくなり、建物がたち、自動車が多くなり、家に電化製品が増えたことは、多くの人にとって良いことであり進歩と考えられるに違いない。しかし、それらの変化がこども達にとっては、彼らのあそび環境を失わせる方向であった。その原因は、この二、三〇年のもろもろの都市化の変化のなかで、計画者たる大人達はほとんどこども達のことを考えていなかったからだといってよいだろう。せいぜい、こどもは児童公園で遊ぶものだと思っていたのであり、児童公園さえつくればよいと考えていたに違いない。そして児童公園さえ満足につくらなかった私達大人が一人一人このことを反省し、こども達の側に立って、あそび環境の構造をふまえた計画を立て実行することによって、こども達にとって住みよい都市をつくることができると私は考える。

本章ではまず4―1で、前章の問題複合体としてのあそび環境をうけて、あそび時間、プレイリーダー、生活様式、住民参加というソフトな解決の手法を考え、4―2でハードなあそび場づくりの手法を考案し、4―3であそび空間の配置の原則と量的モデルを提案し、4―4であそび環境の計画プログラムを考え、4―5で、本書のしめくくりとして、遊環構造をもった都市の条件について考えてみた。特に4―3の量的提案、4―4の計画のプログラム等は多少変革的にすぎ、独断的であるかもしれない。しかし私は研究者であると同時にデザイナーで建築家である。一つの私案、あるいはこどものあそび環境の計画のためのたたき台として考えていただければ幸いである。

4―1　再構築の方法

前章までに、あそび環境は、あそび場、あそび時間、あそび集団、あそび方法が、それぞれ関連しあいながら減少し、貧困化していることをみてきた。あそび環境を再構築するためには、あそび場、時間、集団、方法のそれぞれについて対応した方策を考えなければならない。

(1)　戸外あそび時間の増加

かつて二〇～三〇年前のこども達は戸外あそび時間として男子三・二時間、女子二・三時間の量をもっていたが、現在では、その半分近くまで減少している。今は塾やけいこ事があり、それがあそび時間を少なくしているという。しかし、昔だってお手伝いやおつかいがあった。事実、こどもの全あそび時間は男子四・九時間、女子約四・三時間で、二〇～三〇年前と現在とは大差ないことがわかっている。戸外あそび時間の減少分だけ、テレビ時間が増加しているわけである。従って、現在においても戸外あそび時間を二時間にすることはできないはずはない。

現在のこども達は一週間のうち二・六日も塾やけいこ事に通っている。そのため、学校から帰っても、こども同士のスケジュールが合わないとあそべなくなり、自分のあそび時間のうちテレビを友達として過してしまうことが多く、テレビをみる時間が戸外あそび時間にとってかわってしまっている。こども達に「テレビをみるな」といったとしても、こども達は戸外であそぶわけではない。単にこども達を家の中から追い出すだけでなく、そのこども達を受け入れることができるあそび場があることが重要である。そうすればこども達も自然とテレビから離れ、戸外であそぶようになるだろう。

テレビよりも、親しい友達と戸外であそぶ方がこどもにとって楽しいことは明白である。問題は、楽しいあそび場である。友達がいるあそび場である。塾やけいこ事を一週間に一日位にへらすことができればこどものあそび環境はずっと改善されるだろう。現実的な問題として、塾やけいこ事の時間を少なくさせることは、母親の問題である。しかし逆にみれば、母親が決心さえすれば、こどものあそび時間が増え、あそび環境がよくなるのである。要は大人の問題である。そうすれば友達ともっとあそぶことができ、その中でこども達が学ぶこともずっと多くなるはずである。そのことを私達は理解し、こどもを教育しなければならない。そして、そのためのあそび場が用意されなければならないのはもちろんである。

(2) プレイリーダーによるあそび集団の再生

ガキ大将のあそび社会の崩壊、縦型から横型集団（同年齢集団）への移動、集団の縮小化、そしてそれに伴う伝承あそびの消滅へと変化していった最大の原因は、ガキ大将と呼ばれ、恐れと尊敬の目でみられていた少年を失ったことであるといえる。この少年があそび集団の要として、またあそびをリードするものとして、小さな者にあそび方を教え、おみそというハンディをつけ、あそびに参加させた。「こども達の社会」があった。今日、再び「ガキ大将社会」をつくることは、私達はそれにかわる新たなあそび集団の育成を計らなければならない。特にあそび方法の伝承には単に物理的なあそび場だけをつくっても、それほど効果的ではない。実際にこどものあそびの中に入り、あそび集団を育成し、あそびを伝承していくプレイリーダーが是非とも必要である。

日本においても、大正から昭和初期にかけて、東京市の公園課の中に、プレイリーダーが組織されていた。末田まつ氏、金子九郎氏をはじめ十数人のこどもの児童公園係員がいて、日比谷公園をはじめ数多くの公園であそびの指導をしていた。戦後、すぐにこの係が廃止されたことは、日本の公園史の中で極めて残念なことであると言わねばならない。

今後、自治体でも、プレイリーダーの伝統をもう一度復活させてほしいものである。公園行政は一方、児童福祉の行政でもある。これからの行政の方向として、ハードとソフトの両面が重要であるが、こどものあそび場の問題などは、そのもっとも典型的な課題としてとりあげられるであろう。プレイリーダーの役割は、まずこども達に対して、友達であり、兄であり、おじさん的な役割を果たすものでなければならない。あそびでこども達を管理するのでなく、こども達のあそびを指導するものでなければならない。現在のこども達は、戸外あそびそのものの方法を知らない。カンケリを知らない子もいる。そういうこども達に、カンケリのおもしろさを教えてあげる必要がある。そういう意味でプレイリーダーは、あそびの伝承者、伝道者でなければならない。

プレイリーダーがいる公園では、こども達にあそびやゲームを教えるだけでなく、小屋をつくらせたり、船をつくらせたり、動物の飼育をさせたり、多少危険なこともさせることができる。

たとえば、たき火もすることができる。またナイフやノコギリ等、道具の使い方を教えることもできる。ここでは、遊具や広場のあそび場とは異なるあそびができる。

現在、北ヨーロッパを中心としたこどものあそび場では、いわゆるプレイリーダーがいるアドベンチャープレイグラウンドが主流である。デンマークのソーレンセン教授が始めたこの運動は、三〇年の歴史をもっている。スウェーデンでは、児童公園といえばプレイリーダーのいる公園を指している。ヨーロッパでは、遊戯指導員（プレイリーダー）のいる公園の歴史はアドベンチャープレイグラウンドよりも古く、七〇年ほどの歴史がある。このようなプレイリーダーのいる公園は、日本でも世田谷区等で実験的に運営されている。

私は、今後日本では、このプレイリーダー付の公園をもっと増やしていかねばならないと考える。問題は、もしプレイリーダーのいる公園で事故が起きた時に、どうなるかということである。北欧やイギリスのアドベンチャープレイグラウンドでは、第一に、こどもは自分自身で責任をもつ、第二に、母親が責任をもつ、第三に、プレイリーダーの責任が問われる。しかし日本では、三重県でこども会で川へ連れていったところ、こどもが事故死し、ボランティアの主婦がその刑事責任を追及された例のように、プレイリーダーやボランティアの人々、そして行政に極めてきびしくなっている。責任感が強くしかも指導力のあるプレイリーダーが必要となってきている。

現在の役所の機構の中で、プレイリーダーを設けることを考えてみよう。まずプレイリーダーのいる公園は、三〇〇〇㎡位の広さが必要である。従って、小さな児童公園では無理で、大きな児童公園ないしは小さな近隣公園規模の公園に設置すべきであろう。人数は最低二人は必要である。そうすると、たとえば武蔵野市（人口一三万人）の場合、該当する公園の数は六ヵ所で、プレイリーダーの総数は一二人、この人々の半数を市職員、他の半数をボランティア、臨時職員とすると、それによる年間経費は約二五〇〇万円になる。確かに行政改革の時代、チープガバメントの時代であるが、明日を担うこども達のためには、決して高い投資ではないと思う。

(3) こどもを大切にする生活様式

三歳児の場合、遊んでいるあそび場の約六割が家の中である。[※1] また児童の家の中のあそび時間は約三・二時間と非常に多く、重要な空間となっている。しかし、この空間も現在あまりにも狭められているのではないだろうか。確かに一人当りの居住スペースは、一五年前の一六・四㎡から二三・二㎡[※2]に増加している。しかし、現在の平均的な住宅の中は、ダイニングテーブル、応接セット、電気器具、ベッド、たんす、机など固定した家具で空間を占領されてしまっていて、こども達は家の中ではじっと静かにゲームをしたり、テレビを見るしかできなくなってしまっている。貴重なあそび時間の半分を占める家の中が、家具によりあそび空間を奪われている。この大人中心の生活様式が、こどものあそび空間を犠牲にしている。家具中心の家から、こども中心の家に、こどもをもっている家は住まい方を変えるべきである。

小さなこどものいる家庭は若い世帯で、日本の都市における住宅事情では木造アパートや2DK、2LDKで生活している人々も多い。そういう若い世帯であればあるほど、冷蔵庫、ベッド、ダイニングテーブル等がところ狭しと置かれ、小さなこども達がはいはいしたり、ころげまわったりする場所もない。小さなこども達にとっては、一人で外にあそびに行くことがなかなかできず、家の内が彼らの最大のあそび場であり、生活の場である。最近の小さな子ははいはいしないですぐ立ってしまうという。これは決してよいことでなく、はいはいする場所がなく、すぐつかまり立ちできる椅子やテーブルがたくさんあるからにすぎない。小さなこどものいる家庭は、できるだけ椅子やテーブル、ベッドの生活でない、シンプルな生活をしてほしい。できれば昔のような和式の生活が小さなこどもにとって望ましい。こども達が自由にあそびまわれる生活空間をつくってあげる事が必要である。

小学生のいる家庭においても同様のことが言える。たとえば、雨の日曜日、友達がたずねてきたとしよう。私のこども時代のことを考えると、まず将棋があった。最初は静かにあそんでいる。次に土間でベーゴマかメンコだ、そのうち、チャンバラごっこをする。先生と生徒のまねごと、学校ごっこ、体操の時間になる、すもうをやる。そのうち隠れんぼをやる。家の中でカンケリをやるというふうに、だんだんエスカレートして、ふすまをやぶり、障子をやぶって、おふくろにおこられてジ・エンドというプロセスだったような気がする。私の家は一五坪たらずの小さな家であったが、それでもいろいろなことができた。押入れ、便所、土間、ふすま、物置等がかくれ場所を与えてくれたし、たたみは柔らかいリングや土俵になった。今、多くの住宅、プレハブの住宅も、建築家のつくる住宅も、そういうことができる構造になっているだろうか。こども達にとって住宅はかつて「屋内体育館」であり、「かくれ家」であり、「工作場」であり、ごっこあそびのための「舞台」であると第一章で述べた。白くてきれいなだけの家ではなく、家の中で駆け回れ、彫刻刀できずつけても、接着剤がくっついてもおこられない家。こども達にのびのびと、きたなくても活気のある楽しい生活をさせたいものである。

こども達に個室を与えるべきか、否かという議論がある。現在小学校高学年の七〇%近いこども達は個室をもっているといわれている。こども室を与えることによって、こどもと大人の対話がなくなり、こども達が非行化するというのが、与えるべきでない人々の主張といわれている。

しかしこの議論は、つまるところ、こどもを大人が、どう管理するかというだけの議論に思える。私は、住宅における「こども室」は都市における「児童公園」だと思う。すなわち、かつて道でも空地でもどこでもあそべた。こども達に「道であそんではいけません、あなたがたのあそび場は児童公園です」というのと、「家のなかでさわいではいけません、あなたがたはこども室であそびなさい」という話は同じなのである。かつて日本の家は、たたみとふすまと障子、押入れという可変的でかつものの少ない広々とした空間であり、それは、こども達にとって、どこでも自由に安全にあそべる空間であった。小さな家であればあるほど、そうだったように思う。

住宅とその生活が洋式化するに従い、住宅の室が機能分化され、家具によって装置化されることによって、こどもの空間は、家全体からこども室だけにせばめられてしまった。そしてこんどは、こども達に個室を与えると、そこに引きこもってしまい非行化につながるといって、個室を与えるのはよくないという。こども達の側に立って考えずに、大人の側の都合のいいように考えている。こどもの解放区はこども部屋、その他はすべて大人の空間なのだということを、多くの人々はしらずしらずに行なっている。住宅は本来、こども達にとってすべての空間が彼らのあそび場になりうるものでなければならない。小さなこどもから中学生のこどもまで、こどもの生活しやすい住宅の空間を私達は考えていく必要がある。その契機が「室内体育館、工作所、舞台、隠れ家」としての住宅である。

家の中だけでなく、家の周りも考える必要がある。第一章でみたように原風景となった家の周りの空間は、小さな路地や庭、門、裏庭、家と家との間、広場、階段などによって構成されたポーラスな空間であった。では、現代の多くの分譲住宅地の家の周りの空間はどうなっているだろう。塀で囲まれ、戸別に囲いこんでしまっている分譲住宅地は、ポーラスとは逆の、壁の多い拒否的な街をつくっている。こども達のために、塀や垣根のない住宅地、そして横丁や凹凸のある壁面をもった街路空間をつくる必要がある。そのような町並みの空間が、その地域に住む、こどもと大人とのコミュニケーションのある生活と相関関係があることは明白である。

こどもと大人のコミュニケーションが単に家族という小さな単位にとどまるのでなく、「隣のおじさんとみんなで野球をした」「坂むこうのお兄さんと池であそんだ」というように広がるような都市生活を私達大人がしなければならない。大人が会社組織のコミュニケーションにのみ時間をとられ、地域的なコミュニケーションをさけてとおろうとする態度は、結果的に町並みがこども達に拒否的なものとなり、こども達を孤立化させている。

(4) 住民がつくるあそび場

第一章の原風景の調査で、こどものあそび場をこども同士や住民がいっしょにつくり、そこでの共同の興奮がそのあそび場を原風景にしているという事例をあげた。「青年団の人が土嚢で川をせき止め、プールのようになった川で泳いだ、小さなこどもも大人もみんな一緒に泳いだ」。こういう思い出をもっている人は、かなり多い。海の遠い田舎で、学校にプールがなかった時代、こども達の多くは、こうして泳いだものである。大人もこどもも一緒になって川をせき止め、浅瀬をつくり、その協働の体験がその行為をあそびの原風景として思い出させるにちがいない。かつて大人達は、こども達のために、おまつりのようにあそび場をつくった時代があるのである。

東京都世田谷区の羽根木プレイパークは住民がつくった公園として有名である。主催者の大村虔一氏が一〇年前から住民運動として、北欧のアドベンチャープレイグラウンドのような冒険あそび場をつくることを始め、現在、世田谷区役所もまきこみ、日本でもユニークな公園づくりに成功している(4―1、2図)。

アメリカでは『あなた自身がつくるあそび場』という本がでているくらい、住民自身によるあそび場づくりが盛んであり、手づくりの遊具のつくり方の本まで出版されている。その本に紹介されているほとんどの遊具は木製であるが、極めて楽しいもので、日曜大工の腕があれば日本の父兄たちでも十分簡単にできるものばかりである。しかし問題は、現在の児童公園にもし住民が遊具をつくって置きたいと考えても、役所がほとんどそれを許可しないところにある。

住民が役所の公園課と十分に話し合い、世田谷の公園課の例を出しながらでも説得していかなければならない。世田谷のプレイパークでは周囲を柵で囲い、プレイリーダーがおり、ある意味

4—2図　世田谷羽根木プレイパーク
鳥瞰図
「羽根木プレイパーク昭和57年度報告書」より

4—1図　世田谷プレイパーク

でこども達にあそびの指導をし、ここであそぶこどもは責任を自分でもてと、それなりの責任を明確にしている。しかし手づくりの遊具を公園に置き、自由にこども達につかわせて、こども達が万一事故を起こした場合にはどうなるか。そのことを考え、普通、役所では多分手づくりの遊具を公園に置くことを拒否するだろう。受け入れてもらうには、世田谷のプレイパークのように、プレイリーダーをつけるか、柵で囲い、あそび場を限定してしまうか、役所がみても、だれがみても、十分に安全だというような遊具をつくる以外にはない。とにかく、世田谷の場合でもそうであるが、役所も住民運動と一緒に参加してもらうことである。これが昔の川のプールのようなおおらかでのんびりした時代でない現代の方法である。

私は、友人の建築家のこどもの小学校のＰＴＡから、学校に遊具をつくりたいので協力してくれないかといわれ、数年前に手伝ったことがある。その時、ＰＴＡは学校と交渉し、お金を七〇万円ぐらい集めて、古電柱を改造した遊具をつくった。当初は、私が簡単な設計図をかき、勤労奉仕でＰＴＡ有志でつくろうとしたが、技術的にもまた時間的にも難しいということで、ＰＴＡの気持ちを意気に感じてくれた大工さんが安くつくってくれた。これは小学校の校庭であるが、住民がつくる公園づくりの一つの方法であると思う。この遊具は、つくられてから七年近くたった今も、りっぱにこども達につかわれている。（4—3図）。

私のこどもが幼稚園児の頃、町田に住んでいたが、家の隣が二区画ほど空地になっており、そこに私と日大芸術学部の学生であった桑原淳司君のつくった遊具を置いて、近所のこども達のあそび場にしていた。それはコスモスと呼ぶキャンバスの遊具であったが、いつも小さなこども達

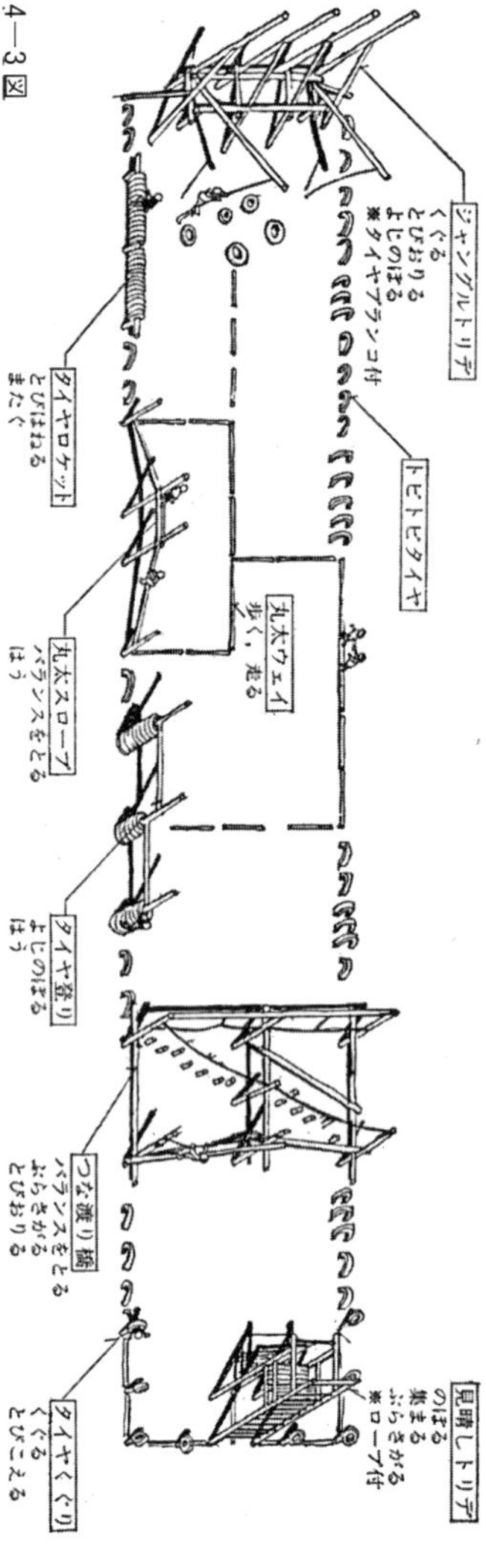

4―3図

でにぎわっていた。もし、そこで事故があったとしたら、すべて私の責任となっていたであろう。しかし、万一の時のことを考えたら何ができるであろうか。役所にすべてつくってもらい、事故が起きたら役所に文句を言うしかなくなってしまう。そう考えると、住民があそび場づくりに参加するということは、そう簡単なことではない。

　今、こどものあそび場は行政がつくるもので、住民には関係ないというような誤解が一般にあるように思われる。こどものあそび場がないこの時代に、住民が協力してこども達のあそび場をつくること、単に行政につくらせるのでなく、ボランティア活動の中で、具体的に力仕事としてこども達といっしょになってつくることが、こども達につくることの情熱や、協働の喜び、理解を伝えることにもなるのではないかと思う。更に、住民による手づくりの遊具が固定的でなく、毎年変えられていくようなものならば、こども達にとって常に新鮮ですばらしいものとなろう。それは、おまつりのように、住民とこどものあそびの高揚の場となるはずである。

以上、あそび環境を再構築する方法として〈戸外あそび時間の倍加〉〈プレイリーダーによるあそび集団の再生〉〈こどもを大切にする生活様式〉〈住民がつくるあそび場〉という四つの柱を提案してきたが、このようなソフトな問題とあわせて、こども達のあそび場を量的にも質的にもつくっていかなければならないのはもちろんである。次にそれを考えたい。

4—2 あそび場の建設と再開発

ここではあそび環境再構築のためのハードな方法としてのあそび場の建設のいろいろな手法について考えてみたい。

(1) 新しい型のあそび場の計画

従来の児童公園や近隣公園の定型にとらわれない新しいあそび場について計画してみよう。

① 小さな自然パーク（田舎園）

自然スペースでこども達は、他のスペースでは出会うことのできない生きものや、美しさを、発見することができる。こども達の情緒性に与える影響は、極めて大きい。生命や自然の美しさというものを、あそびを通じて体験できるのは、この自然スペース以外にはない。

第一章で述べたように自然スペースは、生物あそび、鑑賞・創作・集団あそび、身体動作あそび等、多くのあそび行為をその中に内包できる総合的なあそび場である。都市のこども達にとっても、自然スペースは身近に体験できるものであってほしい。私がこども時代をすごした横浜は昭和二〇年代にすでに人口は一〇〇万人を突破していた大都市であったが、その頃はまだ生きた自然がたくさんあった。都市にでも自然や田園をつくることができるし、共存させることはできる。自然スペースといっても原生林や大自然をいっているのではない。こども達にとっては裏山のような身近で小さな自然が大切なのである。

第一章で考察したように、自然スペースは単に木や林や芝生が存在するだけでなく、そこに虫や魚等の生物がいること、しかも川、池、田んぼのように水の自然が重要である。そして川は、幅三m以下の小さく親しみやすい水辺、それに広がりのある草地とそれをとりまく樹林と低木があり、坂、ガケ、土手があることが自然でのあそびを豊かにする。このような小さな自然を公園として、こども達のためにつくることを提案したい。その具体的イメージは次のようなものである。

面積は五〇〇〇㎡から一haで、林と一〇〇〇㎡ほどの草地、小川、水溜りがある。小川の幅は二mほどで、水溜りには魚、オタマジャクシがいる。ヤギ、アヒル、ウサギ等の家畜がかわれている。柿、梅、ザクロ、ミカン等の果樹や竹藪がある。竹はこども達のあそび道具の材料を提供

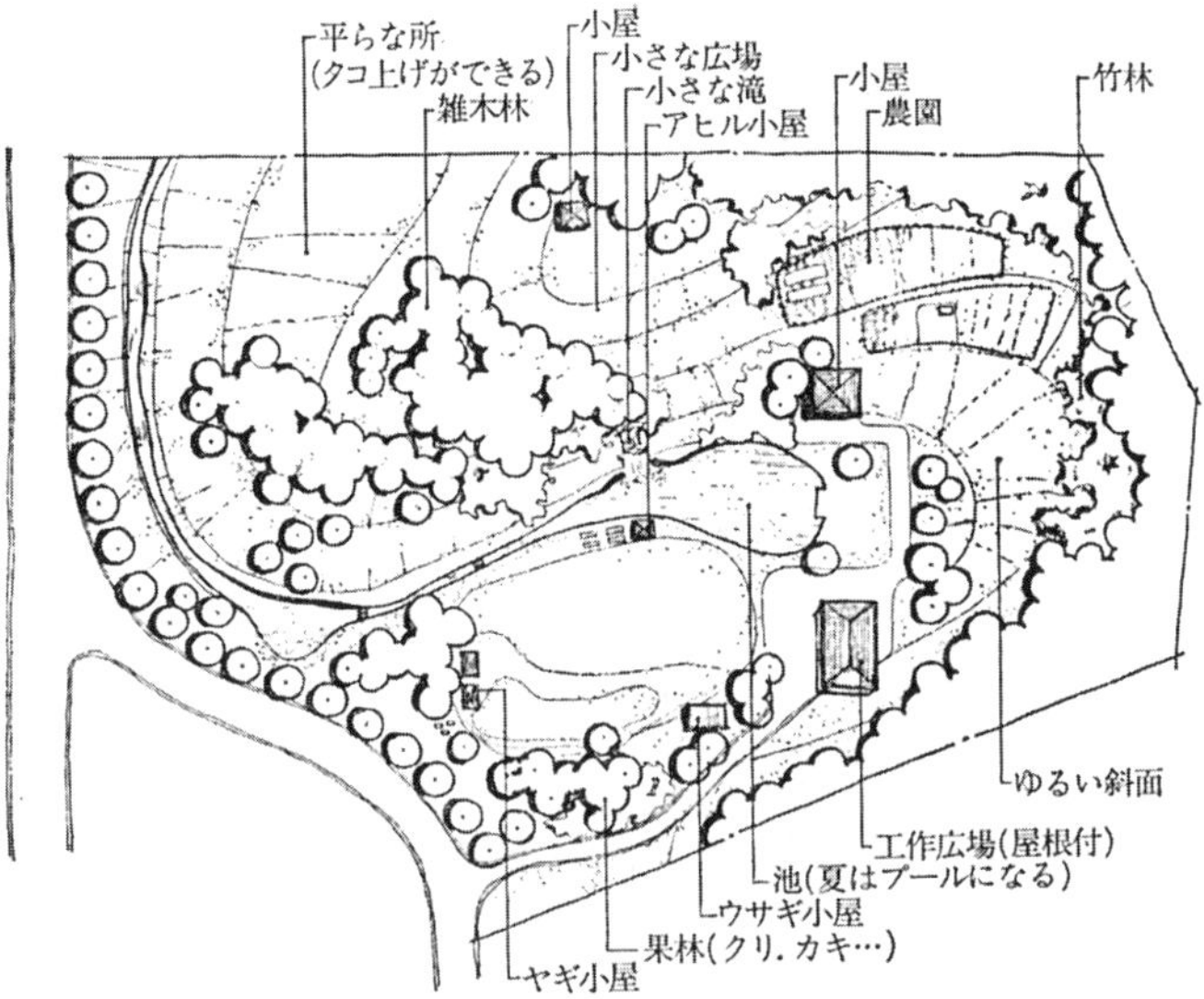

4—4図　小さな自然パークの例

する。小さな田んぼ、畑がある。それを手入れするのは、こども達と周辺住民のお年寄である。古い民家がある。雨の日のあそび場となる倉庫がある。それはちょうど一昔前の田舎の風景である。この小さな自然パークは、理想的には二五〇m圏に一ヵ所計画される。このイメージを図としたのが4—4図である。

②　境界のやわらかなオープンパーク

オープンスペースは、第二章での調査が示したように、こどものあそび場の基本である。オープンスペースを考える場合、その広さとその境界が重要である。広さについては第一章3節⑵項で、鬼ごっこ、チャンバラあそびが三〇〇坪あるいは九〇〇㎡、また、ままごとや縄跳びは一〇〇坪という数字が出ていた。しかし、こども時代のあそび場を大人になっ

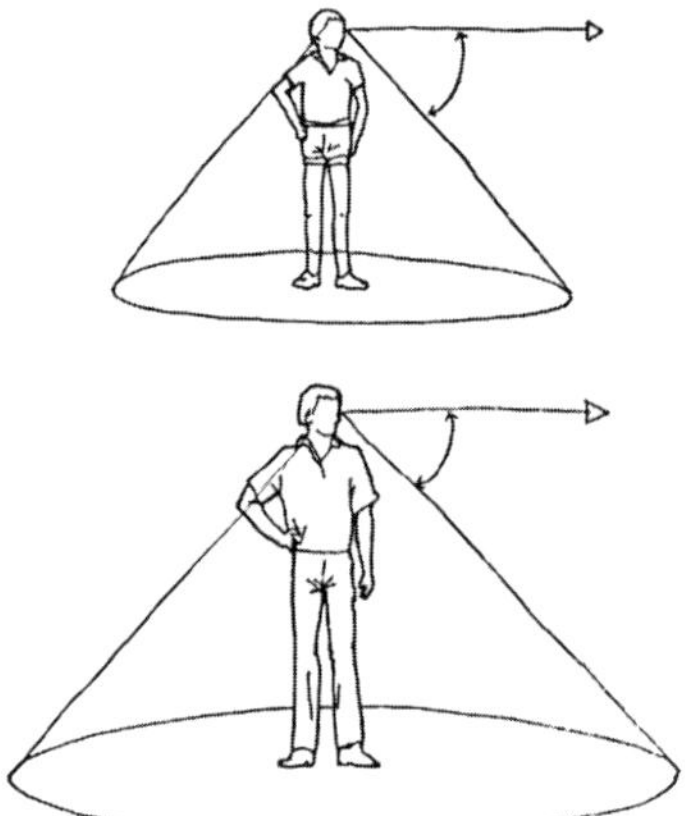

4—5図　こどもと大人の広さ間隔

てから訪れた時にその狭さに驚くことがある。こども時代にはあんなに広かったのに、その何分の一もの広さしかないことに気付く。

　私達はこどもの頃の面積を今もその俯角の感覚で覚えているのではなかろうか。だから大人に成長しても、その俯角の感覚は変わらず、面積が現実のものより大きくなってしまう。これを絵で示せば4—5図のようになるわけで、私の推論が正しければ、これを数字的におきかえると、面積は小学生の視点の高さと大人のそれの二乗に比例するわけであるから、現実と記憶の面積の比は$1.1^2/1.5^2 = 0.54$となる。従って上記の数字を修正すれば、鬼ごっこやチャンバラあそびは五八六㎡、ままごと・縄跳び一六二㎡ということになろうか。第二章の数値にくらべて約二倍大きくなっているが、それはやはり空地や原っぱが豊富にあった時代だったからであろう。

　第二章のあそび場の構造の調査では、六〇～一〇〇㎡の小さな広場と三〇〇㎡以上の大きな広場があり、誘致圏が前者が五〇～六〇m、後者が一二〇～一三〇mぐらいであることを示した。第一章においても、野球ゲームは鬼ごっこやチャンバラあそびのオープンスペースよりもかなり大きいことを述べたが、具体的にのびのびと野球ゲームをやろうとすると、九〇〇㎡ぐらいの大きさは最低必要である。従って、新たに九〇〇㎡というような三つ目のオープンスペースの段階を加えたい。なおこれらのオープンスペースのやわからな境界を入れると全体的な面積は各々約二倍必要と考えられる。

オープンスペースは、地域の中に数多くつくられなければならないが、第一章の原風景の調査と第二章あそび場の構造の調査から明らかなように、その境界が重要となる。

現在の公園の境界は多くの場合柵で囲われ、その区画が明確である。こども達のあそびを観察すると、第二章のエッジ型のあそび場のように、その境界は明確ではなく、木、植栽、家、柱、階段、道によるポーラスな状態（孔のあいている状態）であることが必要である。このことを簡単に言うならば、ボールあそびのオープンスペースは、ただ広場さえあればよいかもしれないが、隠れんぼやカンケリのできるあそび場は、その広場の周辺に隠れる場所が必要である。また隠れる場所や見られる場所、たとえば小さな生け垣、木、階段、遊具等があることが重要である。野球やサッカーのためのオープンスペースであっても、その周辺にこども達がすわったり、のぼったりしていながら、みることができる場所やものがあるところの方が、ボールあそびをするこども達にとっても都合がよい。

金あみできっちり囲われた中で野球ゲームをやっている風景を町中でみることがあるが、なんとなく変化がなく楽しそうに見えない。またあの金あみの中では野球やサッカーはできても、カンケリや鬼ごっこはできない。小さな生け垣や倉庫、遊具などでオープンスペースがポーラスに囲まれているとき、それを「境界のやわらかなオープンスペース」とよんでいる。単なる広がりではなく、その広がりの構成が実はきわめて大事なのである。以上のような考えに基づいたオープンパークの具体的な例を次にしめす（4―6、7図）。

③　アナーキーパーク

都市化がすすめばすすむほど、公園もあそび場も整理され計画されてしまう。しかし、計画性の中にアナーキーな空間の部分を入れることは不可能ではない。コンクリート管の山や、工事現場の魅力的な空間をこども達は求めている。そのような空間はこども達の想像力を刺激する。形がなされていない、固定されていない、可変であるということは、また危険性をもともなう。だから、スウェーデンやデンマークのアナーキーパークとよぶべきアドベンチャープレイグラウンドには、必ずプレイリーダーと呼ばれる指導員がいる。指導員がいればアナーキースペースやアジトスペースにならないのではないか、管理されているのではないかといわれるかもしれない。しかし、かつて私達があそんだ昔のあそび場には、こどもとあそぶのがすきな元気なおじさんが必ずいた。管理なのではなく、いっしょにあそび、いっしょにつくってくれる大人達がいても、こども達にとっていっこうにさしつかえない。

アナーキースペース、アジトスペースを中心とした、こども達の想像力を刺激する構造をもった公園を提案したい。面積は三〇〇〇～五〇〇〇㎡位になろう。第一章でみたようにアナーキースペースの特徴は、まず草地と広場、小さな山（三～四mほど）、廃材、小屋、工作場等によって構成されているものとなるだろう。

工作場、納屋、たき火ができる広場、全体がこども達の手づくりの小さな町、ないしは村のよ

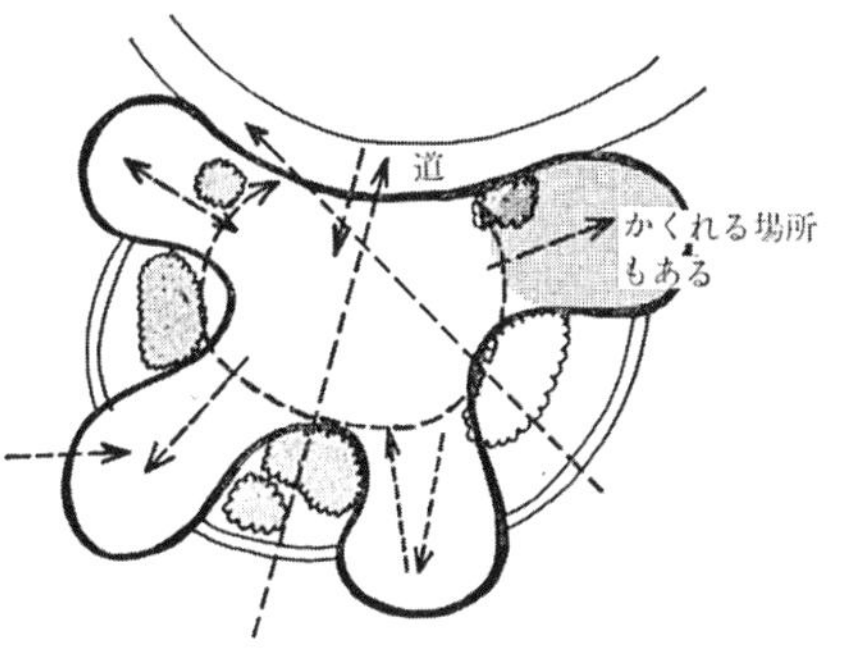

4―6図　ポーラスなオープンスペースの空間概念図

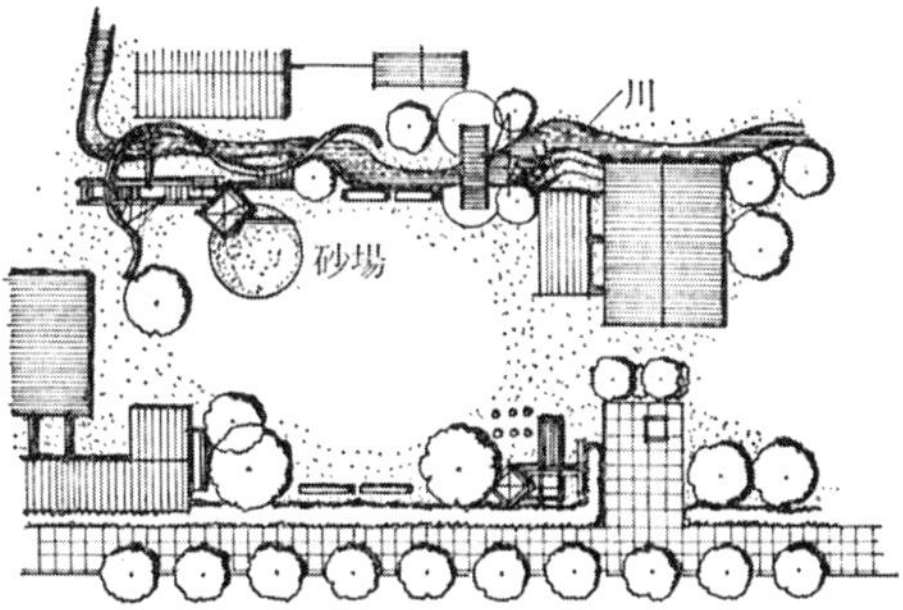

4―7図　ポーラスなオープンスペースの例

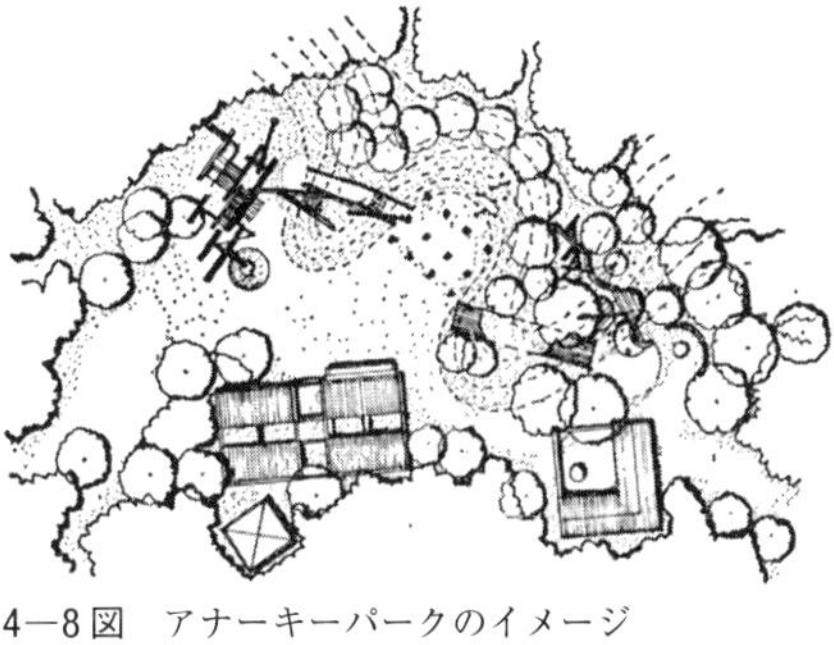

4―8図　アナーキーパークのイメージ

うなものになるだろう。こども達は、自分達のつくった家や小屋の中で本を読み、会議をし、食事をする。広場では毎日、こども達のための人形芝居や紙芝居が行なわれる。自転車や車をつくるこどももいる。自分達でつくった遊具であそぶ。ここでは、こども達がつくるということのおもしろさ、つくることの醍醐味、熱中、感激を、あそびを通して知ることができるだろう。4—8図にそのようなアナーキパークのイメージ図をかかげる。

④　コミュニティー遊具パーク

私は遊具の一つの機能として、こども集団を形成する機能があると考えている。もちろん遊具の形態や素材によってもその機能する大きさは異なる。遊具を否定し、遊具の機能を過小評価する人が多い。しかし、こども達にとって、遊具が媒介となってあそびが発生するものであれば、私は遊具に評価を与えようという立場にいる。遊具も現代においては、その存在価値を認めるべきである。すぐれたプレイリーダーのように、よい遊具はよい友達をつくるはずである。

よい遊具とは、第二章で述べたような構造をもつものである。その構造とは、

1　ゲームの発生しやすい構造をもつこと（すなわち以下の2～5までの機能をもつこと）

2　循環機能（かけまわれる、にげまわれるというような鬼ごっこができる）構造をもつこと

3　めまい感覚（身をなげだす、ゆらす、とびおりる、すべる、とぶ）を体験できる構造をもつこと

4　複合的な機能（もぐる、のぼる、わたる、はしるというような運動的な機能と休息的な機能等）をもつ構造であること

5　対立的な空間体験（明るい所と暗い所、高い所と低い所、広い所と狭い所）ができる構造をもつこと

等であったが、このような考えに基づいてつくったいくつかの遊具の実例を次に示す。

4―9～11図は長野県岡谷市につくった「風の砦」とよぶ遊具で一周九〇mほどある木製デッキ状のものである。トンネル、坂道、広い道、みはらしの場所、近道、やすみ場所等が全体にちりばめられている。4―12、13図は横浜市菊名地区センターの庭につくられた「いちょう広場」とよぶ遊具である。規模は小さいが親しみやすい構造、演劇的な構成を意図してみた。4―14、15図は第二章の遊具の構造のところでも被調査遊具にあげたサーキュレーションとよぶものである。四つの柱が立ち、それをブリッジ、階段、わたり棒、トンネル等によって構成している建築的な遊具である。中央部はウレタンマットをしいている。この三つの遊具とも先に述べた遊具の五原則をすべて満足した遊具である。

(2)　公園の建設

公共的につくられたこどものあそび場は児童公園に代表されるが、児童公園に限らない。建設省主管の児童公園に対し厚生省主管の児童遊園がある。公園は児童公園だけでなく、近隣公園、普通公園、運動公園もあるわけで、それらすべてこどものあそび場になりうるわけである。日本の公園は明治以降、量的拡大をしてきたが、4―16図にみるように、昭和四二年に比較して、昭和五六年は三・八倍のヵ所数増と約二倍の面積増を示している。特に都市開発とあわせて児童公

4―9図　岡谷市の「風の砦」

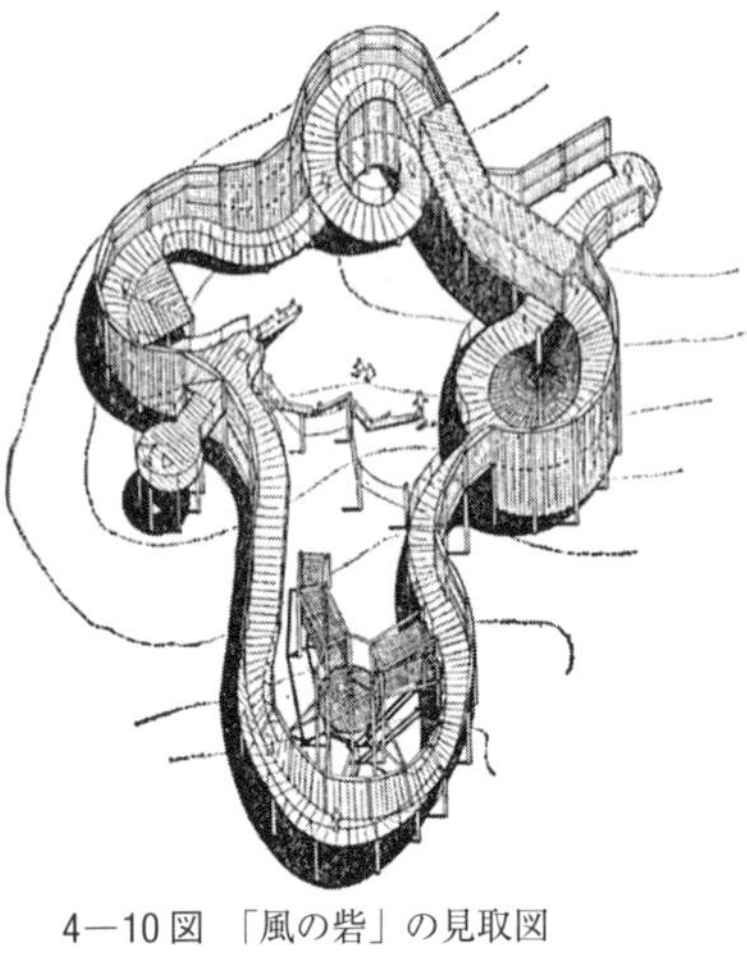

4―10図　「風の砦」の見取図

4―11図　「風の砦」であそぶこども

4—12図　横浜市の「いちょう広場」

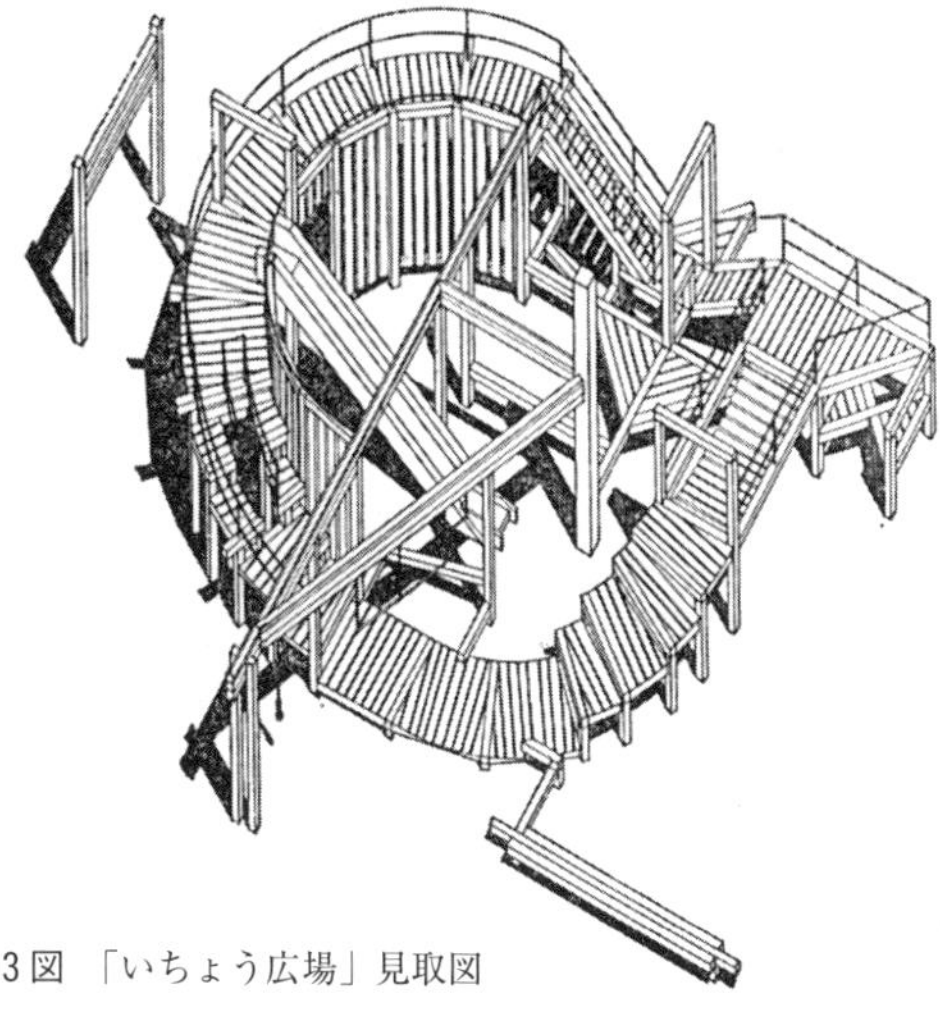

4—13図　「いちょう広場」見取図

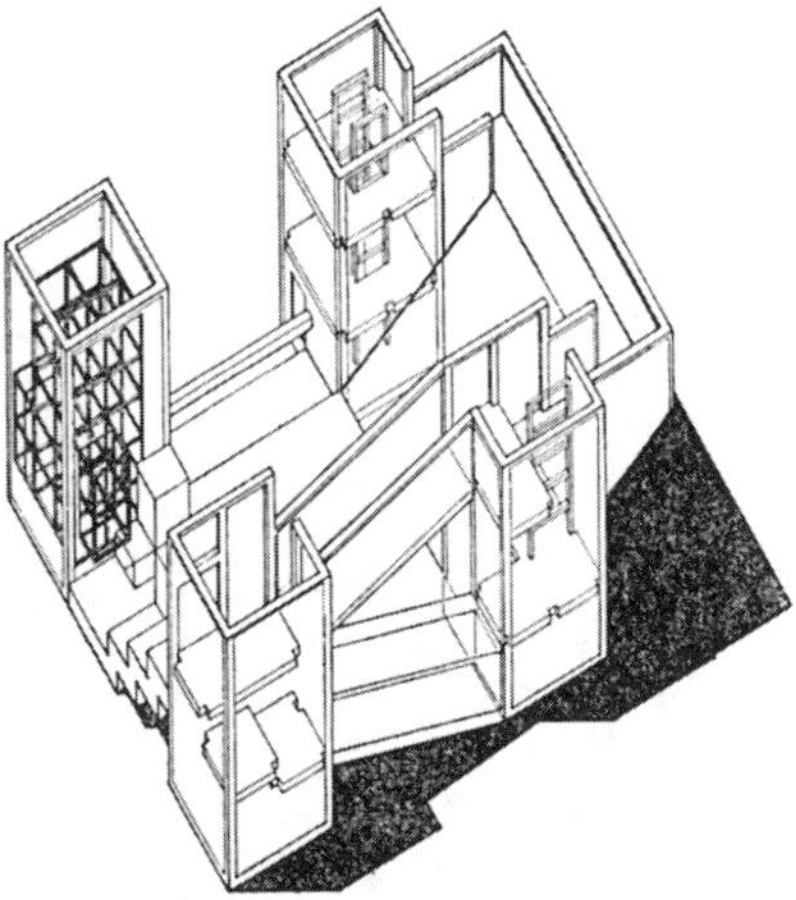

4—14図　サーキュレーション見取図

4—15図　サーキュレーション

園は大きな伸びを示している。都市化の最も進んだ横浜市を例に取ると、その人口の変化の傾向と公園面積の拡大の傾向をみても、昭和四六年をさかいに公園面積の伸びが大きい（4—17図）。横浜市の公園予算は現在年間約一〇〇億円と膨大であるが、一人当り公園面積はここ四〇年間、三㎡を上回ることができない。外国の他都市を例にあげれば、4—18図に示す通り、ヨーロッパの多くの都市は一人当り公園面積が一〇㎡以上の数値を示している。

第三章1節で、昭和三〇年頃、横浜のこども達は自宅から二五〇m圏に約二・三haのあそび場をもっていたと述べた。これは、その地域の約一二%をこども達のあそび場にしていたことになる。これを、たとえば人口密度五〇人／haと仮定して、一人当り面積を算出してみると二三㎡となり、ヨーロッパの諸都市の公園面積に匹敵する。そういう意味では、私達の都市では公共的あそび場としての公園建設にもっと金を投入してもよいと思う。都市計画法上の児童公園の設置基準は二五〇〇㎡、誘致圏二五〇mとなっている。また児童福祉法上の児童遊園の設置基準は

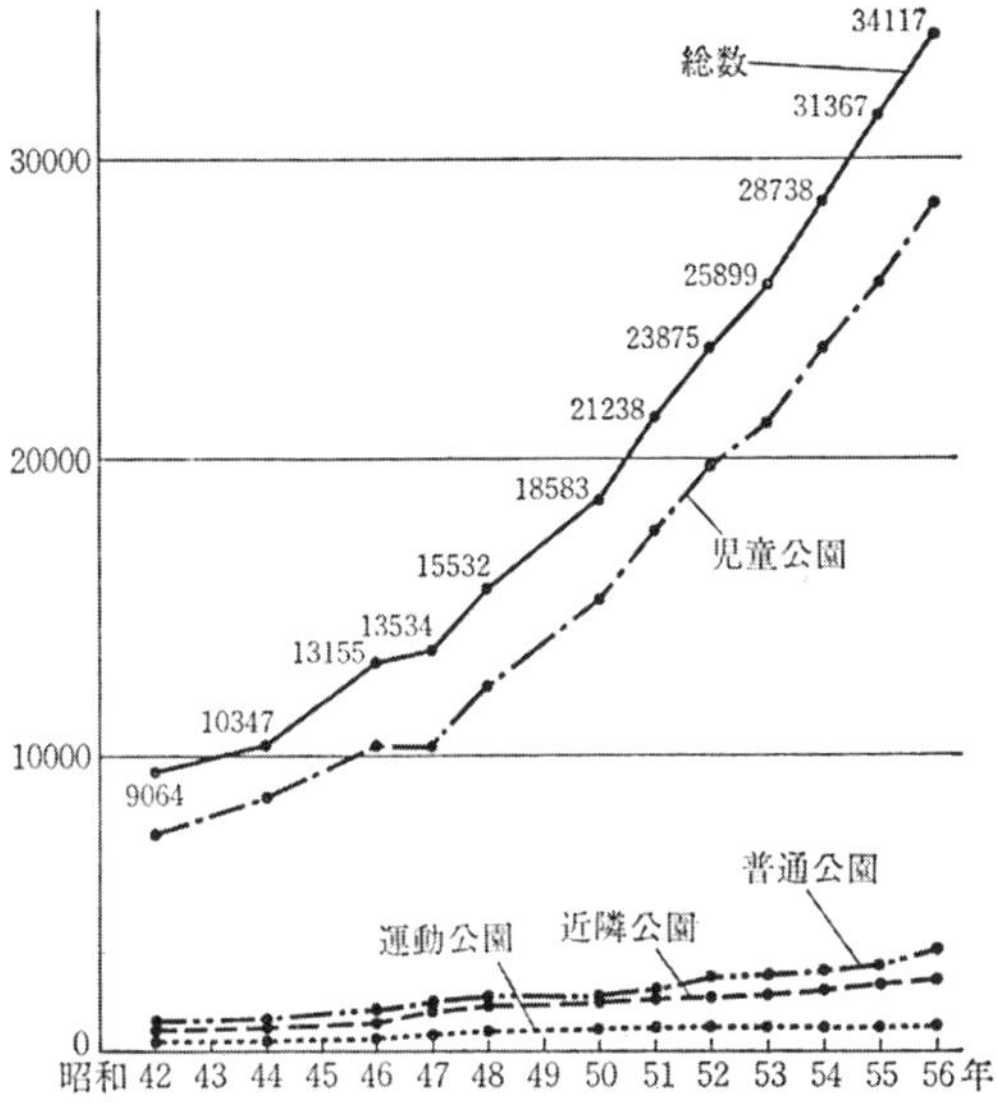

4—16図　近年の公園建設の推移（縦軸の単位：ヵ所数）

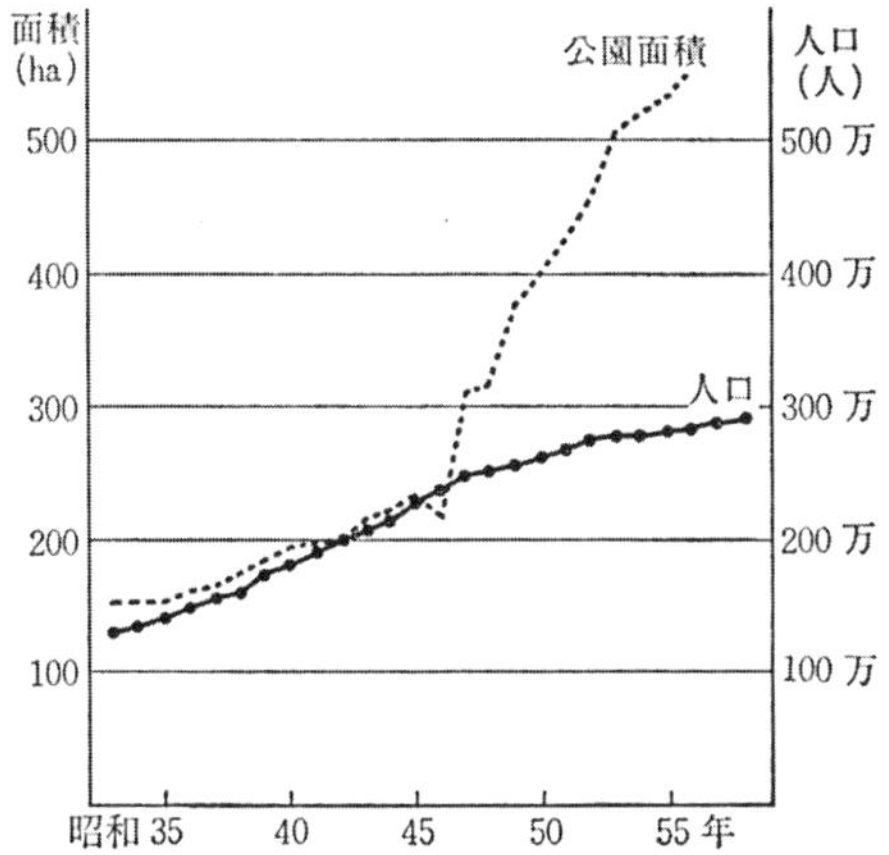

4—17図　横浜市の人口と公園面積

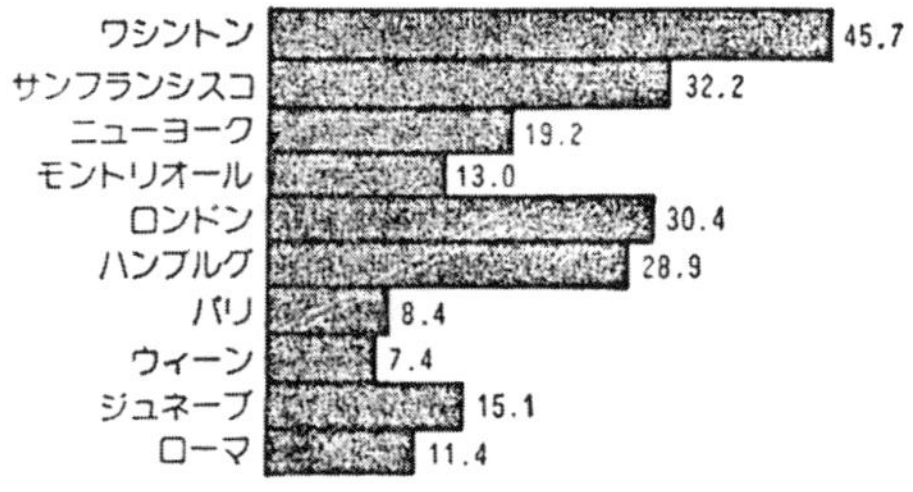

4—18図　ヨーロッパ諸都市の１人当り公園面積（㎡）

六六〇㎡と面積が小さく、幼児三歳以上、小学校低学年以下を主な対象としている。地方自治体では、その補助金の流れから分けているのであって、児童遊園も児童課が管理しているのでなく、公園課が管理しているのがほとんどである。児童公園の誘致圏二五〇mというのは第三章5節でも述べたごとく、近年二〇〇m位に小さくなる傾向にある。第二章2節で、こどものあそび場分布は、三〇〇㎡の広場の誘致圏が一二〇m、六〇㎡の小さな広場の誘致圏が六〇mというような分布であるということを述べたが、児童公園より小さい広場の設定をして行く必要があると思う。さきに境界のやわらかなオープンパークの項で述べた通り、面積的に一八〇〇㎡、六〇〇㎡、一二〇㎡、のような小公園（オープンスペースとしては九〇〇㎡、三〇〇㎡、六〇㎡であるが、その周辺を入れた場合、面積的にはその倍ぐらいまで考慮に入れる必要がある）の設置を検討すべきであろうと思う。これらの小公園ないし小広場を公園としてすべて解決するのでなく、たとえば六〇㎡の小広場などは、道路のふくらみとして処理できる訳だから道路課等が担当してもよかろう。とにかく児童公園の設置基準では、こどものあそび場という点ではあまりにも大まかであると言わねばならない。法的にも、よりこまやかな規準が必要と考える。

(3) 公園に準ずるあそび場の建設

産業的に新たな利益を目に見える形で生むわけでもない公園の建設に多くの税金をつぎこむのは難しいという議論がある。それでも前項にみたように近年公園事業の拡大は大きい。公園建設の一番大きな問題は、用地費であり、その購入に莫大な金がかかる。たとえば横浜市では公園整備費のうち用地費の占める割合は六〇%で、年間約六〇億円（昭和五八年）を要している。

各都市でも一人当り高い公園面積をめざして公園配置計画等を立案しているが、その現実には長い年月と費用がかかることが予想されている。それを待っていては、こども達のあそび環境の現実に対応できない。そういう意味で、公園という形ではないが、民有地を自治体が借地して、公園に準ずるあそび場（以下、便宜的に準公園という）として整備するという方法が考えられ、多くの自治体によってすでに実行されている。また法的な規制によって自然を残し、こども達のあそび場を確保する方法もある。あるいは都市開発にともない公園用地を提供させる方法、道路の開放、学校の開放、民間企業の運動場の開放等を制度化し整備させる方法等、諸々の行政的手法の提案を含め、その可能性、問題点を検討してみたい。

① 民有地を自治体が借地して、準公園として整備する方法

この行政的施策として先駆的な自治体は横浜市である。すでに昭和二五年に「子供の遊び場設置要綱」が策定され、昭和四〇年に全国的にも影響を与えた「ちびっこ広場設置要綱」ができ、つづいて昭和四三年に、ちびっこ広場の発展として小学校高学年までが自由にあそべる広場とし

て「少年広場設置要綱」が策定された。これらは市民局地域施設課がその設置を担当している。

〈ちびっこ広場〉

広さは一坪以上からだが、約二〇㎡程度のものが多い。少なくとも一年以上の期間借りられることが条件である。現在一一七六ヵ所ある。

〈子供のあそび場〉

三年以上、広さ一二〇㎡以上の条件（平均面積は六五〇㎡程度）、現在三〇七ヵ所。

〈少年広場〉

三年以上、広さ一五〇〇㎡以上の条件（平均面積三三〇〇㎡程度）、現在六四ヵ所。

以上、三種の準公園とも、清掃・除草等の管理は地域が行ない、フェンス・遊具の建設・設置は市が行なうという点、及び土地所有者から無償で借り受けるが土地の税金の減免をする点は共通している。

〈市民の森〉

横浜市は、私が昭和四五年に発表した「斜面緑地論」を受けて、市独自に〈市民の森〉という構想を昭和四六年に打ち出した。市民の森とはおおよそ次のような内容をもったもので、昭和五八年現在約一五ヵ所、面積にして二五四・一ha建設されている。

市民の森は、山林の所有者と市が一〇年間の使用契約を結んで成立するもので、所有者（面積が広い場合には複数者）に対しては、税金（固定資産税）の減免等の特典を与えている。市はこの山林の植生を調査し、保護しながら、その利用施設を建設する。園路をはじめとして、自然教育のための植生、動物、地盤、歴史、地域の文化等を解説する案内板の設置、休憩施設、便所や手洗いなどの便益施設などを設置して、市民の利用に供している。その施設程度は、一般公園に比較すると、簡易なもの、自然的なものになっている。大きなものでは三保市民の森のように三七・八ha、小さなものでは熊野神社市民の森のように四・四haまで、大きな幅があり、その設置される場所によって、その使われ方も多様である。鎮守の森のように近隣住民の散歩、こども達のあそび場として機能しているものから、ハイキングやオリエンテーリング等のような休日利用型の広域レクレーション園地としているもの、牧場や果樹園、温室を含んだ農業景観を楽しむことのできるもの、植物や野鳥が観察できる自然教育園的なものなど、多様性に富んでいる。利用者は、年間五五万人以上と推定されている。

また、この市民の森のユニークな点は、この森の管理を地元に設立された愛護会に委託している点である。市はこの愛護会に委託費として管理費を出している。愛護会は、山林所有者、住民および町内会などの地域団体が主体となり構成されている。活動は自主的に行なわれ、主な活動は、森林内のパトロール、清掃、草刈り、施設の補修等の管理作業、植樹、緑化事業への協力である。地域住民が積極的に参加し、住民相互の対話の場としても利用されているようである。最初に市民の森がつくられてから一〇年、着実に市民の中に準公園として定着してきている。

〈地域スポーツ広場〉

これらの民有地借上げの制度の他に、公有地の広場化の制度がある。将来的に公共施設を建てる計画があるが暫定的にこどものあそび場として整備するもので、地域の人々が管理し、市は運

公　　園			準　公　園		
＊一般公園	30ヵ所	249.0ha	市民の森	15ヵ所	254.1 ha
近隣公園	54ヵ所	83.1ha	地域スポーツ広場	9ヵ所	9.66ha
児童公園	1007ヵ所	172.1ha	少年広場	62ヵ所	20.3 ha
緑　　地	18ヵ所	98.3ha	子供のあそび場	307ヵ所	19.74ha
			ちびっこ広場	1176ヵ所（累積数）	データなし（推定）
合　計		602.5ha	合　計		＊＊約 303.8ha

4—19表　横浜市昭和58年現在の公園と準公園の現況
＊ここでいう一般公園は近隣公園を含んでいない。　＊＊ちびっこ広場をのぞく。

営費を補助している。現在九ヵ所ある。

以上の準公園と公園を一覧表にまとめたものが4—19表である。これで見ると、公園の広さの半分以上に相当する面積が準公園（民有地、公有地借上げ制度による広場、緑地）になっており、準公園のはたす役割は極めて大きくなっている。

〈藤沢市の原っぱ——緑の広場〉

人口の急激な増大にみまわれている神奈川県藤沢市（人口三〇万）では、昭和四七年七月に「藤沢市農業緑地および空地確保に関する要綱」を設けた。これは、市街地区域内の空閑地でおおむね一〇〇〇㎡以上のものについて市と土地所有者との間で賃貸借契約を行ない、市民に開放するというもので、藤沢市の〝原っぱ運動〟として有名になったものである。市は借地料として補助金と当該年度の固定資産税＋都市計画税相当分を土地所有者に支払っている。また管理は地域住民に委託している。昭和四八年から始め、昭和四九年度に二四・五haになり、昭和五八年現在、二九・八haの広さを確保している。この空閑地すなわち、〝原っぱ〟は「緑の広場」と名づけられ、市民農園、レクレーション広場、運動広場、ふるさとの森として利用され

公　園			準　公　園		
一般公園	5ヵ所	49.10ha	市民農園	51ヵ所	5.96ha
近隣公園	13ヵ所	12.01ha	運動広場	14ヵ所	8.99ha
児童公園	138ヵ所	23.62ha	ふるさとの森	4ヵ所	1.81ha
緑　地	4ヵ所	6.21ha	レクレーション広場	75ヵ所	13.02ha
合　計		90.94ha	合　計		29.78ha

4—20表　藤沢市昭和58年現在の公園と準公園の現況

ており、市民農園に緑政局みどり課、それ以外は児童課が担当している。藤沢市は現在、公園面積が九〇・九haであり、その実に三分の一に相当する広さを、この空閑地利用の〃みどりの広場〃によって確保しており、一人当りの公園面積を約三㎡から約四㎡に一㎡押し上げている。

このような民有地借上げ制度は多くのメリットを市民にもたらしているが、一方利用者である市民による樹木の伐採や、くずの放置、タバコのなげすてによるボヤの発生などの節度のない利用によって、所有者でありまた管理者である地主、地元が怒って市との再契約に応じない場合や、市からの補償金の安さ等の問題などが出始めている。

② 法的な規制により自然をのこしこどものあそび場を確保する方法

地区指定をうまく運用して自然環境の保全をはかり、強いてはこども達の自然あそびスペースを確保するという方法は、非常に有効であると考える。私は昭和四三～四五年にかけて横浜市の風致地区の調査、及び公園の配置計画調査を行なって、当時の横浜のほぼ全域にわたって緑とオープンスペースを調べるため歩きまわった。その時に、横浜の緑の特徴が斜面緑地であることを発見し、斜面緑地を風致地区に指定することを提案し、横浜市の調査季報に「斜面緑地論」と題して発表した。

〈斜面緑地〉

横浜は昭和四四年当時4―21図に示すように全域にわたって細かい糸状の緑が分布していた。これが斜面緑地である。標高差四〇m前後の丘が連なる地形がこの糸状に残された斜面緑地を形成したのである。これが東京のように平面的に広がりのある都市と全く異なる都市景観を横浜に与えたのである。横浜の歴史を見れば、まず丘陵の谷の部分が市街地化されていったことがわかる。そして昭和四〇年頃には斜面緑地だけが、斜面であるため自動車の進入をこばみ、開発から自然な形でまもられた。また開発には工事費がかかりすぎ、採算があわなかったのも大きな理由であった。横浜は、丘も谷も農地として利用され、樹林はほとんど斜面に残された。その斜面の緑は平面的な緑地と違い、遠くからでもその緑をながめることができ、みえがかりが大きい。すべての人々のための緑地として風景的な役割をはたす。また地域の輪郭（ケビン・リンチのいうエッジ※3）の役割をなし、町全体を緑のふちどりで形成することで、ヒューマンで好ましい横浜らしい町をつくり出していた。そして自然あそびスペース、特に樹林を中心とした自然あそびスペースとしてこども達のカブト虫や生物採集の場として重要な役割をはたしていた。

そこで、この斜面緑地の開発を押え、緑を守り、こどもの自然あそび場を確保するため、横浜市全域の斜面緑地に法的規制の網をかぶせることを提案した。これには、斜面緑地の形状が糸状で細長く、一地区当りの面積も一〇ha前後と小さく、地区指定をした場合、行政的指導管理は極めて難しいという問題が指摘され、結局斜面緑地はほとんど風致地区指定はできなかった。しかし、私は横浜の宅地開発の波はすさまじく、都市計画はさらにきめ細かく、行動的に行なうべき

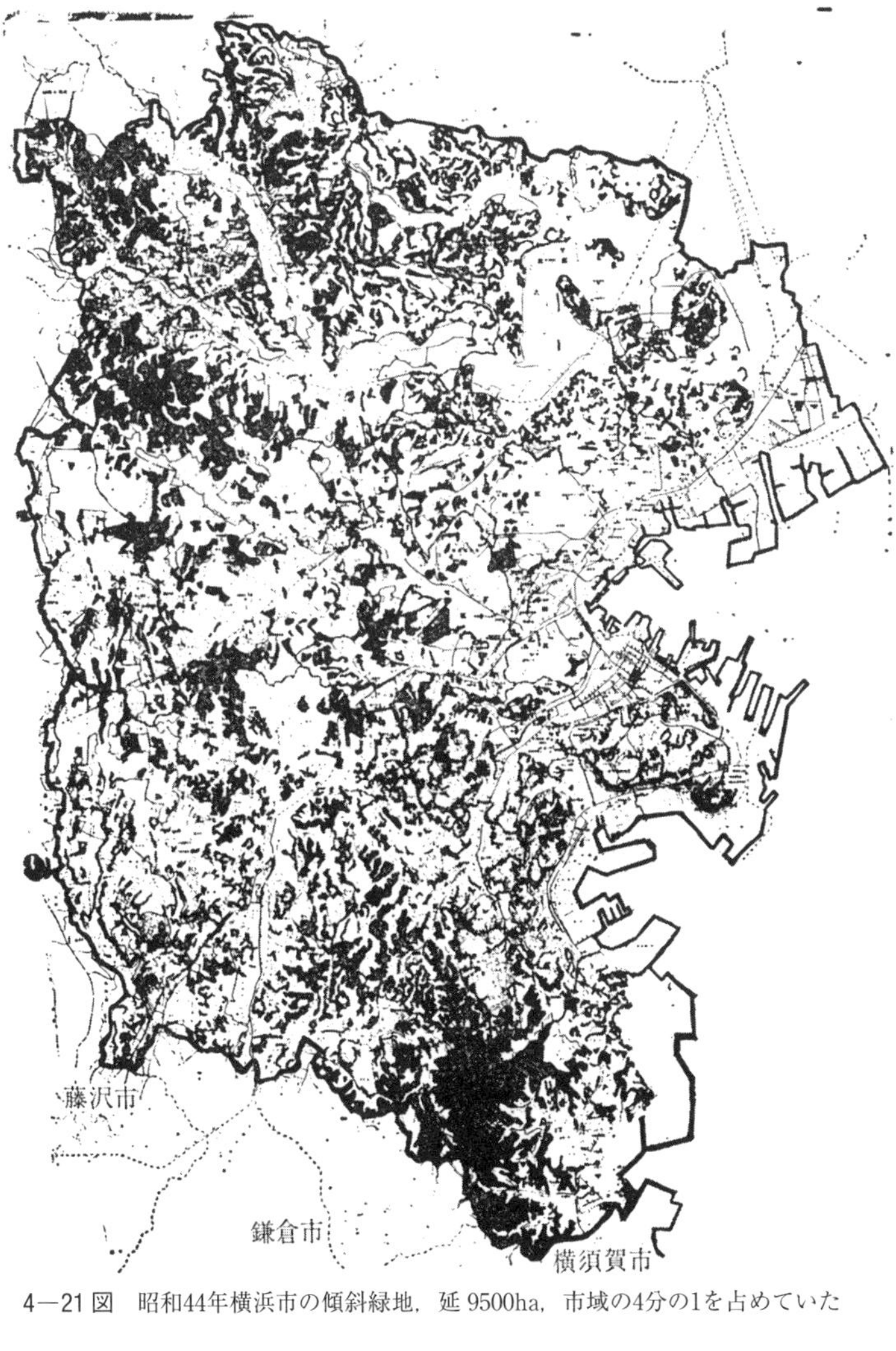

4―21図　昭和44年横浜市の傾斜緑地，延 9500ha，市域の4分の1を占めていた

だと考え反論した。昭和四五年当時、今ならまだ守れる、今をのがしたなら、横浜の自然スペースは失われてしまうと主張した。

それから約一五年、当時約九五〇〇haあった緑地は約六〇〇〇haに減っている。実に三分の一の緑がなくなってしまった。さらに近年の宅地開発、ミニ開発の波は残された斜面の緑を斜面開発という名の下に破壊している。民間はいうにおよばず住宅供給公社までが巨大な斜面開発をするようになってしまっている。かつては工事費が高いために採算の合わなかった斜面の開発も、平均地価が余りにも高くなりすぎたため、地価の安い斜面が逆に採算の取れるところとなっている。今や斜面が開発の脚光をあびている時代になってしまっている。この時代に、新たな法的規制をかぶせることはできるのだろうか。

私は風致地区によってある程度の開発を許容しても緑を守れると考えた。風致地区、特別地区は、建蔽率二〇%、建物高さ八mで、壁面線後退を要求し、宅地の造成や土地の形質の変更、水面の埋め立て、樹木の伐採、土砂の採集等の行為を禁止している。どちらかといえば、良好な住宅地を形成することを目的としている。従って地区や土地所有者の同意も得られやすく、また緑も守れるのではないかと考えた。

私の論文が契機となったように、昭和四六年頃より、都市の緑を守る法律と条例が生まれた。その代表的なものが「都市緑地保全法」と横浜市の「緑地保存地区」制度、藤沢市の「保存樹林」制度等である。

都市の緑を守る手だてとしては「近郊緑地保全法」というのがあるが、首都圏近郊緑地保全法は首都圏五〇km内の近郊整備地帯におおむね一〇〇ha以上の面積をもつ緑地に指定しているもので、近郊緑地保全地域と特別保全地域があり、前者の場合は、開発をあらかじめ届け出ることが必要であり、後者は軽微な行為以外は認められず、所有者から買い取り請求が出された時は県や政令都市はそれを買い取らねばならない。

都市緑地保全法は、昭和四八年に公布されたが、一ha前後の緑地までもカバーする法律で、所有者は開発行為ができなくなるが、自治体に買い取り義務が生ずる。都市の緑を守るためには、これらの法は現段階ではもっとも有効な手段であるが、地主の了解が得られにくく、また多額の買い入れ資金の問題もある。

都市計画法の範囲では緑地保全地区指定の他、歴史的風土保存区域、生産緑地地区指定等がある。

都市計画法以外で都市の緑を守る法律は、森林法による保安林指定や自然環境保全法による自然環境保全地域の指定がある。保安林指定はきわめて強い法律で、所有者の意向に関係なく指定できるが、防災上の理由がなければならない。自然環境保全地域の指定は都市計画区域外の自然環境の保全が目的である。

その他、急傾斜地の破壊による災害防止に関する法律などによって斜面の緑地の破壊を防止することができる。

横浜市、藤沢市等では、これらの法律の他に独自の条例によって独自の方法をつくり出している。横浜市が昭和四六年から始めた「緑地保存地区」制度は、市と地主との取り決めによる緑地保存の制度である。契約期間は一〇年以上で奨励金（固定資産税、都市計画税相当分）を支給する。おおむね一〇a以上を対象としている。建築物の建築や土石採取、樹木の伐採の禁止などの条件がつけられる。現在まで指定面積は三一三ha（昭和五八年）におよぶという。

藤沢市が昭和四六年から始めた「保存樹林」の指定も横浜の「緑地保存地区」とほぼ同様の内容であるが、三〇〇㎡以上と小規模な土地を対象にし、現在まで一五二ha（昭和五八年）の実績をもっている。しかしながら、これらの制度は、あくまでも自治体と地主の紳士的契約という過渡的な姿であって、最終的には、自治体が買い上げていかなければ緑の保全はできない。

〈生産緑地〉

こども達にとって田んぼや畑、あぜ道、配水路等、農業エリアが重要な自然あそびの場である。かつては都市の中にも田園風景がひろがっていた。東京でも横浜でもそうだった。都心のすぐ近くに田んぼがあり畑があった。生産緑地法のように、都市計画的に緑地としての重要性を農業にみいだしはじめているが、その中に生物が生活していなければ意味がない。農薬にたよって、農業エリヤから生物をしめだしたこともまた問題である。農業の脱農薬化と農業そのものが都市の近郊で成立するような経済的な環境を整備することが重要である。

ともかくこのような法律的、行政的な方法を通して、自然環境を守り、ひいてはこどもの自然あそびスペースを守っていくことは大事である。より有効な方法を今後も考えつくり出し、その運営については、きめ細かく、また大胆に、しかも適切な期間に設置しなければならないと考えている。

③　都市開発にともない公園用地をつくり出す方法

ここ三〇年間のたくさんの児童公園は、ほとんど区画整理や都市開発によって生み出されたものである。

再び横浜市の例を引くならば、横浜市の公園面積の約五割もの部分が区画整理や一般宅造によって生まれたものであるといわれる。都市計画法及び区画整理法によって、開発面積の三％、計画人口一人当り三㎡の公園面積の規準が示されており、多くの公園はこれに基づいている。横浜市は昭和四三年に宅地開発要綱を定めミニ開発にまで適用している。しかし、このようにして児童公園や近隣公園が自動的にできるわけであるが、もともとほとんど自然環境だったところを破壊して三％のあそび場をつくるわけであるから、公園がつくられるのを素直によろこぶわけにはいかない。本来ならたった三％でなく二〇％も三〇％も公園用地を残すべきである。そのくらい残しても十分に採算がとれる宅地開発ができるような土地の経済性が必要となろう。とにかく三㎡、三％というのは少なすぎる。私はこれを六㎡、六％と、次には九㎡、九％というように段階的に拡大していくことを提案したい。それが現実的に時間がかかるとしても、少なくとも都市開発によってできる公園は、それぞれの公園が安全な道によってネットワーク化されるように計画させたいものである。

④　都市高層化による公共空地を生む方法

現在の容積率による建築規制の制度は昭和四五年にできたが、それまでの建物の最高高さ制限三一mをはずし、一階当りの面積を小さく階数を多くして全体として高い建物にし、ひいては、オープンスペースを生みだしていこうという思想であったと思う。しかしオープンスペースを生みだすという点においては、池袋のサンシャインビルや、新宿の超高層ビル街のように大規模な再開発地域には通じるだけで、ほとんどの既存市街地には役に立っていない。私の事務所のある麻布周辺などは、かつては閑静な住宅街と下町的な雰囲気の混在したところであったが、この一〇年ほどで、マンションが続々と建っている。しかも敷地いっぱい、容積率いっぱいに建っている。東京の建物の平均高さは二・七階で、これを八階建てにすれば緑ゆたかな都市になるという議論はよくいわれるのだが、現実には、すきまなく八階建てができてしまいそうないきおいである。これではますます過密で、こどもの住みにくい町ができるばかりである。

東京にかぎらず、都市に土地をもっている人は、そこに目いっぱい建物をつくり、賃貸なり、分譲なりして資産化していく気持ちをもっていることは否定できない。そのような土地所有者の意向をベースにしながらも、高層化と空地確保のうまい制度を考えられないだろうか。総合設計制度という、容積率や高さ制限等の緩和措置とひきかえに公共空地を出させる方法もその一例であるが、さらに大胆に私は、容積率を建物敷地の大きさによって変動させることを提案したい。たとえば商業地区でも容積率は、敷地一〇〇坪までは二〇〇%、一〇〇〇坪までは四〇〇%、一〇〇〇坪になると六〇〇%、一万坪になると八〇〇%という具合である。こうすれば、小さな敷地で建物をつくるよりも大きな敷地で建物をつくる方が所有者にとってもメリットがあるはずで、所有者がより大きな敷地ブロックで建物をつくる動きをするのではなかろうか。小さな敷地の所有者が集まり大きな土地として開発していく方向が出るだろう。そして容積率が上がる毎に逆に建蔽率を下げていくという方法をとれば、高層化と公共空地の確保ができ、都市を緑とこどものあそびまわれる町に変えていくことができると思う。

もちろん、小さなこどもにとって高層のマンションの上の方に住むのがよいはずがなく、なるべく地面に近いところに住むのがよいのは議論の余地はない。こども達がエレベーターを操作しなくても上下できる四階ぐらいが限度だと思う。しかし、現実的に考えてみると、一〇階以上のマンションは多い。こども達が安心して外であそべる環境がそのマンションの周辺にあるかどうかが重要である。とにかく安全な空地がたくさんあることが、こども達にとって、まず重要であると思う。そのような部分を都市の中に生みだしていく行政的、あるいは法律的システムを考えだす必要がある。

(4) あそび道の復活

こども達にとってかつて道はあそび場であった。第三章で述べたごとく大正一四年の造園学者大屋霊城氏の調査[※4]でも、昭和四一年の小川信子氏の調査[※5]でも道路をあそび場としているのが一番多かった。小川信子氏が調査した昭和四一年ではまだ自然も割合残っているけれども、一般街路の舗装化もすすんでいた時代である。しかし、それでも道路があそびの場として高い値を示しているのは、道路が他のあそび場と異なる何かがあるからであろう。もちろん大屋氏と小川氏が対象とした地域は大都市であり、きわめて都市化された地域だったこともあって、道路のあそび場としての成立度が高かったのも事実である。

第一章のあそびの原風景の調査で、原風景のあそび場として次のようなスペースをあげた。自然スペース三八%、オープンスペース二八%、道スペース一二%、アナーキースペース五%、アジトスペース三%、遊具スペース一%、建築的空間が約一二%であった。大屋氏や小川氏の調査に比べると、この私の調査の方が全国的平均値を示しているようにおもわれる。小川氏の調査における道路の二一%と私の調査における道スペースの一二%がそれぞれ大都市と全国平均を示しているともいえる。

とにかく、このようにこども達にとってあそび場として高い利用を示す道路であるが、どのような道路でもこども達はあそび場にするのではない。あそびの種類と道路の構造が密接な関係をもっていることは第一章でみてきたが、それを復習すると、道路でのあそび、すなわち道あそびには、大きくわけて四種類ある。第一は追跡あそびである。鬼ごっこ、カンケリ、おいかけごっこの類。第二は自転車、ソリ、ローラースケートのように乗ってあそぶ乗りあそび、第三はゴム跳び、縄跳び、ベーゴマ、メンコ等のゲームあそびで、第四はローセキ描きのような造形あそびである。これらのあそびが展開するあそび道の構造は、車が少なく、幅もあまり広くなく（三〜六mぐらい）、あそびの拠点になる電信柱や道祖神があって、家並みの間に小さな路地やスキマのあるような変化に富んで、しかも部分的に一街区をひとまわりできるような道スペースである（特に追跡あそび）。そして、坂道もあり（乗りあそび）、舗装されていない小さな路地（ゲームあそび）や舗装されている道もある（造形あそび）変化にとんだ構成をもつものである。また紙芝居や物売りの人達が通り、祭りが催され、みこしがかつがれ、山車がくりだす、そういうにぎわいと出来事の多い道がこども達にとって重要である。

第二章で述べたように、あそび道はすべて〝見られる〟場所にあった。誰かが見ていて見まもってくれるところであった。人気のない、さびしい道ではほとんどこどものあそびは発見できなかった。第三章では、昔のあそび場が道を軸として、自然スペース、オープンスペース、アナーキースペース等の多様なあそび場がブランチしていたことを述べ、他のあそび空間の連絡の役割としての道スペースの重要性を述べた。現在のこども達のあそび場の状況は個別的なスペースの減少、たとえば自然がなくなったとか、空地がなくなったとかいうことも大きいが、それらへのアクセスとしての安全なあそび道が車の増加によって失われてしまい、他のあそび空間との有機的な連動をたたれてしまっている。そういう意味で、あそび空間を再建するために、道あそびスペースが最も重要であるといえる。

第二章でみたように実際に現在の都市のこどもがあそんでいる場所をひろいだしてみると、ほとんどのあそび場は、道そのものか、道がふくらんだものか、道に接しているものである。私が横浜で採集したあそび場のほとんどが車が通らない道であった。しかもあそび道になっている道路は幅員がせまいもの、階段があるものなど、道路構造上、車が実際に通行できないものが全体の約三割あった。車が通れる道では道路の両側が建物やブロック塀等で安全にふさがれているものは少なく、多くの場合、車庫や庭、空地等が生け垣のように通過可能なもので仕切られ、車の運行に際して安全にこどもが避難できる空間があるものであった。以上いくつかの調査から私はあそび場としての街路の構造として次のようにイメージした。

「車の交通が少なく（幅員三〜六m）、道の両側は生け垣や庭、小さな広場、玄関のようなやわらかいエッジである。あそびの拠点となるようなもの（木や電柱、道祖神）がある。坂道もある。家並みの間に小さな路地やスキマもある。舗装されているが未舗装のところもある。できれば循環できる。」

道は都市のこども達のあそび空間としてきわめて重要である。「道路であそんではいけません」と言うことは、極端にいえばこども達にとって遊んではいけないということと同意義である。道は他のあそび場を結び、構成する要の役割をしている。こども達にとって住みよい都市をつくるためには、まずなによりも道をこども達に返す必要がある。もちろんすべての道を対象にするのではなく、住居まわりのこども達にとって身近な家の前の道を、こども達があそべる道にすることである。

近年、オランダのボンネルフ等の影響もあって、日本にも歩車共存型の道路ができつつあるが、住宅地内道路についてはハンプやボラードや樹木等を設置することによって車を減速させ、歩車共存型の道路をつくるべきだと考える。私は、道路の体系を、すべてを車道歩道と分離することには反対である。こども達があそぶ道は幅四m以下で十分なのである。人も動物もすべてが分離されず通る道、そしてこどものあそび場になる道をつくるべきである。

民間の住宅地の開発で、西武都市開発の宮城県・汐見台ニュータウンの街路計画は、こどものあそび場という視点でもかなりすぐれたものである（4―22、23図）。

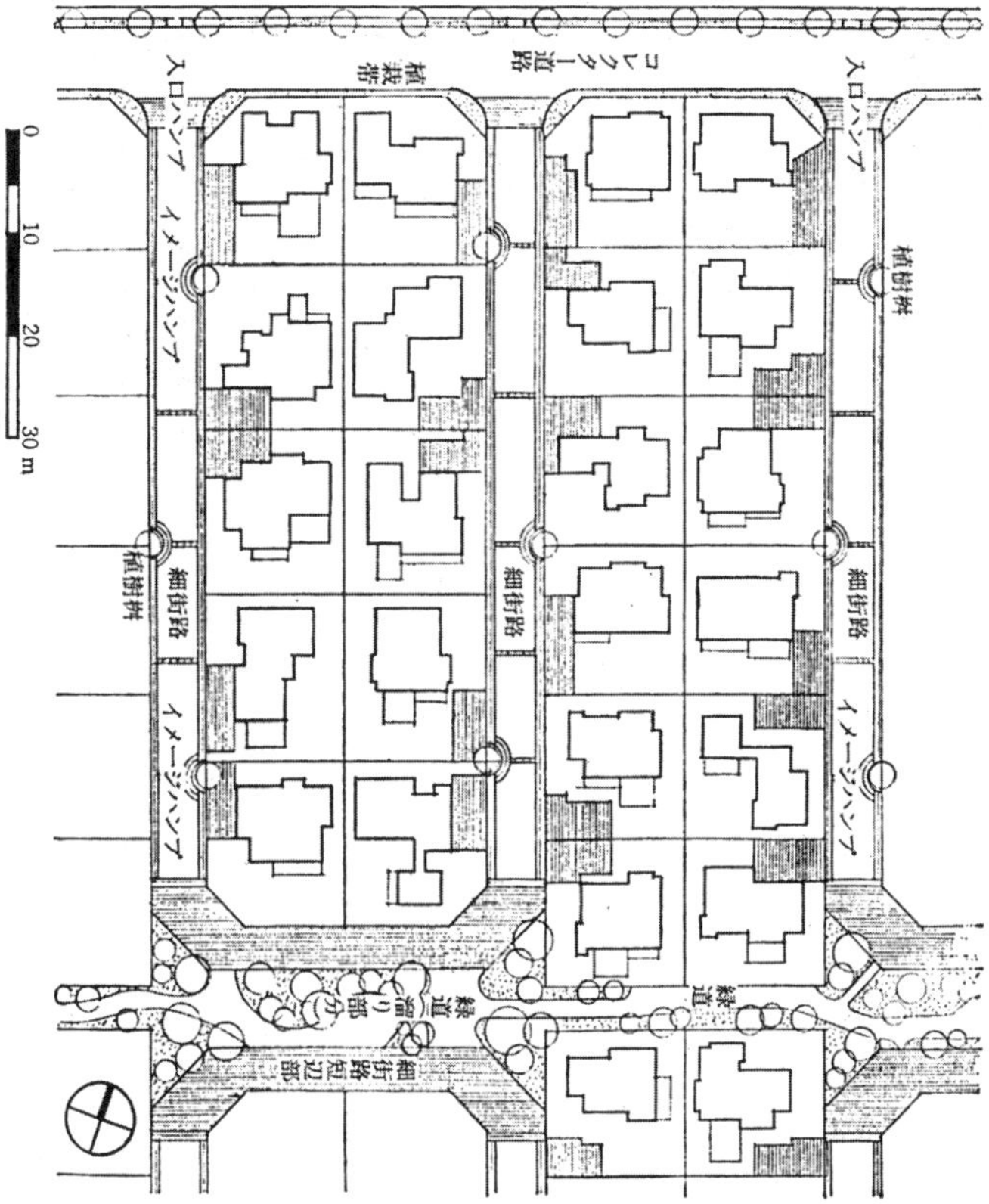

4—22図　汐見台ニュータウンの細街路計画書

4—23 図　汐見台ニュータウンの細街路

4—24 図　東京大田区のあそび道配置図

（大田区生活道路規制現況図より，昭和 57 年 3 月 31 日現在）

この計画では細街路の入口ハンプと街路ぎわの植樹桝によるイメージハンプによって車をかなり減速させ、歩車共存型の道にしているのであるが、この計画でもっともユニークな点は、各戸の駐車場をオープンにして、こども達の小さなあそび場にも使えるようにしている点である。こうすることによって道にふくらみが出、こども達のたまりの空間をつくることができているように思われる。

東京都大田区では昭和四七年に「あそび場道路設置促進要綱」を決定し、行政として道路をあそび場化する施策を始めた。昭和五七年三月現在で三〇九ヵ所二五㎞におよぶ道があそび道路と指定されている。設置の手順は、地元町会が住民六〇名以上の同意をえて区にあそび道路指定の要請をし、環境課安全係が警察の許可を得て行なうものである。一人以上の町会の世話人が必要で、世話人には区から謝礼がでる（月二〇〇〇円程度）。あそび道路は、毎日実施しているものと、土日休日のみ実施しているものがあり、現在は半々である。その配置図を4―24図に示す。

横浜市の場合も、「ちびっこ道路」という名称で日曜日と祝日の九〜一七時まであそび場として開放する制度があり、昭和五八年四月現在、一二二ヵ所、一六㎞が指定されている。

毎日、こども達が安心してあそべるあそび道路が本来的で、休日のみというのは過渡的なものであると思われるのだが、行政と住民が積極的に道路のあそび場化にとりくむことが、今後もますます重要であると考える。

道をあそび道化するためには、①車をまったく入れない、②時間帯をくぎってあそび道化する、③車を減速させ歩車共存型とする、という三つの段階がある。それぞれの地域的な事情に応じて計画していくべきである。

(5) 学校の開放と民間施設の開放

学校開放は学校施設を放課後や休日等に市民とこどもに開放することをいう。一般的には、あそび場としての開放、スポーツ運動場としての開放、学習の場としての開放という三つの意味があり、運動場、体育館、教室の開放等がある（児童数減によるあき教室の利用）。

ここでは、あそび場としての運動場の開放を考えるわけであるが、最近、公立学校でも地域に開かれた学校を指向する傾向があり、多くの学校が校庭開放を行なっている。しかし、学校開放は「学校教育に支障のない限り」（学校教育法第八条）ということであり、制約もかなり多い。学校側の協力や理解の向上、利用者のマナー改善、施設の整備（便所等）等、種々の問題をはらんでいる。最大の問題は管理責任者を誰にするかということであるが、世田谷区では地域の遊び場開放運営委員会という自治的な団体が管理責任者となり、プレイリーダーとしての役割を果たしている。

少年野球、少年サッカー等のスポーツ、体育団体のみに校庭を開放している例も多い。スポーツ的な利用の場合には、数日前に利用を申し込む方式でもさしつかえないが、日常的なあそびの場として使用する場合、申し込み制度はきわめて高い障害を形成する。世田谷区のような例はまだごく少数であるが、今後このような形で、校庭開放が広がることをのぞみたい。また地域内にある企業のグラウンドや、大学のグラウンド等もこどもや一般市民に利用されることはきわめて望ましいことであるのだが、現状では一部を除いて広く開かれていない状況である。最近の企業の技術革新や工場配置転換に伴い、企業敷地内部に遊休地が発生している例も多い。将来の計画が確定し、工事が着工されるまで、市民やこども達のために自治体が一時、借地する方法も考えられよう。企業内のグラウンドや遊休地の活用など、自治体が企業や大学等と良好な関係を樹立することによって、あそび環境拡大の可能性もかなりあると思われる。

(6) 公園の再開発

こども達がなぜ公園を利用しないのかという調査をしたところ、公園はつまらないからと答えたこどもが約三割もいた。公園がなぜそんなに魅力のないものとなっているのだろうか。公園の量を増やすことも大変大事であるが、公園を魅力あるもの、遊びやすい、使いやすいものにすることも大切なことである。新しい公園を建設する時、その用地費に莫大な金がかかる。建設費の二〇～五〇倍にもなるであろう。使いにくく、あそびにくいという理由によって、こども達があそばない公園は、たいへんな無駄であると言わねばならない。たとえば第二章4節で述べた武蔵野市の松籟公園は緑も豊かな、一見すばらしい環境なのに、こども達はあそんでいなかった。ここには、道路から公園のレベルが一・五ｍも上がっており、道路から公園がまったく見えず、また入口が一ヵ所しかなく、立ち寄り、通り抜け利用もできないというような問題点があった。この公園に入口をあと二ヵ所つけ、それぞれ道路から見通しがきくようにアプローチを幅二ｍのスロープにかえるだけで、きっとこの公園の利用は大きく変わるだろう。また同じ4節で調査した恵比寿東公園も、遊具を整理し、中央部に一五〇㎡程の広場を確保するだけで、こども達にはずっと使いやすい公園になるはずである。第二章の結論である遊環構造をそれぞれの児童公園にあてはめるだけでも、その児童公園の問題点が明確になるはずである。児童公園における計画のチェックポイントを、第二章で述べたあそび環境の構造のデータ等からあげてみると、次のように整理される。

(1) 道路から公園の内部がみえるか
(2) 公園の入口は少なくとも二ヵ所以上あるか……通り抜け利用、立ち寄り利用も重要である
(3) 遊具が多すぎないか
(4) 広場の周囲がやわらかいエッジを構成しているか
(5) 遊具が魅力あるものになっているか

以上は今までの調査の結論などから導けるものであるが、その他、

(6) 適当な日陰があるか
(7) 休むスペースが確保されているか

等を経験的にあげることができる。

児童公園の再開発においては、その地形や周辺環境などにより、あそびを疎外している問題点が地域地域によってさまざまであるので、再開発の方針をうち立てるためには、その公園の利用実態調査をしなければならない。

再開発の参考事例として、私が調査した横浜市の根岸森林公園（13 ha）の概略を述べてみたい。

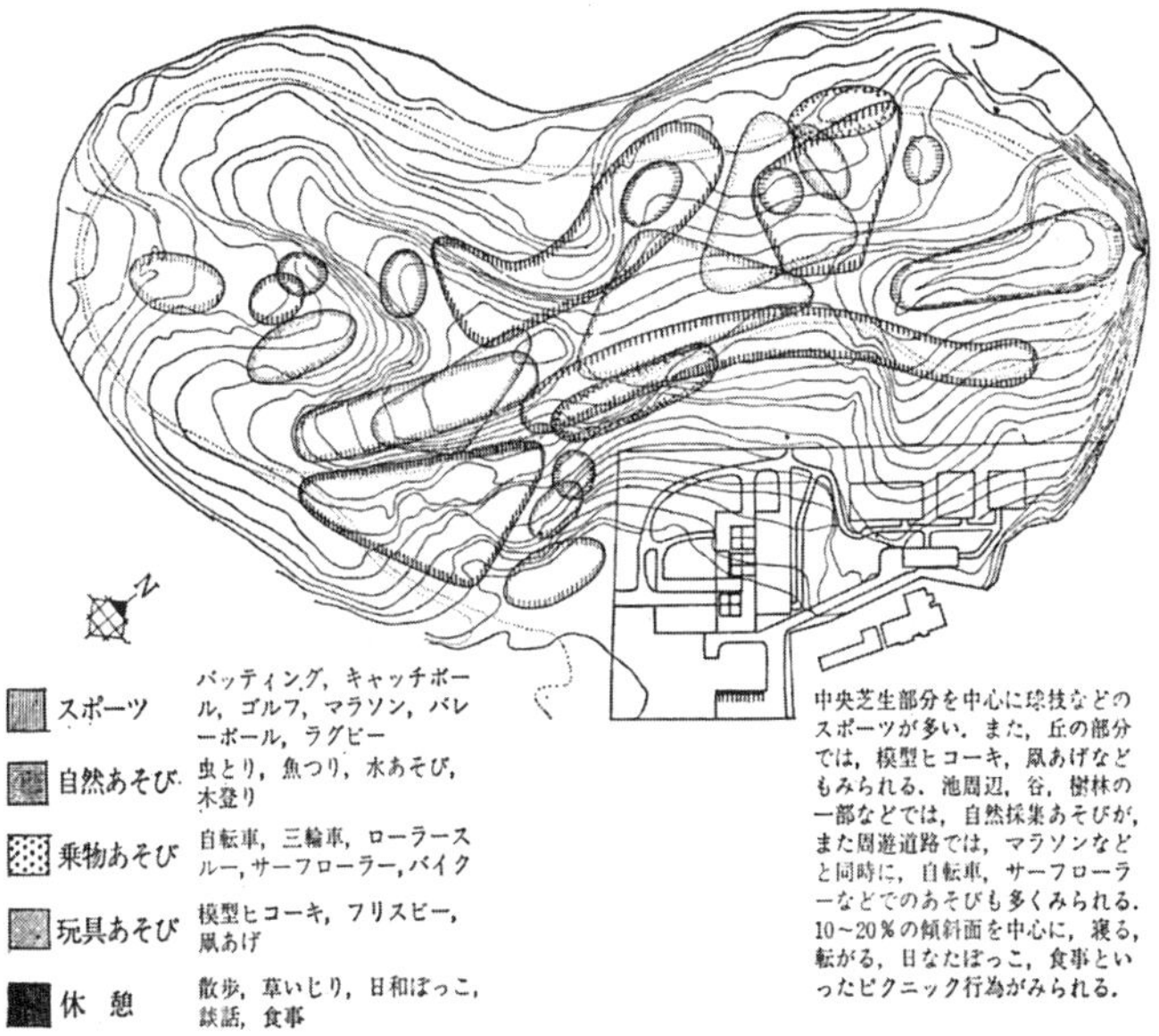

中央芝生部分を中心に球技などのスポーツが多い．また，丘の部分では，模型ヒコーキ，凧あげなどもみられる．池周辺，谷，樹林の一部などでは，自然採集あそびが，また周遊道路では，マラソンなどと同時に，自転車，サーフローラーなどでのあそびも多くみられる．10～20％の傾斜面を中心に，寝る，転がる，日なたぼっこ，食事といったピクニック行為がみられる．

4—25図　現況あそび分布図（昭和51年9月12日〈日〉，15日〈祝日〉調べ）

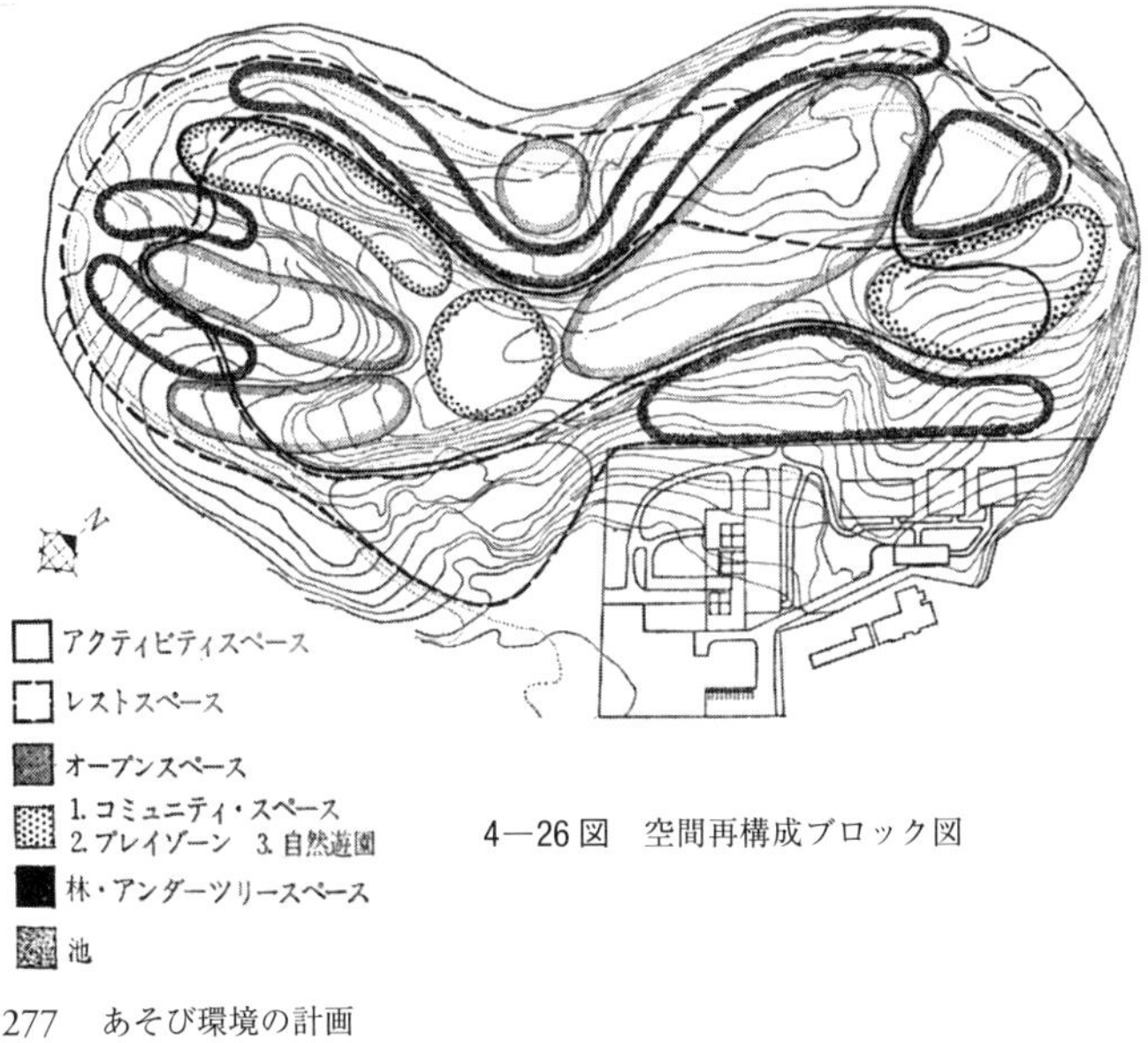

4—26図　空間再構成ブロック図

まず私は利用実態調査を行なった。公園の利用者がどういうあそびをしているかを追跡調査し、分析した結果、

(1) 入口が一ヵ所しかなく通り抜け利用がない
(2) 交通の便がわるい
(3) 利用者が少なく、ヤングファミリーとティーンエイジャーが利用の中心である
(4) 平均利用滞在時間が少ない。
(5) 公園の中で利用者が利用している面積が少ない、公園の四分の三は利用されていないことなどがわかった。また利用者に対するアンケート調査によって、利用者がこの公園に抱いているイメージ、要望などを具体的に把握することができた。その結果、建設側は森林公園をつくろうということでたくさんの木を植えたが、その植栽密度が高すぎ、林間でのあそびの行為ができず、利用面積を小さくしてしまっている。一方利用者は、この公園になだらかな斜面をもった広場、いわゆるファミリーパークというようなイメージをもっており、建設者と利用者のイメージがずれていることがわかった。すなわち自然スペースの構造も、第一章でみたように草地と樹林とのバランスのとれた関係があってこそ好ましいのだが、樹林を密度高く植えてしまったために、公園の利用が逆に排除されてしまったのである。利用実態調査から4―25、26図のような現況あそび分布図、再構成ブロック図を作成し、再開発の方向を、

(1) いこいとたまりの空間が少ない → 園道、植栽、地形、装置の再構成を図る
(2) 自由にあそべる広場が少ない → あそび可能面積を拡大する

(3) 雰囲気を阻害している要因を取り除く ↓ 人工的すぎる園路を改造する

(4) こども達にとって魅力ある場をつくる ↓ ワイルドな遊具を導入する、池を活動的なあそび場とする

という四項目にまとめあげた。この方針に基づいて各部の設計の指導を行なった。私はこの調査の経験から、公園の再開発の手順は次のような三つの段階があると考える。

第一段階——調査の段階

住民(こども)の利用実態調査

住民(こども)の需要(needs)調査

公園の潜在可能性調査

第二段階——診断の段階

公園に対する要請課題の整理

第三段階——計画の段階

第一段階の調査の段階とは、その公園がどのような使われ方をし、その利用形態にどのような問題があるのか、利用者はどのような不満や要望をもっているか、またその公園の地形、歴史、環境からどのような可能性があるかを調査する段階である。

第二段階はその調査の結果を診断する段階で、公園に対する要請課題を整理する。

第三段階はそれに基づいて計画、設計を行なう。

従来、公園の利用実態調査は公園を把握するために行なわれていたが、これからは公園の再開

発や利用の点検のために行なわれる必要があると思う。調査を診断するには、たくさんの良い例、悪い例を含んだデータが採集されている必要がある。公園の計画時のエネルギーと同様なエネルギーを建設後の利用調査のフォローにかけてもいいのではなかろうか。そうしてこそ、より地域に密着した公園に改善していくことができると思われる。

4—3 あそび空間の配置と空間量

第一章であそび空間のそれぞれの特質について考察し、第二章であそび空間の構造について、第三章であそび空間量の変化についてみてきた。ここでは計画にさいして、あそび空間の配置の原則と空間量の目標値を提案したい。

(1) あそび空間の地域性

あそび空間量がこの二〇年間にきわめて小さくなっているのをみた。ところで、日本のこどもはすべて同じようなあそび空間をもつ必要があるのか。そうではない。全国調査でも、私はあそび空間のありようはその地域の自然と都市構造（この言い方は大げさである。街の構造くらいの意味である）によって大きくちがうことを実感した。山形県の田園地帯と横浜市の都市部では全く異なるのは当然である。都市構造とあそび空間の関係について考えてみよう。

仙台市　長　町　小学校

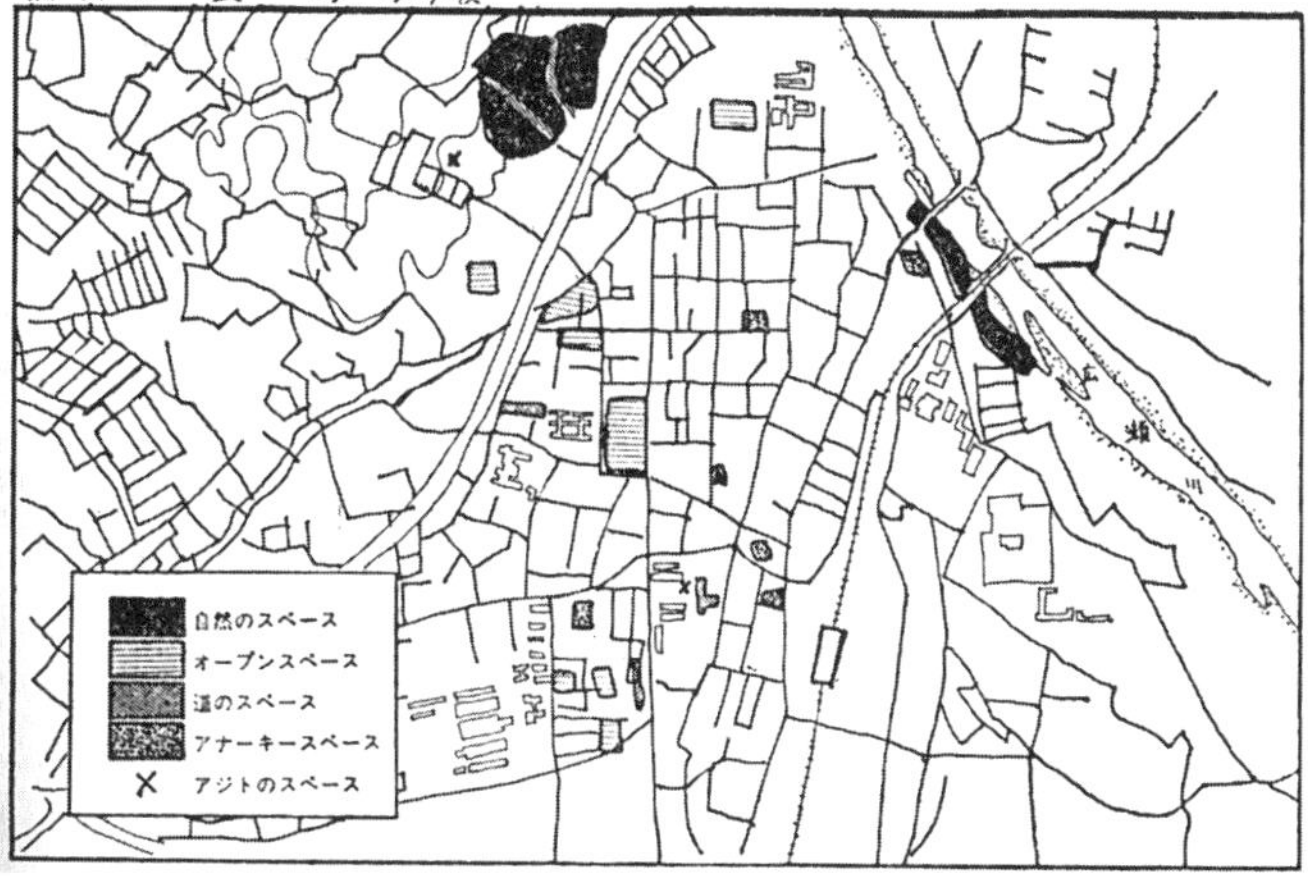

4—27図　自然スペースの多い地区例

函館市　港　小学校

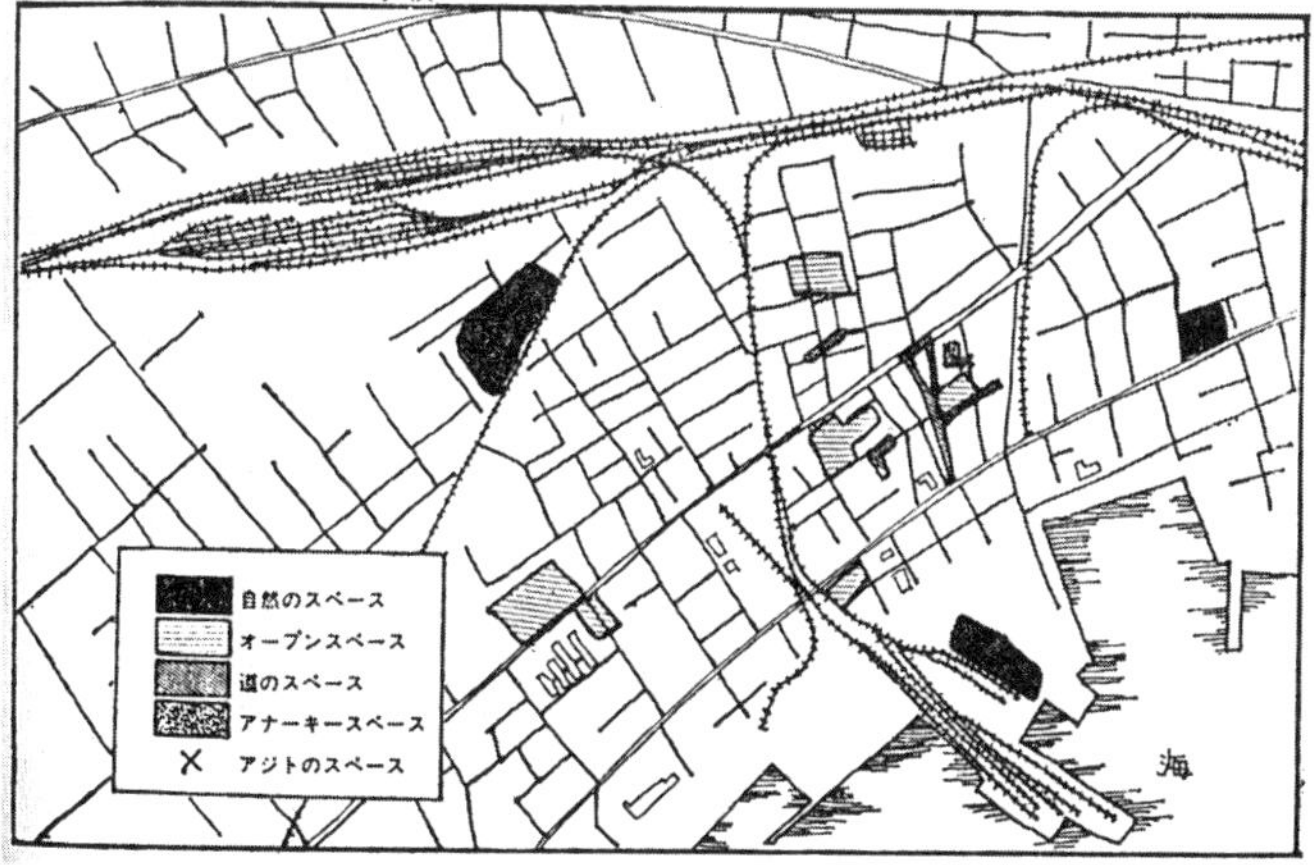

4—28図　自然スペースの多い地区例

新湊市　新　湊　小学校

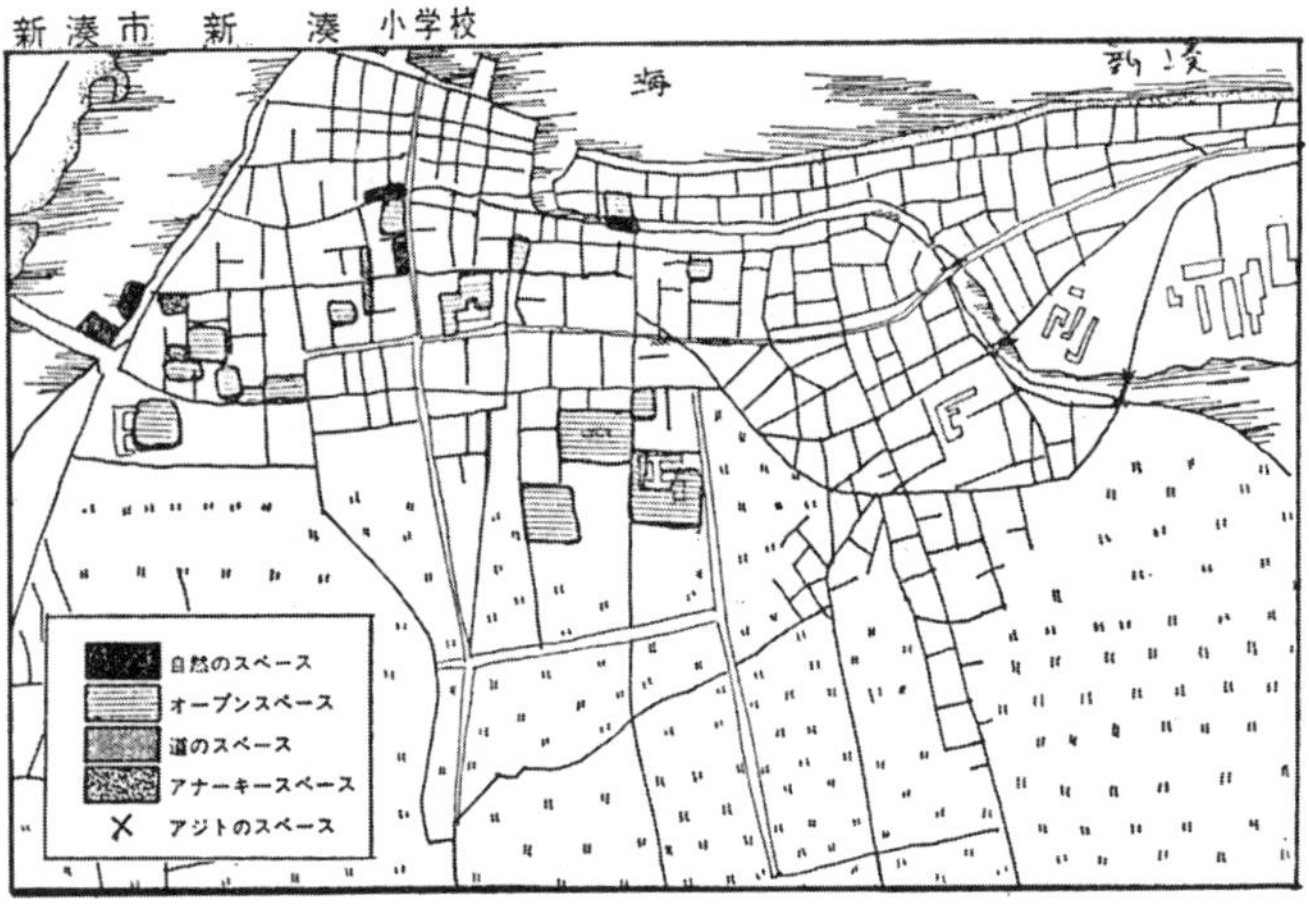

4—29図　オープンスペースの多い地区例

嘉手納市　嘉　手　納　小学校

4—30図　オープンスペースの多い地区例

仙台市　長　町　小学校

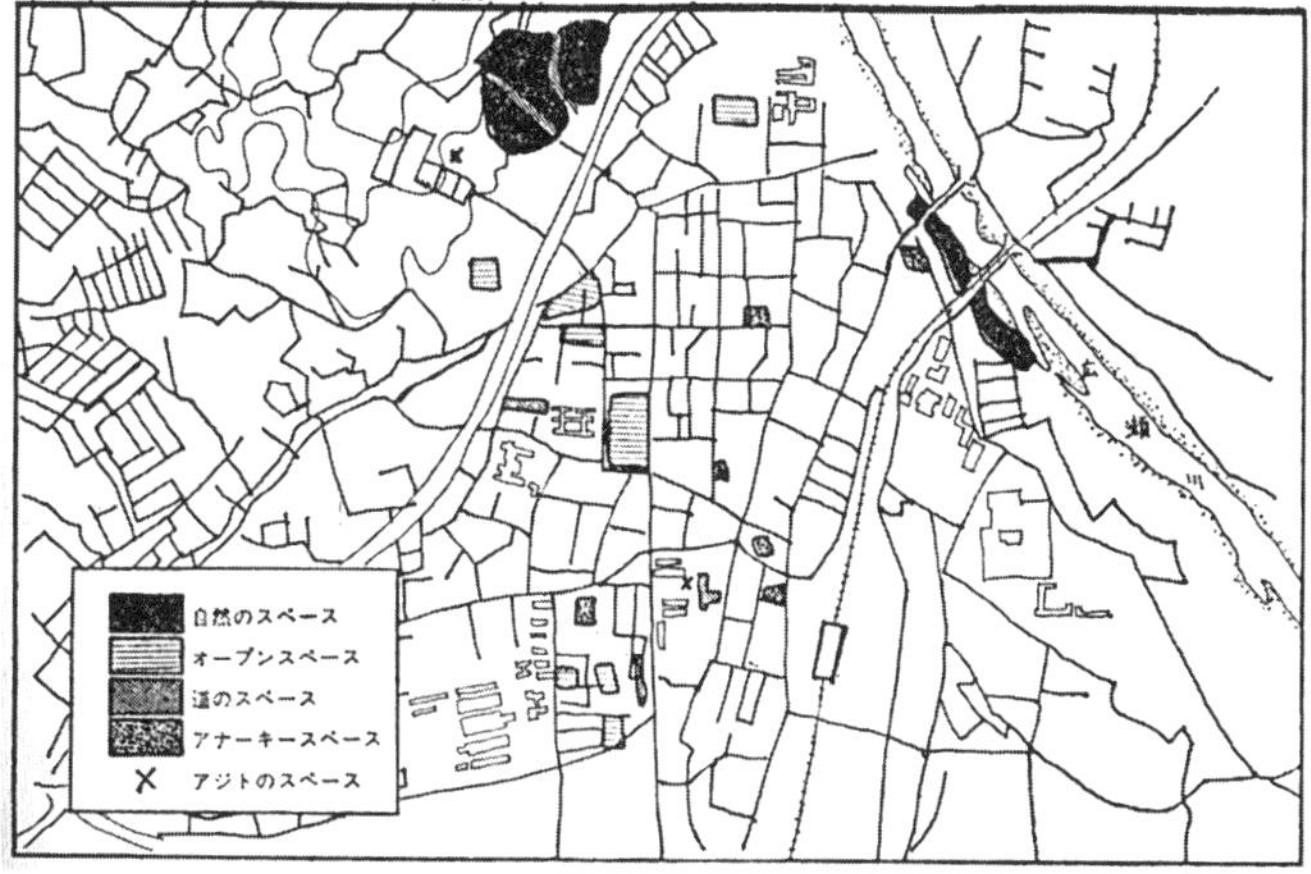

4―31図　道スペース型の地区例

函館市　港　小学校

4―32図　極小型の地区例

そこで、まず昭和四九年、五〇年、五六年に調査したこども達のあそび空間の状況について、三九地区のそれぞれの特徴を分析してみると、自然スペースが核となっている自然スペース型の地区と、オープンスペースが核となっている地区、道スペースが核となっている地区、自然、オープン、道そのいずれもない極小型の地区の四つに大きく分けられる。

自然スペースが多いあそび環境の地域は、あたりまえのことであるが、山形県大成町のように自然の中にかこまれた農村地域はもちろん、仙台市長町のように校区内部や函館市港小学校区のように校区の外周部に豊かな自然をもっている地域である。

オープンスペースが多いあそび環境の例としてあげられるのは、仙台市北六番町、那覇市神原、新湊市新湊小学校区のように隣接地に自然は少ないが、地区内にいたるところ空地的なものが実在している所である。

仙台市南材木町、沖縄県嘉手納などは、オープンスペースと道スペースが比較的めぐまれている地域で、学校の開放されたグラウンドと自分の家の前の道、その近くに小さなオープンスペースがいくつかあるというタイプである。

一般にオープンスペース型の地区は、商業地域と住宅地域の混在している地区で、住宅団地などもこのタイプに属するようである。

那覇市泊、名護市名護、品川区東五反田、横浜市鶴見・瀬谷第二、函館市柏野・高盛、札幌市発寒・幌南小学校区等は道スペース型ともよべるものであるが、これらの地区のほとんどで都市構造を決定する道路網が格子状になっているのがおもしろい。那覇市、名護市は港に面し、幹線道路は海に沿って不整形をしているが、その道路の両側の道路網は整然とした格子状となっている。函館市や札幌市は、当初より計画された格子パターンをもった地区である。発寒地区では産業道路のほかはほとんど車が通らず道あそびスペースができている。

品川区東五反田地区はオープンスペースがほとんどないが、地区全体が丘陵地で、坂道が多く車の侵入が少なく、道あそびスペースが多いとおもわれる。

那覇市前島、高岡市博労、東京都京橋・神田・明治小学校区のように、平均人口密度が超過密の地区ではあそび空間はほとんどない。都市があまりにも過密であるため、広さを必要とするあそびが存在できなくなっている。わずかにアジトスペース、アナーキースペース、遊具スペースのいずれかが見られる程度である。都市化が極端にすすむとあそび空間はほとんどなくなり、極小型になってしまう。極小型の都市環境はまさにこども達にとって生活不適な都市環境といわねばならない。

以上のように、こどものあそび空間のありようは都市の構造によって大きく異なる。とくに自然環境、地形、林、川、海、山のありようが大きく作用している。

従って、私達はこどものあそび環境の計画にあたっては、それぞれの地域特性を考慮し、ある時は補い、ある時はその特徴をさらに生かすように、それぞれの地域に応じた環境をつくっていかなければならない。

(2) あそび空間の構成

あそび空間には、その地域地域によって異なるパターンがあることがわかった。それでは次に、あそび空間をどのような配置の原則のもとで計画したらよいのだろうか。第三章で、二〇年前（昭和三〇年頃）と現在（昭和五〇年頃）の横浜市保土ヶ谷地区他二地区のあそび空間の分布の状態をくらべ、3—9図二五〇m圏内にかつては多様な空間がたくさんあり、各空間が道スペースによってネットワークされていたということを述べた。全国調査の結果に基づき、あそび空間は具体的にどのような分布パターンをもっているのかを調べてみた。

名称	パターン	例	20年前(昭和30年)	現在(昭和49.50.56年)
点在型		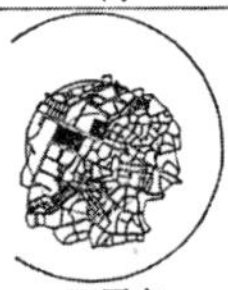 那覇市 神原小学校 5年生(男)	39%	83%
連結型	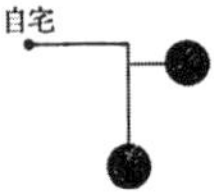	 札幌市 創成小学校 5年生(男)	23%	14%
総合型	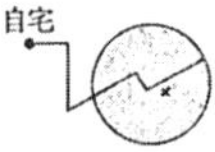	 札幌市 真駒内小学校 5年生(男)	38%	3%
計			100%	100%

■オープン ◘自然 ◻アナーキー ×アジト

4—33図 あそび空間の配置

① 点在型

現在のこどものあそび場は、いくつかの交通量の多い道によって分断され、校庭、公園、寺、空地等がばらばらに点在している。こども達は今日は校庭、明日は公園というように、点的な利用しかできず、しかも自転車であそび場に直行するという形態になっている。この点在型のあそび空間の構成をもつこども達は二〇年前では三九％でしかなかったが、現在（昭和四九、五〇、五六年調査）では八三％にものぼり、現在のこども達はほとんどこのような都市環境で生活していることがわかる。

② 連結型

道があそび場になっており、こども達の自宅と学校、公園、自然、広場等がネットワークされているあそび空間の構成をもっている地区では、あそびの連続性と発展性がみられる。調査地区のなかでは、那覇市神原地区、札幌市創成地区、函館市港地区など人口密度が多いにもかかわらず、あそび空間量の多い地区がこのようなあそび空間の構成をもっていた。このようなあそび空間をかつては二三％のこどもがもっていたが、現在では一四％のこどもしかもっていない。

③ 総合型

自然スペースが大きい場合、あるいは大型の公園がある場合等は、オープン、アジト、アナーキー、自然、遊具等、多様な空間を内包したあそび場として存在する。調査地区の中では札幌市真駒内地区で、大きな都市公園と豊平川という大きな川があり、総合的なあそび場になっている一方、地区内にも道スペース、オープンスペースがたくさんあり、あわせて豊かなあそび環境を形成している。昔の都市のこどものあそび環境の形態は多くこの総合型のあそび環境であったが（三八％）、現在では三％のこどもしかこのような環境をもっていない。

このように、現在のこどものあそび空間の構成は、点在型がほとんどで連結型はわずか、総合型はきわめて少ないという現況であるが、点在型を連結型、連結型を総合型へ移行させる努力を私達はしなければならないと思われる（4—33図）。

(3)　あそび空間量の提案

①　あそび空間量の目標値の提案

前章で調査したように、昭和三〇年代のこども達のあそび空間量は、一人当り七haから二〇haの大きさをもっており、平均一〇haであった。しかるに昭和四九年、五〇年に調査したこども達のあそび空間量の平均は一haで、最高の地域（山形市双葉地区）でも二haであった。あそび空間量の最適値は後続の研究を待たねばならないが、便宜的に昭和三〇年代のあそび空間量の平均値である一〇haを目標値としたい。

②　あそび空間配置モデルの提案

〈モデル1〉

第三章より、昭和三〇年頃のこどもは自宅から二五〇m圏内にあそび空間の総量の一五％のあそび空間量をもち、昭和五〇年頃のそれは三五％であることがわかっている。今、こどもが自宅から二五〇m圏内に上記の平均である二五％の空間量をもつと仮定すると、二五〇m圏内に二・五haのあそび空間をもつこととなる（あそび空間の総量一〇ha×二五％）。

一方、第一章原風景の調査では、原風景に登場するあそび空間の割合は、

自然スペース　四〇％　オープンスペース　三〇％
道スペース　一〇％　他のスペース　二〇％

となっており、また第三章都市化によるあそび環境の変化の調査より、昭和三〇年頃のあそび空間の割合は、

自然スペース　四五％　オープンスペース　四五％
道スペース　五％　他のスペース　五％

昭和五〇年では、

自然スペース　一四％　オープンスペース　八〇％
道スペース　五％　他のスペース　一％

であった。ここで上記二つのあそび空間の割合を考慮して、二五〇m圏内のあそび空間の割合を次のように仮定する。

自然スペース　四〇％　オープンスペース　四〇％
道スペース　五％　他のスペース　一五％

この割合によって二・五haのあそび空間の内容を求めると、〈自然スペース〉一ha、〈オープンスペース〉一ha、〈道スペース〉〇・一二五ha、〈他のスペース〉〇・三七五haとなる。〈自然スペース〉はまとまった形態が望ましいので一haを分割しない。〈オープンスペース〉は、前節より、九〇〇㎡、三〇〇㎡、六〇㎡のオープンスペースをそれぞれ含んだ、一八〇〇㎡のあそび場が三ヵ所、六〇〇㎡のあそび場が五ヵ所、一二〇㎡のあそび場が二八ヵ所となる。〈道スペース〉

は総量で一二五〇㎡となるが、これを平均幅五mの道路とすれば、長さ二五〇mとなる。〈他のスペース〉は三七五〇㎡であるが、昭和三〇年代のアナーキースペース一ヵ所当りの平均は約二〇〇〇㎡なので、一八七五㎡の〈他のスペース〉を二ヵ所とする。

以上をまとめると、二五〇m圏内に各あそび空間は次のように配分される。〈自然スペース〉は一haで一ヵ所、誘致距離二五〇m。〈オープンスペース〉は一八〇〇㎡のもの二ヵ所、誘致距離一七七m。六〇〇㎡のもの五ヵ所、誘致距離一一〇m。一二〇㎡のもの二八ヵ所、誘致距離四七m。〈道スペース〉は幅五mで二五〇m。〈他のスペース〉は一八七五㎡のもの二ヵ所、誘致距離一七七m。

公園ないしは準公園の占める割合を、〈自然スペース〉五〇%、〈オープンスペース〉一〇〇%、〈他のスペース〉一〇〇%とすると、〈自然スペース〉に属する公園五〇〇〇㎡×一ヵ所、〈オープンスペース〉に属する公園一八〇〇㎡×二ヵ所、六〇〇㎡×五ヵ所、一二〇㎡×二八ヵ所、〈他のスペース〉に属する公園一八七五㎡×二ヵ所となる。

従って公共園地（公園＋準公園）の面積の総和は一八七一〇㎡となる。この時の二五〇m圏内の公園率は九・五%。この地域の人口密度を八〇人／ha（大都市旧市街地の平均的人口密度）とすると、圏内の人口は一五七〇人となり、一人当りの公園面積は一二㎡となる。この数値は、ヨーロッパの都市の市民一人当りの公園面積に匹敵する。

〈モデル2〉

近くに大規模な公園、ないしは山林、池があるような地域のあそび空間の配置モデルの場合を考える。

この場合、二五〇m圏外に大きな自然スペースが予想されるわけであるから、二五〇m圏内のあそび空間量は少なめでよく、あそび空間量の総量に対する割合を一五%と仮定すると、二五〇m圏内のあそび空間量は一・五haとなる。また六つのあそび空間の割合も、自然スペースは少なめに、オープンスペース、道スペースを多めに考える。その割合を次のように仮定する。

自然スペース　一〇%　オープンスペース　六〇%
道スペース　一〇%　他のスペース　二〇%

この場合の各あそび空間の面積配分は次のようになる。

自然スペース　〇・一五ha
オープンスペース　〇・九ha　（一八〇〇㎡×二ヵ所、六〇〇㎡×四ヵ所　一二〇㎡×二五ヵ所）
道スペース　〇・一五ha
他のスペース　〇・三ha

このように地域特性に従って二五〇m圏内あそび空間量の割合（一五〜三〇%）、各あそび空間の配分の割合を決め、地域のあそび空間配置の目標を設定することができる。

こどものあそび場は、まず自宅周辺、すなわち身近なところになければならないことは第一章で考察した。従って、従来の公園計画のように、二五〇m圏に一ヵ所の児童公園（二五〇〇㎡）

というような公園配置では不十分であって、前述のような多様な空間をもった公園計画をする必要があると考えられる。

4―4　あそび環境の計画プログラム

現代のこども達のあそび環境はますます悪化してきている。しかし多くの人々も行政も、それを肌では感じていても、具体的にはどのくらい悪くなっているのかを知らない。こどもをもっていない人は、自分のこども時代のことしか知らない。その実態を知らないから、それをどう改善したらよいかの方法がわからない。私達は、全国調査を経て、こども達のあそび環境の全国的な傾向とその実態を示した。しかし、こどものあそび環境は、また地域によって大きく異なっており、それに応じて、その改善のプログラムは異なるはずである。ここでは、望ましいこどものあそび環境を、実際に、それぞれの町に、都市に、実現させていくためのプログラムを考えてみたい。

(1)　計画の手順

こどものあそび環境を再開発していく手順は、医学における治療に類似している。医学においては第一段階として問診、検査によって病気の状況をいろいろな角度から調べ、その結果から

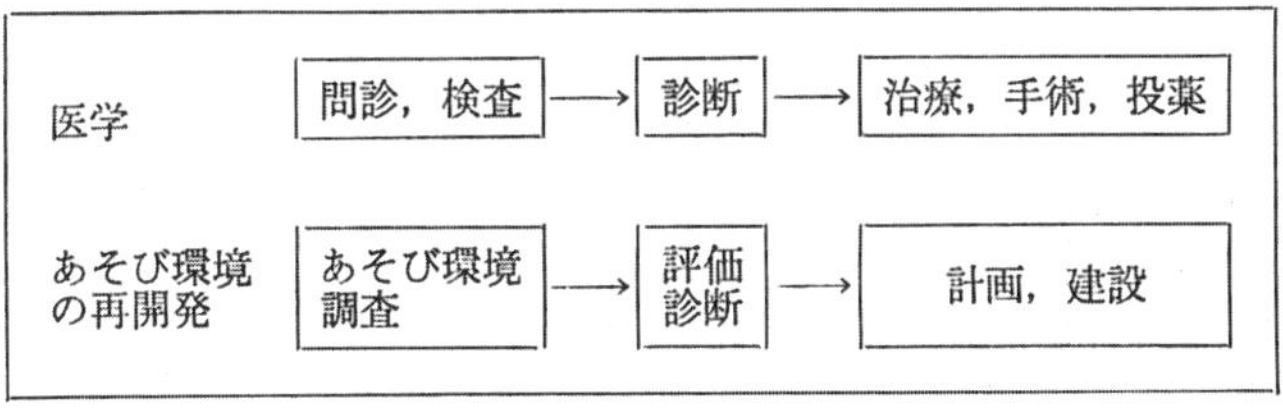

4—34図

第二段階で、病気の状態、原因を診断し、第三段階に処置、治療、手術、投薬が行なわれる。あそび環境の再開発もこの過程と全く同様であると考えられる（4—34図）。

ある地域のこどものあそび環境を再開発しようとする場合、まず第一段階としてその地域のこどものあそび環境の状況を「調査」しなければならない。そしてその結果から第二段階として、その地域のあそび環境の「評価・診断」を行なう必要がある。すなわち、その地域はあそび環境として大変良い地域なのか、それとも悲惨な状況の地域なのか、日本の平均的な都市からみれば良いのか、あるいは悪いのか等を分析する。またどういう点に問題があるかということを明らかにしなければならない。第三段階として、そのあそび環境の状況の特性に応じて、新しいあそび場を「計画、建設」する。それには診断された状況に適した手法が用いられる。このような調査→診断→計画という一貫した流れの中であそび環境の計画を考えなければ、あそび環境を総合的に、再開発したことにはならない。

①　第一段階＝調査

ある地域のこどものあそび環境を調査するには、次の二つの方法が考えられる。その一つは、こどもを主体とした聞き取り調査であり、他の一つは、あそび場を主体とした観察調査である。この二つを同時に行なうことによって、その地域のこどものあそび環境を客観的に、また立体的に調べることができる。なお資料として、この二つのあそび環境調査以外に、あそび環境周辺調査を行なう必要がある。これは具体的なあそび場建設を行なうための成立条件を示す資料となるものである。

①―1　あそび空間調査

この調査の方法は、第三章で述べた聞き取り調査の方法である。つまり、調査用紙へ必要事項を書きこみ、また調査地区の住宅図地（一五〇〇分の一～二五〇〇分の一程度）にあそび環境図の記入を行なうものである。主な調査項目は、あそび空間の大きさと分布、あそびの採集、友達関係、あそび時間、禁止されているあそび、こどもの生活時間である。ある地域のあそび空間調査をする場合、同一学校区でランダムに選んだ小学四～六年生の男女二〇名ずつを対象とする（4―35図）。

①―2　あそび場調査

この調査の方法は、第二章であそび場の構造を分析するとき述べた方法である。調査地区は、①―1の項と同じ学校区を単位とし、調査者がその地区内をくまなく歩き、あそび場とされている場所の採集をする。調査記録は、あそび場の大きさ、構造、素材をスケッチと写真で記録すると共に、あそび人数、年齢、名称、方法等のあそび内容、使われる道具や材料も記録する。2―2～4図を参照。

①―1、2の調査のうち、1の調査によって、あそび空間の量、配置、あそび時間、あそび集

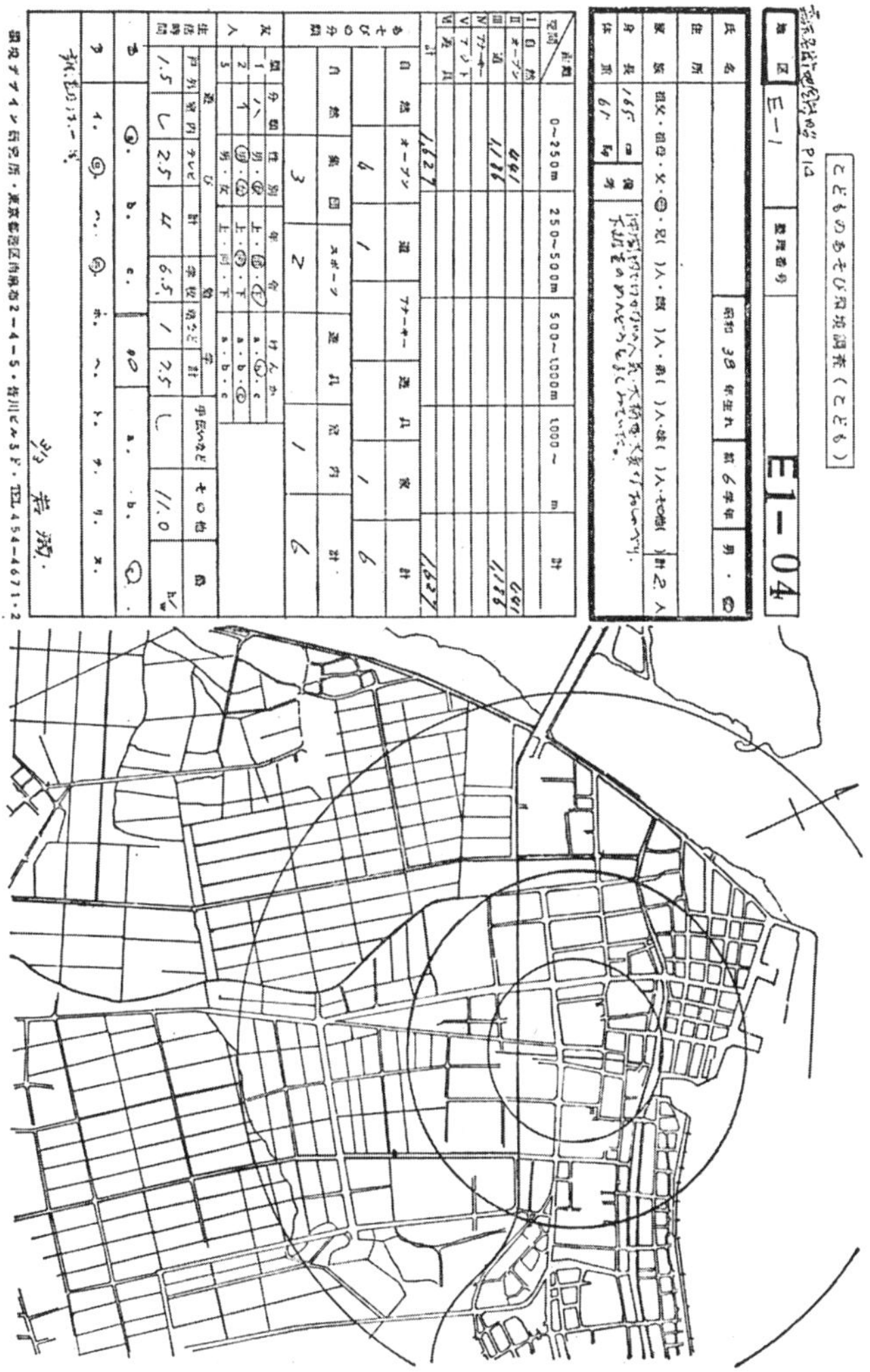

4—35図 あそび環境の調査用紙と記入例

団、あそび方法を知ることができ、2の調査によって、あそび場として成立する場の状況と、また将来あそび場になる潜在的あそび場も採集することができる。

①―3　あそび原風景の調査

その地域に住んでいる各年代（二〇歳以上）の人々に、原風景の調査を行ない、かつてこの地域でどのようなあそびやあそび場があったかを調べる。同時に大人の「あそび空間調査」を行ない、かつてのあそび空間地図を作成して、この地域のあそび場の歴史的な変遷を調べると共に、この地域のあそび場としての可能性を探る。

①―4　あそび環境周辺調査

あそび環境周辺調査は次のようなものである。

〈自然環境現況調査〉

まず緑地の分布状況を調査し、二五〇〇分の一の地図と航空写真を用いて図化する。この緑地とは、公園緑地、広場、運動場、水面、水辺、山林、農地、社寺、境内、遊園地、学校、共同住宅、緑地等、自然環境として認められる場所である。緑地現況調査、水面現況調査、地形分布調査等に分類して調査する場合もある。

〈社会環境現況調査〉

住宅部分、土地所有関係、現況土地利用計画、道路環境、公共施設の分布、都市計画法等の法的な制限を調査し、あそび環境を建設するための資料とする。

②　第二段階＝評価・診断

第一段階のあそび空間の調査によって、その地域のこどものあそび環境の実態を次の項目すなわち、あそび空間量、あそび時間、あそび内容、あそび集団の四項目によって知ることができる。

この四つの項目それぞれについて全国データと比較し、この地域のあそび環境が全国的にみて平均的であるとか、きわめて都市化された地域と同じであるとか、農村型であるとか、というように、あそび環境の状況（特性）を判定することができる。さらに望ましいこどものあそび環境（すなわちモデル）からみて、この地域が満足している点や不足している点、また建設の方向をも示すことができる。ここにおいて全国データとあそび空間量モデルの二つの尺度が重要となる。

またこのあそび空間調査の一つ一つのデータを検討していくと、あそび空間の配置の問題、たとえばあそび空間の連携を断ち切っている高速道路とか工場などの具体的な阻害要因を読み取ることができる。

③　第三段階＝計画

計画は次の四ステップを踏む。

③―1　改善のフレームの設定

第二段階の評価・診断によってその地域におけるあそび環境のフレームを設定する。全国データかあそび空間量モデルに基づき、それぞれの地域の特性に応じて目標値を設定する必要がある。あそび空間量、あそび時間、あそび空間の配置等、総合的なフレームを立案する。

③―2　建設手法

改善のフレームを実現するための建設の手法を選択する。その地域特性、住民活動、地域活動、教育傾向等の現況と照らし合わせ、建設の手法を選択し、効果的に配置していく必要がある。

③—3　配置計画

環境周辺調査等によるその地域のあそび場可能性に基づいて新しいあそび場の建設、公園の再開発等、あそび場の配置計画をつくる。

③—4　マスタープログラム

あそび場の再開発、住民参加によるあそび場づくり、あそび文化の伝承、講座等、あそび環境の再開発はハードな場の建設だけでなく、ソフトな環境の建設も同時に行なわなければならない。種々の手法をどの時点で行なわなければならないのかという総合的なマスタープログラムの作成が重要である。もちろん自治体がこのプログラムを組む時には、あそび場の建設費だけでなく、プレイリーダー等の人件費を含めた予算を考慮したプログラムを作成しなければならない。

以上のようにあそび環境の計画には四つのステップに基づいた計画が立案される。調査から計画までのフ

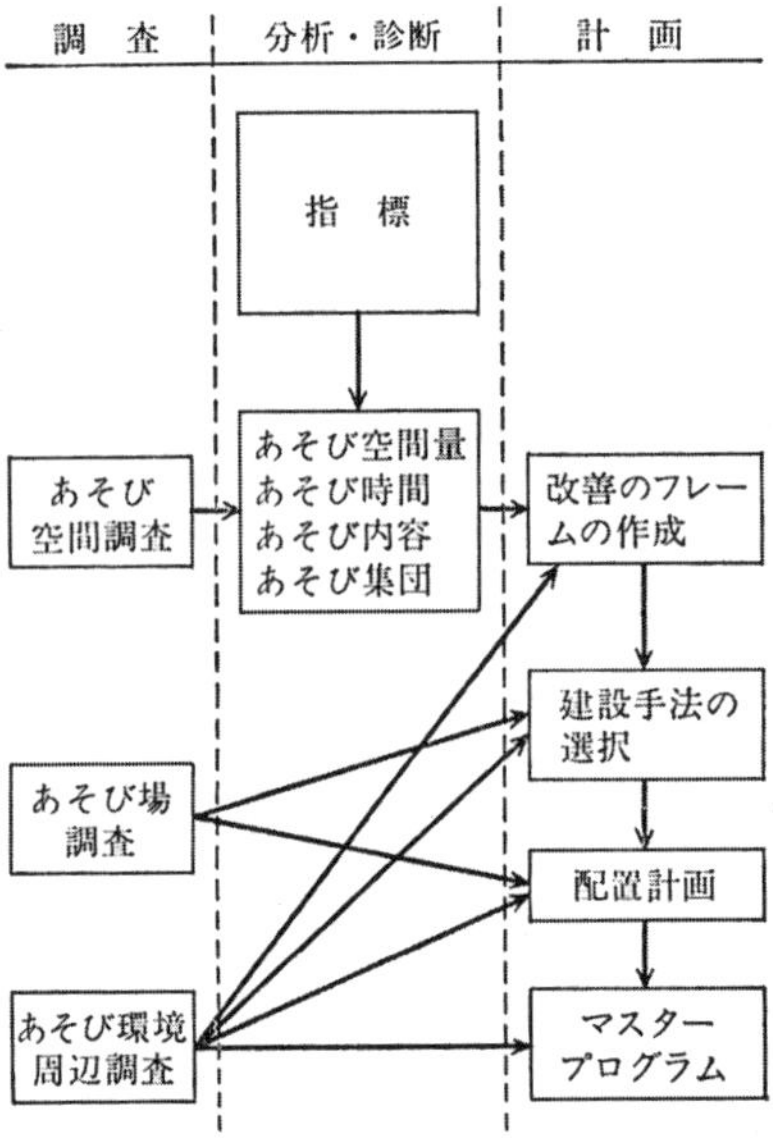

4—36図　あそび環境の再開発計画策定のフローチャート

ローをここでまとめてみると4—36表のようになる。

(2) あそび環境再構築のケーススタディ

前項であそび環境再構築の計画手順について考察したが、その流れを確かめるために横浜市保土ヶ谷区S地区について実例的に計画してみた。

昭和五六年夏に行なったあそび環境調査、あそび空間の調査及び診断は次の通りであった。

(1) あそび空間量は約四〇〇〇㎡で昭和五六年調査の各都市のほぼ平均ではあるが、人口密度七〇人／haとしては昭和五〇年の調査に比較すると約二分の一になっており、人口密度に対してもあそび空間量が小さい。3—23図参照。

(2) 戸外あそび時間は少なく（一・五時間）、そのかわりに平均三日の塾通い、時間にして平均五・七時間は全国的にみても多い。

(3) 六つのあそび空間の割合は、男の子が道、女の子はアジトスペースに突出しているが、全体的には小さく、男の子はオープン・道型、女の子はオープン型のあそび空間の構成をしている。4—37図参照。

(4) 二〇年前はここは自然スペースが一一ha、オープンスペースが一・五haもあり、自然スペースが多い地区であった。4—38図参照。

(5) 本地区は斜面緑地が非常に多く、地区面積の二〇%が斜面緑地である。4—39図参照。

(6) 地区のポテンシャルとしては緑が多いが、斜面緑地で平らなところが少なく、利用を制限さ

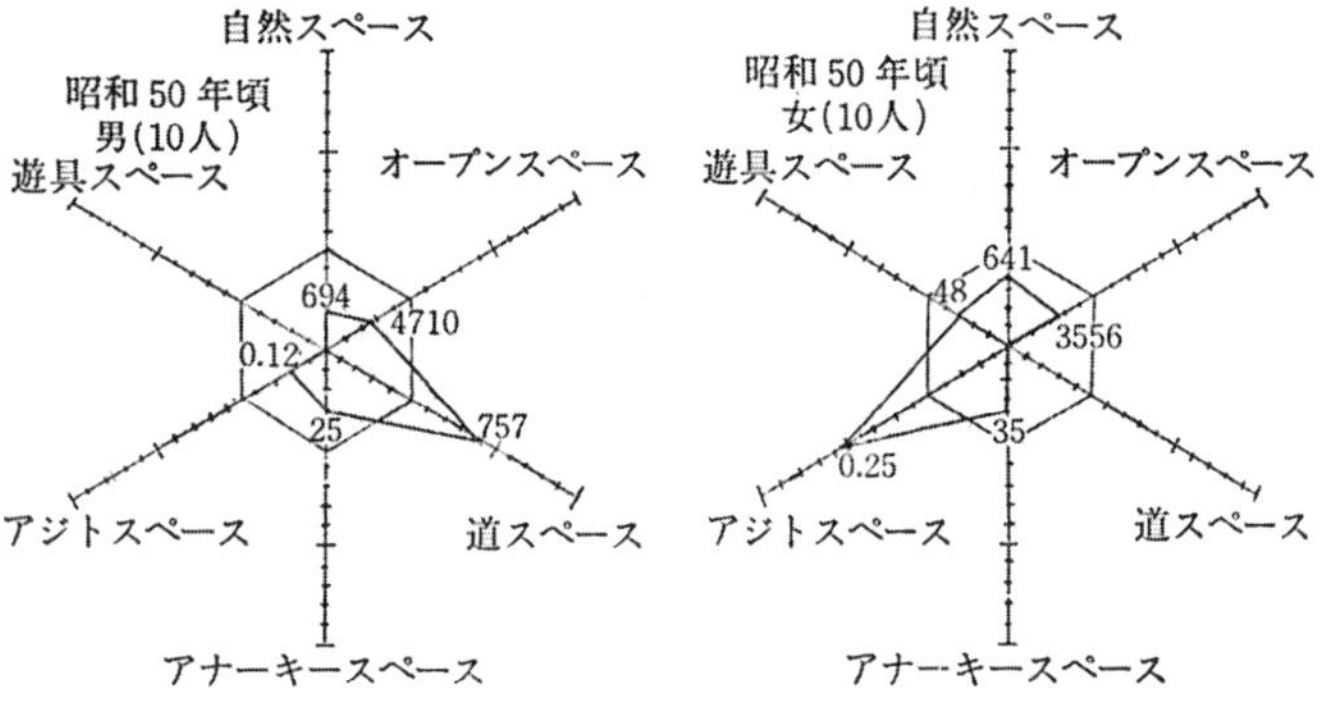

4—37図　昭和50年のあそび空間量

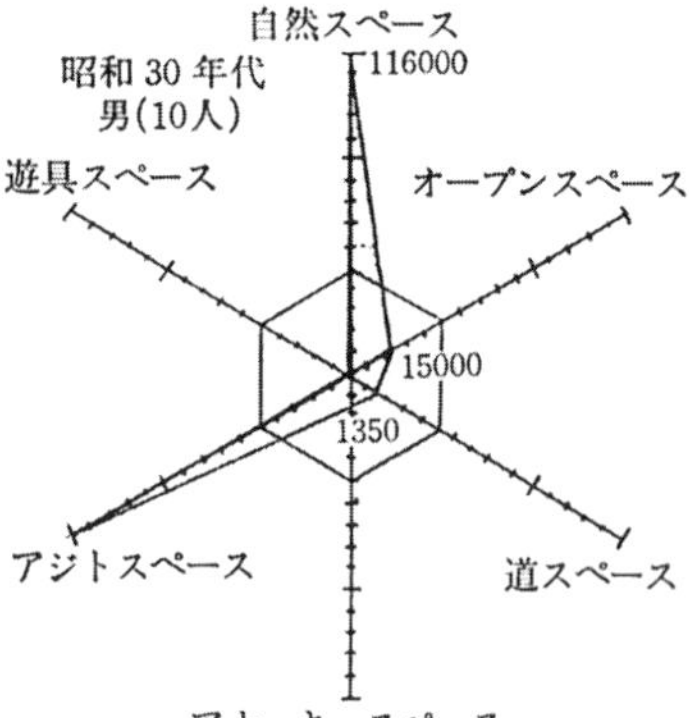

4—38図　20年前のあそび空間量

れている。地区全体が屋根状になっており、川・池等水面スペースがない。また大きなオープンスペースが少ない。4—40図参照。

(7)　地区が屋根状台地であるため、下町におりる道路が途中から階段の所も多く、車の乗入れが自然地形によって制限されており、道があそび場として使用できる可能性をもっている部分も多い。4—41図参照。

(8)　この地区はかつては平地の緑、斜面の緑が豊富にあっ

4—39 図　自然スペースとなりうる既存空間

4—40 図　オープンスペースとなりうる既存空間

4—41 図　道スペースとなりうる既存空間

4—42 図　現在のあそび場

4—43 図　計画例

て、自然型のあそび空間をもった地区があったが、平地が住宅地としてほとんど開発され、斜面緑地だけが残っている。

(9) 以上からして、本地区は自然スペースになりうる場所が多くあるようにみえるが、そのほとんどが斜面であり、現在こども達はそれを自然スペースとしていない。4―42図参照。

あそび環境再構築の方針を次のようにたてた。

(1) 斜面緑地が豊富にあるので、それを自然スペースにするための方策を考える。たとえば㋑利用しやすくするために散策道をその中に計画する、㋺小広場を造成する。

(2) オープンスペースが少ないのでそれを確保する。そのためには学校開放等の方法を小学校だけでなく、この地区内にある学校すべてに適用する。

(3) 道路脇の六〇〜三〇〇㎡の小広場を整備する。

(4) 道スペースを積極的につくる。

(5) 目標あそび空間量を一〇haとして、自然、オープン、道、その他スペースの割合を四〇%、二〇%、二〇%、二〇%とする。

(6) 二五〇m圏内のあそび空間量はあそび空間総量の二五%を目標とする。

(7) 戸外遊び時間を多くするよう学校を通して指導をする。

(8) 指導員(地域ボランティア)のいるアナーキーパーク、ミニ自然パークを計画する。

(9) 住民によるあそび場づくり運動を学校のPTA、自治会を通じて働きかける。民間の遊休地を利用して実施させる。

⑽　地区全体のこどものあそび環境を指導するあそび指導部局を設置する。

⑾　住居及び公共施設の塀、柵をなるべくとりやめるよう指導する。

以上、ケーススタディから、こどものための都市形成あるいはこどものあそび環境の再構築の計画のフローチャートを、4―44図に示すようにまとめた。

計画の方針をあっさりこう書いたが、実際にはどれ一つとっても、その実現には、ものすごいエネルギーがいる。役所だけがいくら頑張ったってできるものではない。この一つの項目でも実現するには、住民あるいは市民、PTA、学校、役所を含めた壮大な議論が必要であり、熱意がなければできない。しかもこの学区の中学校は有名な校内暴力校である。実は私は、今から約二五年前に卒業したその中学の出身者であるのだが、私の在学当時から、学校は荒れていた。だからこの小学校区では、私立中学希望者が多く、従って五、六年生では受験のための塾通いがさかんなのだといわれている。古い住宅街なのに戸外あそび時間が少ないのはそのせいであろうか。従ってこの地域のあそび環境は、あそび場のみで解決するものではないと思われる。一つ一つ前章でのべた「悪化の循環」を取り除くために努力することが重要なのではないかと思われる。

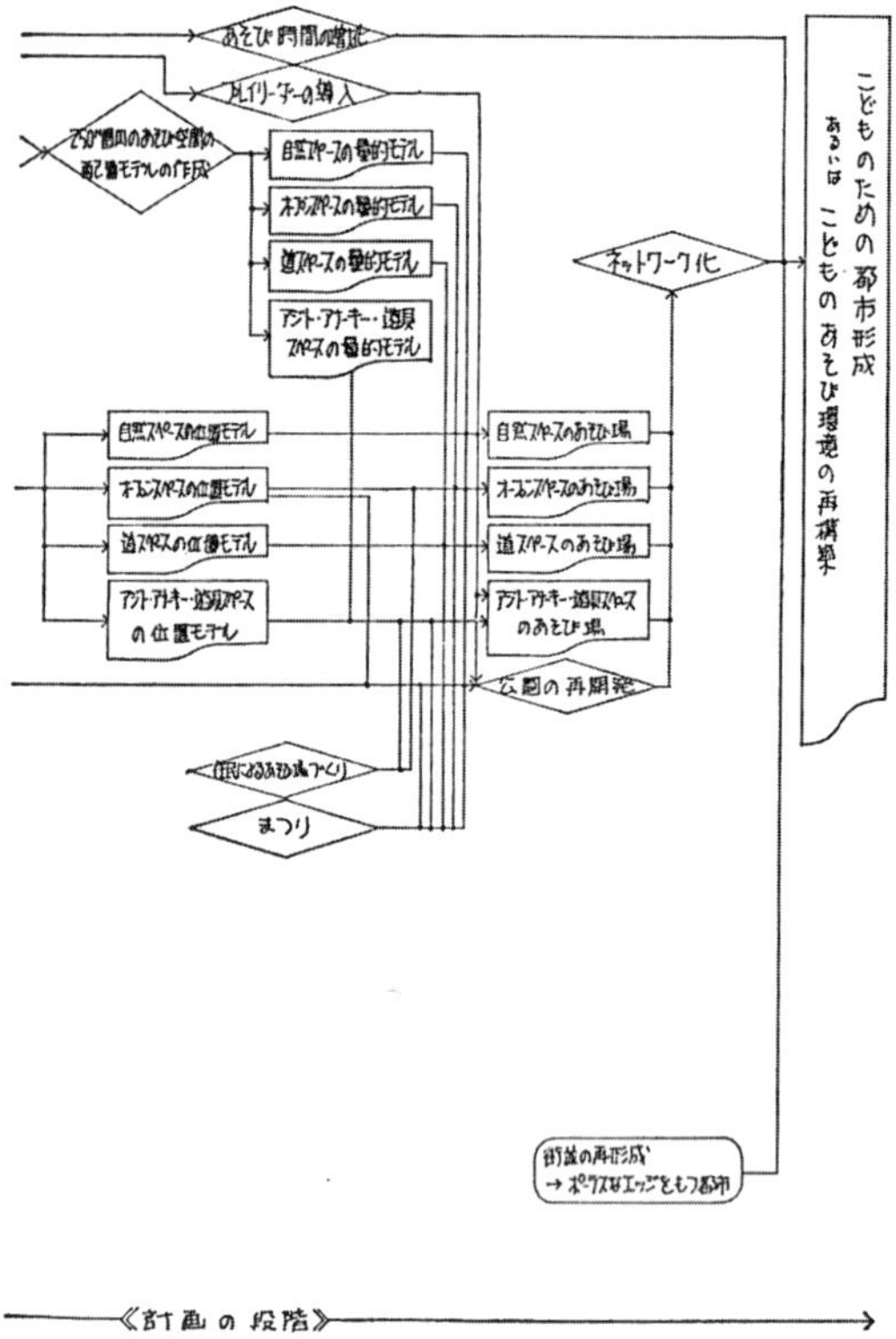

4―44図　あそび環境再構築の計画フローチャート

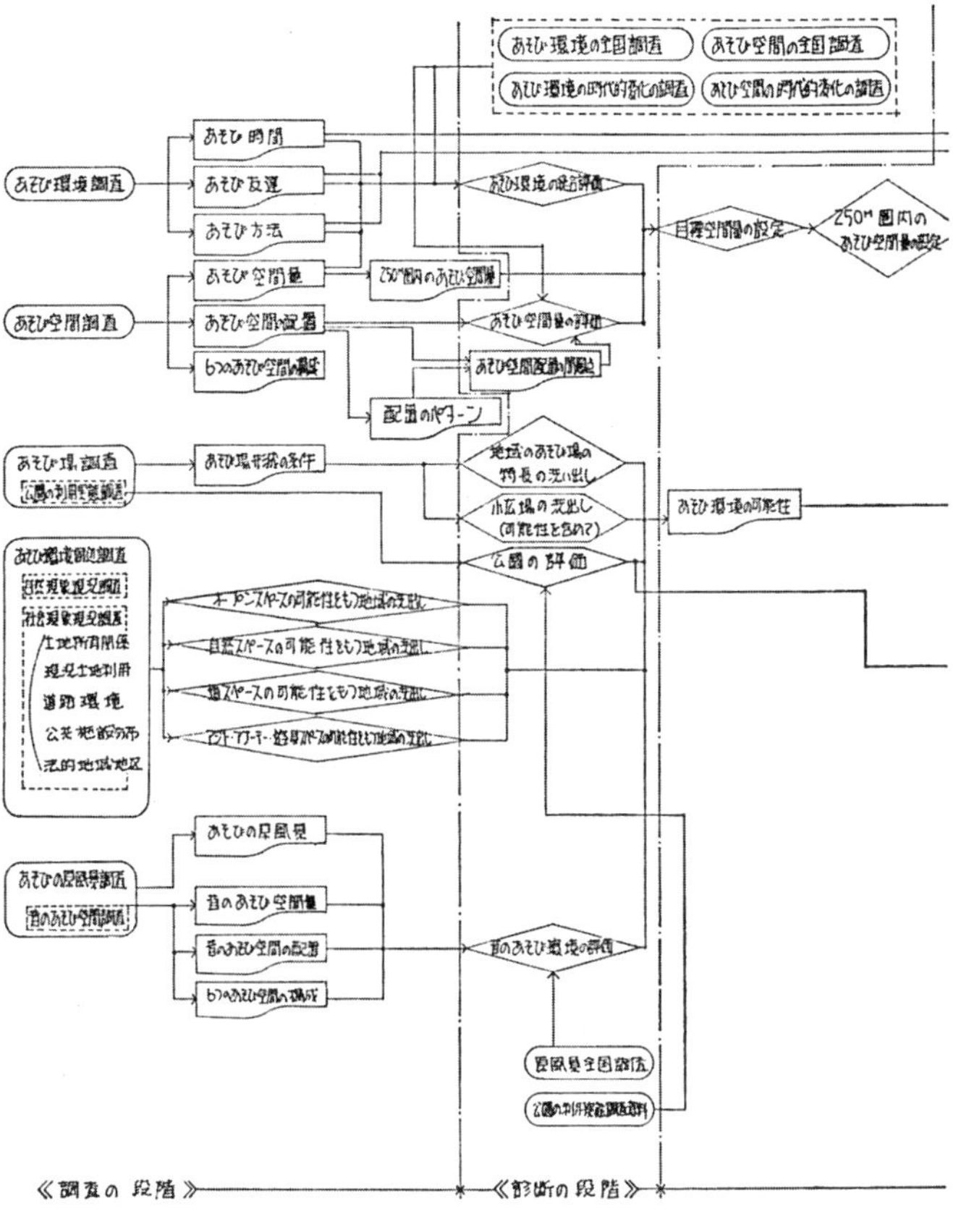
あそび環境の全国調査
あそび空間の全国調査
あそび環境の時代的変化の調査
あそび空間の時代的変化の調査
あそび環境調査
あそび時間
あそび友達
あそび方法
あそび空間調査
あそび空間量
あそび空間の配置
6つのあそび空間の構成
250m圏内のあそび空間量
配置のパターン
あそび環境の総合評価
あそび空間量の評価
あそび空間配置の問題点
目標空間量の設定
250m圏内のあそび空間量の設定
あそび場調査
公園の利用実態調査
あそび場形成の条件
地域のあそび場の特長の洗い出し
小広場の洗い出し (可能性を含めて)
あそび環境の可能性
公園の評価
あそび環境関連調査
自然現象現況調査
社会現象現況調査
土地所有関係
現況土地利用
道路環境
公共施設分布
法的地域地区
オープンスペースの可能性をもつ地域の洗い出し
自然スペースの可能性をもつ地域の洗い出し
道スペースの可能性をもつ地域の洗い出し
あそびの原風景調査
昔のあそび空間調査
あそびの原風景
昔のあそび空間量
昔のあそび空間の配置
6つのあそび空間の構成
昔のあそび環境の評価
原風景全国調査
公園の利用実態調査資料
《調査の段階》
《診断の段階》

4—5　遊環構造をもった建築と都市

第二章5節でこどものあそび場の構造を遊環構造という形でまとめた。くりかえすならば、遊環構造とは、次の七つの条件であった。

1　循環機能があること
2　その循環が安全で変化にとんでいること
3　その中にシンボル性の高い空間、場があること
4　その循環に〝めまい〟を体験できる部分があること
5　近道できること
6　循環に広場、小さな広場などがとりついていること
7　全体がポーラスな空間で構成されていること

私は、こどものための遊具、公園、広場、建築、都市に共通してこの条件があてはまるように思う。

第二章で遊具、公園、広場から遊環構造を導いたので、ここで建築と都市について考えてみよう。

私は独立した建築家として活動してから一五年になる。こどものあそび環境のデザインが専門

分野である。建築設計の仕事も大部分は児童施設である。よくできたものもあり、失敗作もある。しかしそれらの作品を振り返って考えてみると、私も、また使用し、利用している方も満足している児童施設は、ほとんどこの遊環構造をもっている、あるいは遊環構造をよくあらわしている建築である。そのいくつかを紹介し、分析してみよう。

①野中保育園には、いわゆる廊下というものがない。そのかわり天井の高いアスファルトの室内化された道がある。そしてそれと循環して中二階をつなぐスカイウェイとよぶ小道がある。アスファルトの下の道は、狭い所もあれば、広い所もあって変化に富んでいる。この大きな循環動線に保育室がブランチされている。下の道が広がった所が舞台のある広場になっており、お誕生会やいろいろな催しに使われる。上の道からは階段や滑り台によって動線がショートカットされる。保育室のまわりは路地になっており、こども達は駆け回れることができる。上の道から保育室におりるには階段、滑り棒、段状の押し入れ等があり、こども達がとびおりることもできる。保育室には、こども達がかくれることのできる隅っこがある。

②沖縄県石川少年自然の家では建物は二つのブロックと二つの階段にわかれているが、中央の広場と上の格子状の橋によって大きな循環動線が構成されている。中央の段状の広場、食堂の上の屋上広場、スロープがその循環動線に取り付いている。格子状の橋は床がすけて下の広場を床からながめることができ、スリリングな気分をこども達に与える。二つのブロックはさらに二つずつ独立しており、こども達は建物のまわりを駆け回ることができる。中央の広場はオープンで、階段、テラス、水飲み等によってポーラスな空間になっている。

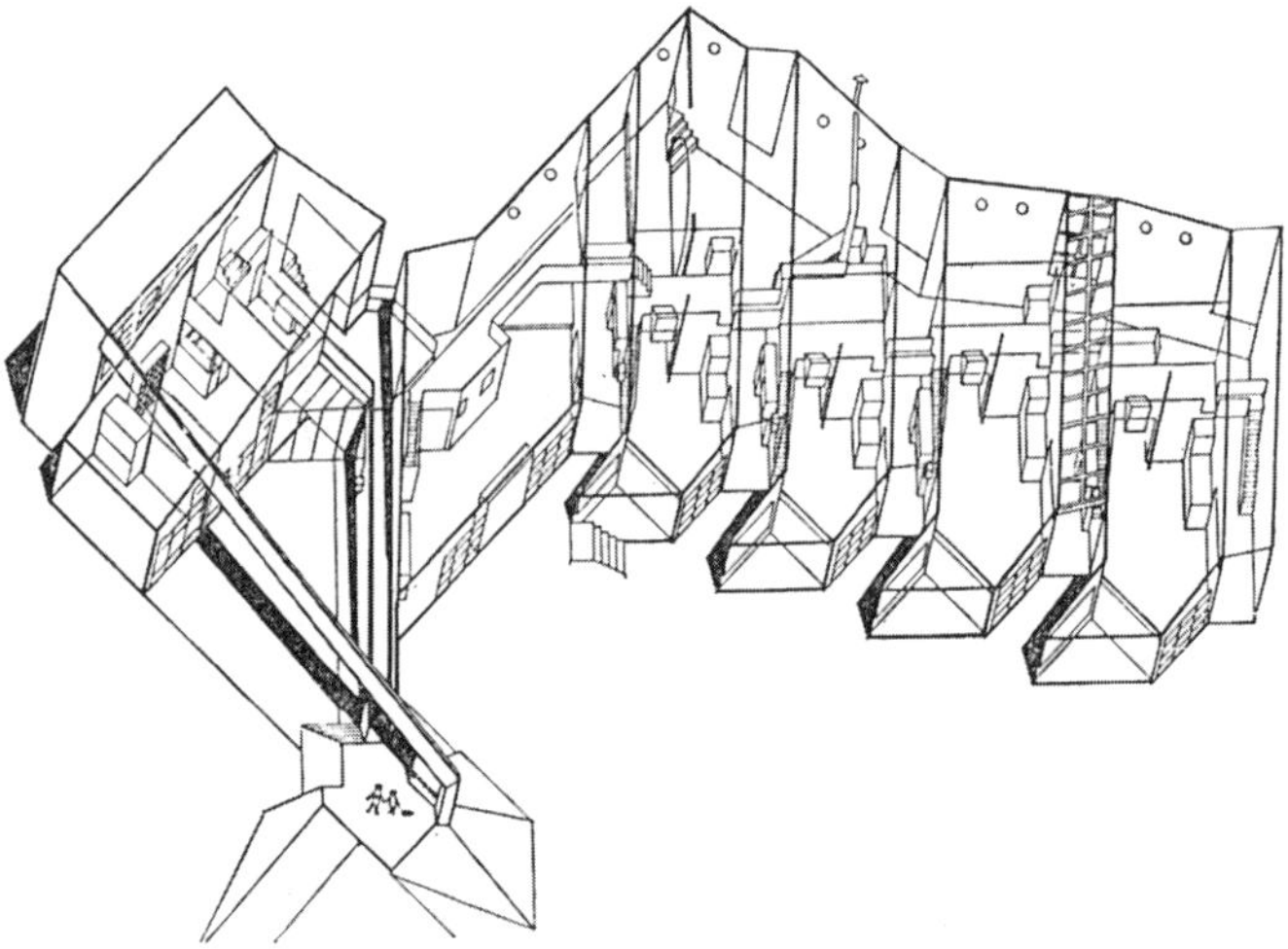

4—45図　野中保育園の見取図と内部

③横浜市赤城少年自然の家では、中央の大きな広場を囲んで二階に大きな循環動線をつくっている。それにバスケットゴールや階段がシンボル的な役割を果たしている。広場のまわりも特定はしていないが循環動線があり、二階の循環動線とスロープ、階段、舞台などで連繋されている。二階の大きな循環動線には二つの小広場がついている。

④吉原林間学園は情緒障害児のための短期治療施設である。寮棟は五〇人が宿泊できる。中央の広場を囲んで上下二つの循環動線がある。寮室がそれにブランチされている。小さな空間、コーナー等がその循環動線をふくらましている。中央の広場は、クリスマスパーティ等の催し、雨の日のあそび場、放課後の集会等に使われる。階段がシンボリックに扱われている。こども達は、このポーラスで天井の高い広場と、循環し変化に富んだ廊下を舞台に、隠れんぼ、カンケリをはじめさまざまなあそびをし、生活している。

以上、私が設計した四つのこどものための建築とその遊環構造を述べたが、もっともうまくいっているのが、野中保育園である。構造が軽量鉄骨造りに木仕上げという建物の柔らかさもあるが、少々危ないことをさせなければこども達は健全には育たないという「どろんこ保育」を実践している塩川豊子園長をはじめ保母さんの意見を反映して、飛び降りる、滑り降りる、もぐる、ぶらさがるところを随所につくることができ、めまい体験のできる構造になっている。循環動線も他の三つの例に比較すれば、格段に変化がある。遊環構造という形で整理してみると、野中保育園や沖縄県石川少年自然の家を設計した時、漠然と考えていたことが、明確になる感じをもった。これからも遊環構造を児童施設の中に応用し、それを検証していきたいと思う。

4—46図　沖縄県石川少年自然の家の見取図と内部

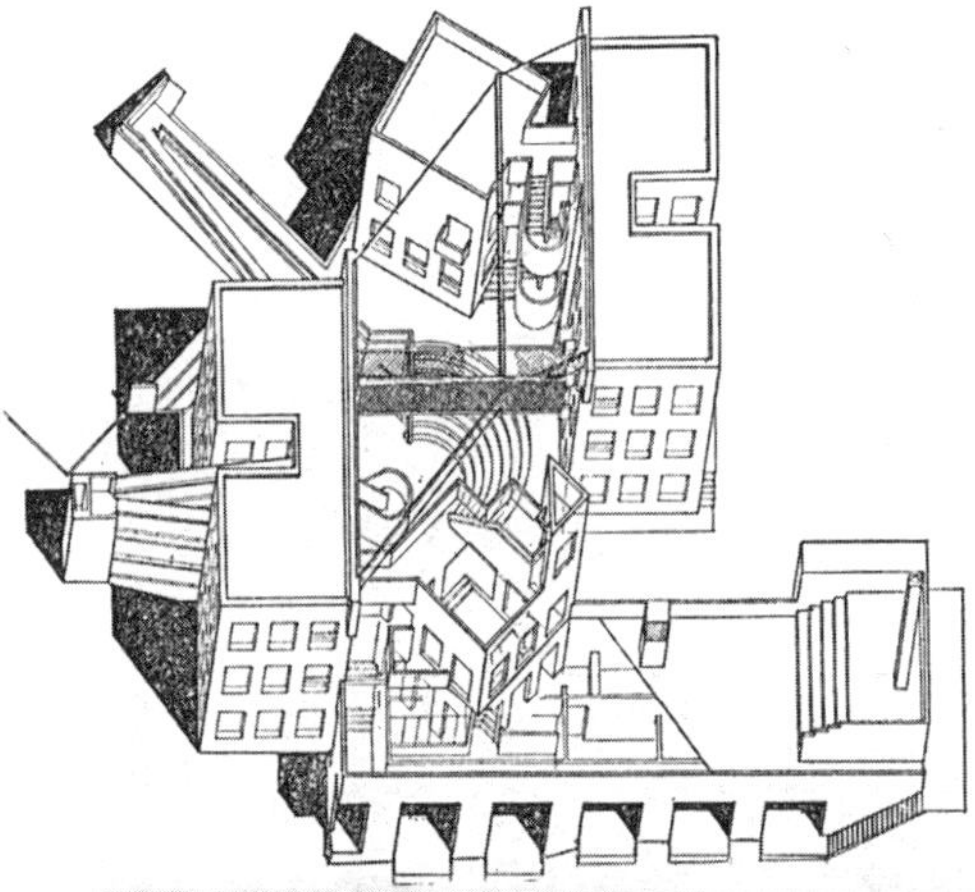

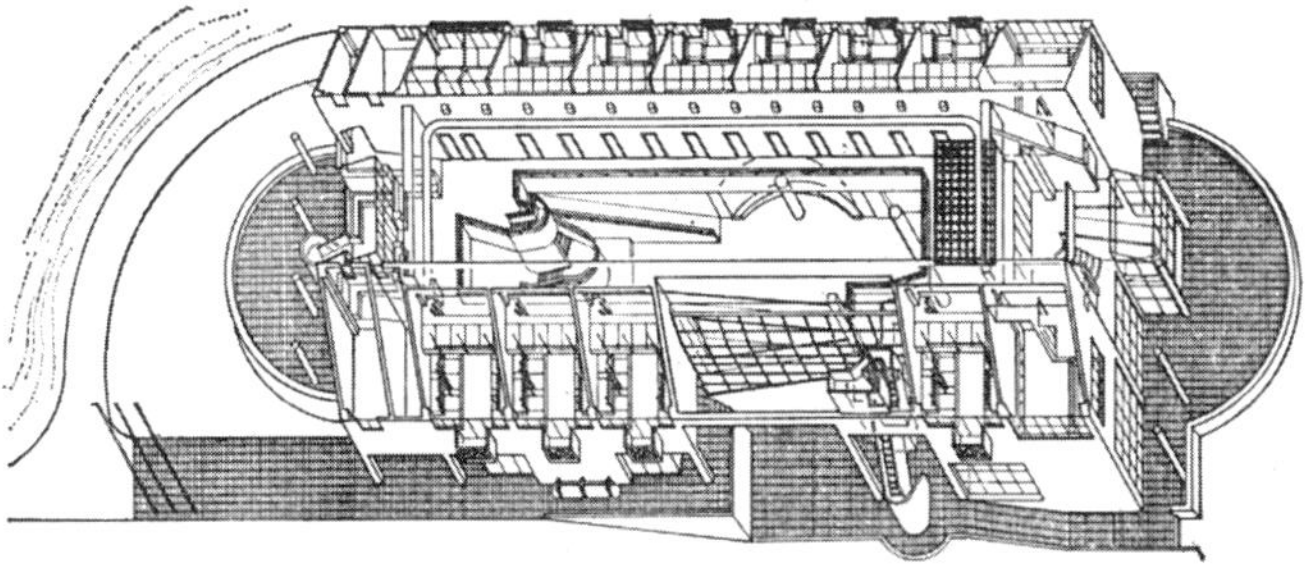

4—47 図　横浜市赤城少年自然の家の見取図と内部

4—48図　吉原林間学校の見取図と内部

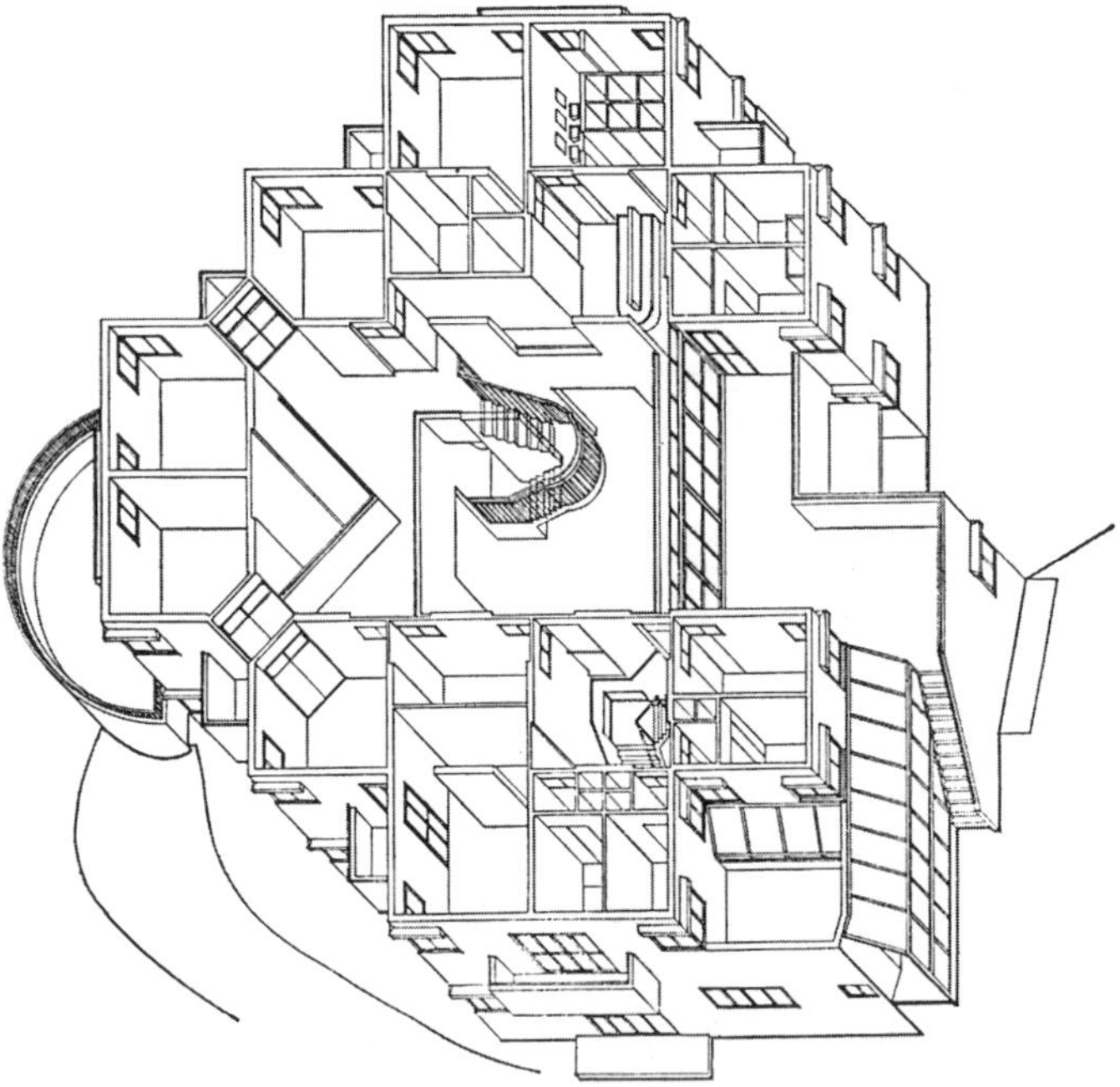

次に都市空間に第二章の遊環構造の条件をあてはめて考えてみると、それは次のように言い換えることができる。

1　街路は大きなブロックで一周できる（行き止まりや、直線型でない）

2　その街路は安全で、変化にとんでいる

3　一周できる街路には、シンボル（たとえばお宮、道祖神、電柱、遊具）がある

4　その中には、坂道や土手の部分もある

5　循環できる街路には小さな道がぬけている

6　循環する街路には、アルコーブ状の小さな広場（六〇㎡以上）や大きな広場が取り付いている。街路に対する街並みが直線的でなく凹凸がある

7　建物と建物の間や建物の周囲を自由にこども達が通ることができ、小さな広場が建物と街路及び庭とポーラスな関係をもつような構成である。

この七項を、1と5をまとめ、2、3、4を一つにまとめると、四つの条件に整理することができる。

条件1　街路は大きなブロックで一周でき、小さな近道が抜けていること

条件2　その街路は安全で変化にとんでいる。シンボルがあり坂道や土手もあること

条件3　街路に対する町並みが直線的でなく凹凸があり、街路にアルコーブ状の小さな広場、大きな広場が取り付くこと

条件4　建物と建物の間や建物の周囲に自由にこども達が通ることができ、小さな広場、建物、街路、庭等がポーラスな関係をもつこと

私と私のグループが北海道から沖縄まで全国三九ヵ所のあそび環境の調査をしてみて、実感としては北海道の函館、札幌の都市のこども達があそび環境にめぐまれているように感じた。また例外もあるが、あそび空間量も多かった。

私達は最初沖縄県のあそび環境がよいのではないかと予測していたが、必ずしもよくはなかった。それは沖縄全般に言えることであるが、公共交通機関が少なく、道路が狭いのに車が多いという都市構造をもっているためと思われる。逆に函館や札幌の場合、街路が幅広く整然と計画されている割に車の交通量が少なく、道あそびスペースが豊富に存在していた。これは、あそび空間の構成からいっても連結型ないしは総合型であり、あそび空間量を大きくしている重要なポイントであろうと考えられる。

さらに北海道の都市においてみのがせないのは、概して家と家のあいだに塀がないことである。函館市港小学校の地区では、準工業地帯で工場と住居そして農地の混在地帯であるが、ほとんど塀がない。また札幌市創成小学校の地区でも、商業地域で商店と住宅が高密度に密集しているが、ほとんどの家に塀がない。塀がないということは、家と家のスキマを自由にかけまわれるわけであり、このことは道やオープンスペースの空間を成立させている点で非常に大きなポイントである。これは遊環構造の条件1～4を示している。

このように遊環構造を都市空間としてもっているところはこどものあそび環境も豊かなところ

となっている。第一章5節(6)の「室内及び建物の周辺空間と原風景の考察」の項で、こども達における建物の周辺空間の重要性、特に建物の構造における外部空間への触手装置（縁側とか玄関、廊下、外部階段）の重要性について述べたが、遊環構造をもっている都市空間の第五の条件として、次のように付け加えたい。

条件5　町並みを構成する建物の周りには、縁、庇、階段等の建物の内部と外部をつなぐ装置が豊富にあること

さらに最も重要な次の条件を加えなければならない。

条件6　自然スペース、オープンスペース、アナーキースペース、アジトスペース、遊具スペースが十分あり、しかもそれが安全な街路（道スペース）によって連繫されていること

条件6は条件3を拡大している。広場のかわりにアジトスペース、アナーキースペース、自然スペース、遊具スペースが取り付くことを示している。この条件6の内容については、第一章でも詳しく述べ、第三章では、この内容が現在どのように減少変化してきたかをみた。そのモデル量についても前項で既に述べている。

条件1〜6まではハードな条件を述べたが、第一章でこどものあそびの原風景の契機として〝まつり〟や〝ケンカ〟のように気持の高まりをあげた。ロジェ・カイヨワは〝めまい〟を定義して肉体的精神的一瞬のパニック状態とのべている。滑り台やブランコのような遊具によるめまいは肉体的なパニック状態であり、〝まつり〟や〝ケンカ〟は精神的な一瞬のパニック状態といえるだろう。そういう意味で第二章の遊環条件4「その循環に〝めまい〟を体験できる部分があ

る」ということは〝町にまつりがある〟というふうにいいかえてもよいだろう。（ケンカはあまり肯定的に扱えない。）

一方、このことは第一章で住民とこどもの協働の重要性を述べたこととも関連する。第三章でこどものあそびの伝承や大人のコミュニティとこども集団の関係を述べた。こどもと大人の集団的交流（すなわち親と子の関係でなく）がこどものあそび環境に必要なのである。それをもっとシンボリックな行事としたものが〝まつり〟である。まつりはこどもと大人の精神的な高まりをもった交流である。そこで第七番目の条件として次のようにまとめることができる。

条件７　街路やあそび場を舞台に住民とこども達が一体感をもつ〝まつり〟があること

私が取り上げた七つの条件を、ここでくりかえしてみよう。

条件１　街路は大きなブロックで一周でき小さな近道が抜けていること

条件２　その街路は安全で変化にとんでいる。シンボルがあり坂道や土手もあること

条件３　街路に対する町並みが直線的でなく凹凸があり、街路にアルコーブ状の小さな広場、大きな広場が取り付くこと

条件４　建物と建物の間や建物の周囲を自由にこども達が通ることができ、小さな広場、建物、街路、庭等がポーラスな関係をもつこと

条件５　町並みを構成する建物の周りには、縁、庇、階段等の建物の内部と外部をつなぐ装置が豊富にあること

条件６　自然スペース、オープンスペース、アナーキースペース、アジトスペース、遊具スペ

ースが十分あり、しかもそれが安全な街路（道スペース）によって連繋されていること

条件7　街路やあそび場を舞台に住民とこども達が一体感をもつ〝まつり〟があること

これらは昔私達があそんだ町の風景を考えた時、ほとんど思いあたるなつかしい風景である。何かそこにゆとりがあり、温かさがある風景である。私達の現在の町は、都市は、一見美しくなり、整いつつあるといってもいいかもしれない。しかしそこにこども達が駆け回れる姿を置いてみるとしっくりこないことが多い。すなわちこども達が生き生き生活する空間と環境になっていないのである。遊環構造をもった都市というのは、つまるところ、こども達があそび、駆け回れる都市だということである。かつては、あった。しかし今は、ない。それは大人の私達の責任である。私達は、私達の町を、都市を、もう一度遊環構造をもった都市につくりなおさねばならないと思う。

※1　仙田満・岡部武史「3歳児におけるあそび環境の研究」トヨタ財団助成研究
※2　「建設白書」昭和五〇年版
※3　ケビン・リンチ『都市のイメージ』
※4　大屋霊城「都市の児童遊場の研究」昭和八年園芸学会誌第四巻第一号
※5　小川信子「都市におけるこどものあそび場そのI」日本建築学会大会学術講演梗概集　昭和四三年一〇月
※この章で使用した写真の撮影者は、4―1図＝羽根木プレイパーク昭和57年度報告書より、4―9、11、12、46図＝藤塚光政、4―15図＝白鳥美雄、4―23図＝田中宏明、4―45図＝荒井政夫、4―47図＝大橋富夫である。

おわりに

私達のこども時代は、東京でさえ神田川で泳ぐことができた時代であった。今まで私達大人は、こどものための空地、神社、小川をつぎつぎに失わさせ、宅地化し、都市化してしまった。幼児の自殺率が増えている、校内暴力、家庭内暴力などが増えている。これは、こども達の世界が極めて圧迫され、狭められてきている証拠であると私は考える。こども達の生存のエネルギーの減少は、もしかしたら私達の日本あるいは地球を滅ぼすかもしれない。動物学者デスモンド・モリスは「あそびは、創造力をもたらす」といっている。現代の日本を支えている人々は、自然ゆたかな恵まれたあそび環境のこども時代を持った日本人である。それが創造性と活力ある日本をつくっている私達である。しかし、今のこども達、これからのこども達、彼らが二〇年後、三〇年後の日本を支えていくのだが、そのこども達のあそび環境は、あまりにも劣悪であるといわねばならない。その劣悪さは私達がつくってしまったものなのである。私達は真剣にこどものあそび環境をこれから建設していかねばならないと思う。本書がそのための礎になれば著者として最も感激するところである。

なお、昭和五十八年にこどものあそび環境のマスタープラン作成のための予備調書を藤沢市の湘南台と鵠沼という二つの地区で行った。ひきつづいて翌年（昭和五十九年）にＮＩＲＡの研究助成をいただき、二年間に渡って藤沢市全域の研究をつづける予定である。本書の実務編として将来なんらかの形でその結果を発表していきたいと考えている。

本書の内容の多くは学会及び関係の雑誌に発表した論文にもとづいている。そのうち主なものを次に掲げるがあわせて参考にしていただければ幸いである。

学術研究論文

	題名	発表年	発表誌	発行
1	児童のあそび環境の研究その一、その二	昭和五〇年	日本建築学会学術講演梗概集	日本建築学会
2	同右　その三、その四	昭和五一年	同右	同右
3	都市公園の再開発の方法その一、その二	昭和五二年	同右	同右
4	遊具におけるこどもの集団形成の研究—一	昭和五五年	日本造園学会造園雑誌四月号	日本造園学会
5	遊具におけるこどもの集団形成の研究—二	昭和五五年	同右　六月号	同右
6	児童のあそび環境の研究その五	昭和五六年	日本建築学会学術講演梗概集	日本建築学会
7	こどものあそび環境の構造の研究——あそび場の構造——	昭和五六年	日本建築学会論文報告集五月号	同右
8	小公園の利用実態調査と時代的意味	昭和五七年	公園緑地第四三巻一号	公園緑地協会

9　児童におけるあそび環境と体力運動能力の関連性の研究　昭和五七年　小児保健研究第四一巻四号　小児保健協会
10　原風景によるあそび空間の特性に関する研究　昭和五七年　日本建築学会論文報告集一二月号　日本建築学会
11　都市化によるあそび空間の変化の研究　昭和五八年　都市計画学会、都市計画四月号　日本都市計画学会

一般研究論文

1　斜面緑地論　昭和四五年　横浜市調査季報九月号
2　都市の木をつくろう　昭和四五年　都市住宅七月号
3　児童遊園の研究　昭和四六年　愛育研究所論文集
4　こども遊び環境　昭和五二年　建築文化三月号
5　こどものあそびの原空間　昭和五三年　伝統と現代三月号
6　遊具の構造　昭和五八年　現代思想〈遊びの研究〉一二月号
7　児童の環境と遊具　昭和五〇年一、五一年四、五三年六、五五年一〇、五六年一一月号　JAPAN INTERIOR DESIGN インテリヤ

こどものあそび環境の設計をはじめたのが昭和四三年、研究をはじめたのが昭和四八年、本にまとめようとしたのが昭和五七年である。この間多くの方々の援助、協力、御指導をうけた。こ

どものあそび環境の設計のきっかけをつくっていただいたのは恩師である建築家の菊竹清訓先生である。造園家の伴典次郎先生にはこどものあそびについて多くのことを学んだ。児童学の高城義太郎先生、保育学の高橋種昭先生、健康体育学の大場義夫先生には長い間、児童遊園や遊具について御指導いただいた。小児保健学の岡部武史先生には共同研究をさせていただいた。その他直接間接に、住居学の小川信子先生、児童文化の高山英男先生、児童社会学の藤本浩之輔先生に教示をうけた。昭和五〇年にトヨタ財団の研究助成を民間の研究機関で唯一受けられたのは幸運であった。

私の研究所、環境デザイン研究所の中山豊君、宮本五月夫君、佐藤哲士君をはじめとして所員の諸君の助けによるところは大きい。日大芸術学部住空間デザインコースの長谷川清之先生をはじめ教室のみなさん、当時日本女子大の学生であった大石恵子さん、山本文子さんにも研究に参加してもらった。東京工大社会工学科石原研究室、深海隆恒先生をはじめ研究室の皆さんの御指導をうけた。

またこれまで、こどものあそび環境の設計、研究の発表の機会は、日本建築学会、都市計画学会、造園学会、小児保健協会をはじめ、雑誌「都市住宅」「建築文化」「JAPAN INTERIOR DESIGN インテリヤ」その他の編集部によって与えられた。特に「JAPAN INTERIOR DESIGN インテリヤ」は昭和五〇年から「児童の環境と遊具」という特集をほぼ毎年、六年にわたって組んでいただいた。

調査にあたっては横浜市緑政局・都市計画局・教育委員会、藤沢市役所、世田谷区役所、建設省公園緑地課、厚生省育成課、（財）宝くじ協会等、関係機関の御協力をいただいた。

本書をまとめるにあたって、筑摩書房の藤原成一さんには、遅筆な私を督促し適切なアドバイスをいただき、斎藤博さんには文章のディテールにおいて御苦労をおかけした。私の計画研究分野は広く、学際的であるため、その他、多くの方々のお教えと、御協力をいただいたことを深く感謝したい。

最後に一〇年にわたって御指導いただいた東京工大石原舜介先生と本書を出版するようおすすめ下さった川添登先生に厚く御礼申し上げたい。

昭和五十九年七月

著　者

補論——再版にあたって

本書「こどものあそび環境」は筆者の博士学位論文をもとに平易に書き直したものである。一九八二（昭和五七）年に論文として完成させ、一九八四（昭和五九）年に上梓された。ここでのデータはほぼ一九七〇年代のものである。その後、筆者は一九八四（昭和五九）年に琉球大学、一九八八（昭和六三）年に名古屋工業大学、一九九二（平成四）年に東京工業大学に移り、継続的にこどものあそび環境の研究を行ってきた。一九八七（昭和六二）年にテレビゲームが初めて発売され、その参加性の強いあそび道具によってこどもたちのあそびの室内化は一層進んだ。一九九〇年代はパソコン、二〇〇〇年代に入ってケイタイがこどもたちのあそびのツールになっている。こどもたちのＩＴメディアとの接触時間は世界最長であるといわれている。そのような変化を、国際比較を通して把握し、住宅という住まいの環境における変化をも調査してきた。一九八〇年代、九〇年代はこどものあそび環境をできるだけ広範囲でとらえようとした。またこの四〇～五〇年の成育環境、あそび環境の変化によって、運動能力、体力、意欲などが大きく影響されている。日本のこどもたちは劣化ともいうべき状況に陥っている。その状況を破るには物理的な環境を変えるだけでは不十分である。そのため国家戦略が必要だと考えており、二〇〇七（平成一九）年、〇八年にわたり学術会議において検討し、提言している。この補論はこどものあそび環境の一九八〇年代以降の研究の概要を中心にまとめたものである。詳細については遠くない将来、本としてまとめる予定だが、参考資料に掲げた学会の発表論文等、参照されたい。

補—1　一九七五（昭和五〇）年以降のこどものあそび環境の変化

(1)　あそび空間量の変化（一九七五年から一九九五年の変化）

一九九五（平成七）年前後に第二次の全国調査を行った。第一次調査で行なった全国の小学校四〇校に対し、再調査に許可の得られた三八校に対して学校区を調査地区とする第二次調査（一九七五（昭和五〇）年の時を第一次調査とする）としてインタビュー調査及び観察調査を実施した。一九七五（昭和五〇）年の第一次調査では調査地域内であそぶこどもに対してその場で行なうことが出来たが、外であそぶこども達は第一次調査に比べ激減し、学校を通してしか調査が出来なくなった。又、学校の協力もなかなか難しくなってきている。さらに外であそぶこども達に対するインタビュー調査も不審者と見られることもあり、調査そのものが第一次調査とは同じような条件では極めて出来なくなっている。しかしそれでも第二次調査では九五％の学校の協力が得られたことは感謝すべきことである。

あそび空間量には男女差があり、男子のあそび空間量は女子のあそび空間量より多い。男女別に見ると男子ではやや減少し、女子ではやや増加した。男女のあそび空間の比は第一次調査では一・八：一に対し、一・五：一へと変化している。男女差が縮小している。又、地区によっては近くに公園が建設された地区もあり、あそび空間量が増加した小学校地区もある。全国的に見ればあそび空間量の減少地区が続いている傾向にある。地区別に見ても最頻値のある区間が第一次調査の六〇〇〇〜八〇〇〇平方メートルから第二次調査では二〇〇〇〜四〇〇〇平方メートルの区間に空間量が減少する方向である。

二〇〇三（平成十五）年頃にこどものあそび環境と心身活性化の関係についての全国調査（これについては別途発表の予定）を行ったが、その中で横浜市における空間量の調査結果を補―1図に示す。

大都市におけるこども達のあそび空間の減少がさらに小さくなっていることが示されている。電子メディアの影響はますます大きくなっているといえる。

(2) 農村部におけるあそび空間量の変化

山形県の農村部におけるあそび空間量は、一九七五（昭和五〇）年当時には町田市や横浜市の状況に比べ、比較的豊かであったが、一九九二（平成四）年の調査（補―2図）では農村部の小学校区においてもあそび空間量が都市部のこども達と同様になってしまっている。これは農村部のこども達が身近にある自然の空間を、あそび空間にできなくなっていることを示していると思われる。すなわち自然スペースはいつ、どこに行ったら、何が採れるかという自然採集のあそびが基本であり、そのためのノウハウは年長者から年少者へ伝えられることによって成立されてき

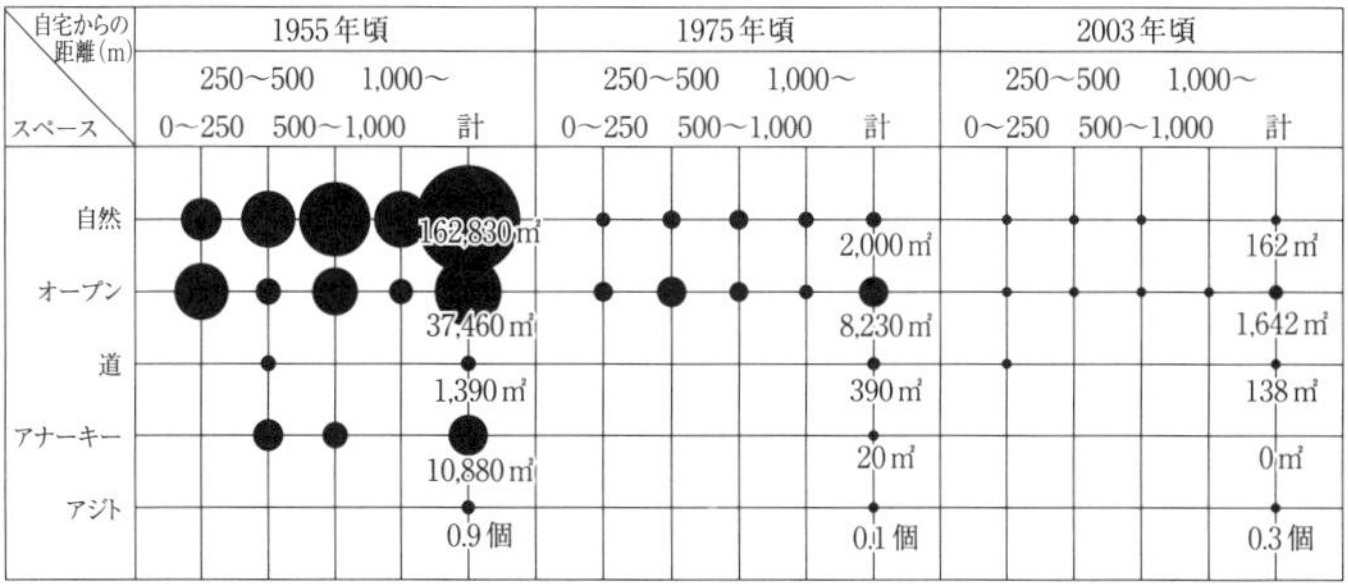

補—1図　横浜におけるあそび空間量の比較

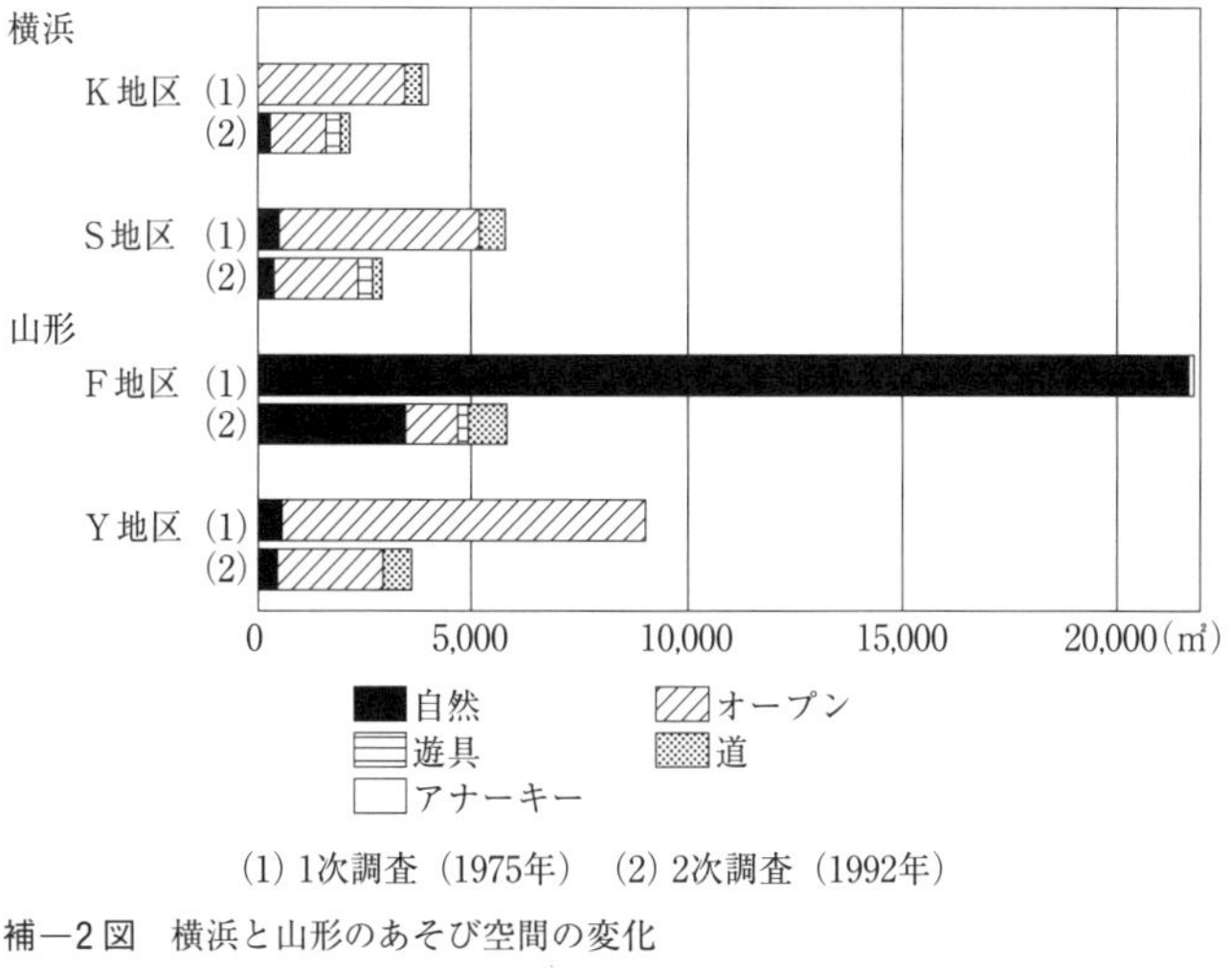

補—2図　横浜と山形のあそび空間の変化

た。しかし一九八〇年代後半のテレビゲームの普及等の影響を含めて、農村部のこども達もあそびのコミュニティが破壊され、自然あそびができなくなり、従ってあそび空間量も激減していることが示されている。一九七五（昭和五〇）年から一九九二（平成四）年の変化は、日本のこどものあそびの状況が全国的に画一化、都市化されてしまった状況を示している。

(3) あそび時間の変化、あそび方法の変化

こども達のあそび時間も減少すると同時に、室内化の傾向がより大きくなっていった。一九九二（平成四）年頃には室内であそぶ時間と外であそぶ時間の比率は五：一ほどになっている。一九八〇年代中頃にテレビゲームが発売され、こども達のあそびはさらにＩＴメディアに取り込まれ、一九九〇年代にはパソコン、二〇〇〇年代に入るとケイタイ（携帯電話）へ、といったようにＩＴメディアとの接触時間は国際的に比較して日本のこども達は極めて長いことが示されている。

(4) あそび空間の国際比較

あそび空間量の国際比較の研究を一九八〇年代後半から一九九〇年代前半の約一〇年間に各地で行った。方法は日本の方法と同様であるが、現地の大学生等の協力を得て行った。その結果を補―3図で示す。ここで示すとおり、日本のこども達のあそび空間量はドイツ、北アメリカのこども達と比較すると一〇分の一程度に小さい。あそび空間量が小さいということはあそんでいな

地域	国	都市	調査地区	あそび空間量（㎡/人）
アジア	日本	東京（1993年）	御殿山	1,621
			京橋	1,324
			明治	1,466
		横浜（1990年）	上菅田	2,147
			桜台	2,874
			荏田東	6,520
	インドネシア	ジャカルタ	S1	3,137
			S2	1,457
			S3	956
			S4	2,310
			S5	1,542
		ジョグジャカルタ	S6	2,099
			S7	5,476
	韓国	ソウル（1990年）	盤浦	4,623
			斎洞	4,468
			旺北	3,823
	台湾	台北（1990年）	福林	10,159
			西門	1,476
			仁愛	3,267
欧米	カナダ	トロント（1990年）	M学区	13,946
			AL学区	17,402
			AH学区	12,284
	ドイツ	ミュンヘン（1990年）	H学区	19,645
			G学区	6,932
			R学区	11,959

空間量（㎡/人） 0　10,000　20,000

補—3図　各国のあそび空間量の比較

い、あそびの運動量が小さいということを示している。

(5) 日本の住まいの変化

日本の住宅の形式はこの四〇年ほどで大きく変わってきた。その原因の一つが座式から椅子式への転換であろう。日本の住宅の伝統的な畳、縁側という空間から洋式中心のすまい型に変わり、断熱性を求めることによって窓が小さく、ドア形式の玄関をもつ形式に変わってきた。元愛知大学教授の佐野えんねさんはドイツから帰化した方であるが、日本の伝統的なすまいはこども中心にできていると高く評価した。広い畳の家具のない家、外にいつでも出られる広く開放された縁側、こどもが参加できる寸法の卓袱台、日本の住まいは、こどもと一緒に暮らすためにつくられていると絶賛していた。そ

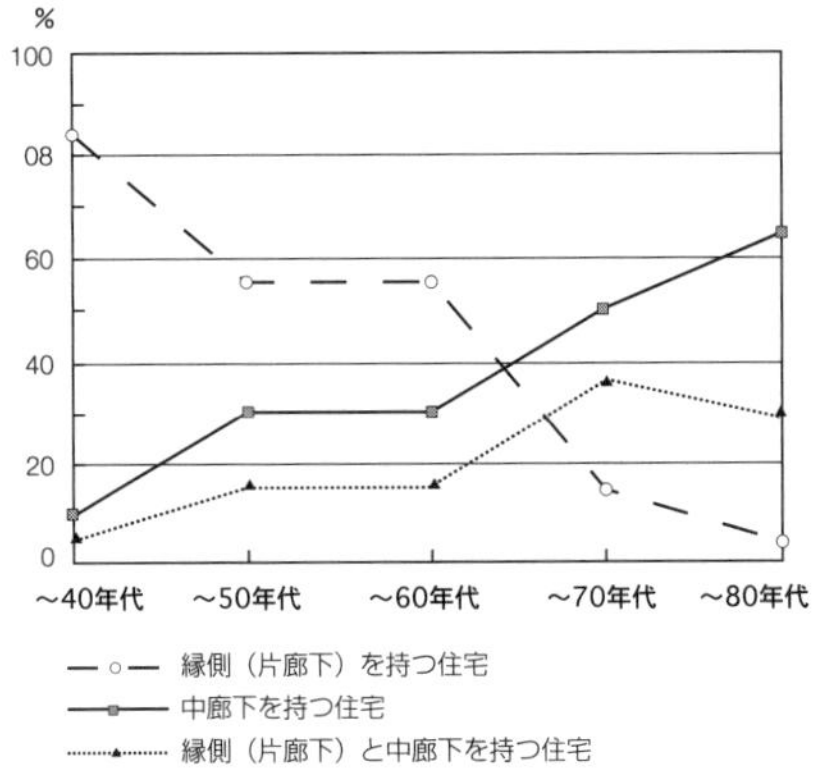

補―4図　縁側を持つ住宅が少なくなった

の中でもこども達が自由に内部から外の空間に行き来できる縁側は、こどもにとってあそびの拠点だった。それがどのようにこの四〇～五〇年で減少してきたのかを調査した。その結果を補―4図に示す。一九六〇年以降急激に外廊下、縁側を持つ住宅が減少していくことがみてとれる。

(6)　公園の利用の変化

本書「3―5　児童公園の利用の変化」で掲げたように、公園の利用は戦前よりさまざまな方法によって調査されてきた。そして旧建設省、現国土交通省も一九六五（昭和四〇）年頃より五年毎に公園利用について継続的に調査している。筆者は一九七一（昭和四六）年に横浜において二つの小学校区A・B地区のあそび場の分布と、三春台・勝田第二公園という二つの児童公園を調査した。

今回、二〇〇八（平成二〇）年にA・B地区とこの二つの公園の利用実態調査をしたが、その結果は補―

5図の通りである。A・B地区共にあそび場のヶ所数が減り、二つの公園の利用が激減していることがわかる。規模の大きな総合公園の利用はそれほど大きな変化はないが、小さな公園の利用は激減している。その原因の一端は保護者に対するアンケート調査（補―5図）によれば、公園が「こどもが犯罪や事故に遭う場所」という認識が高いことが上げられる。

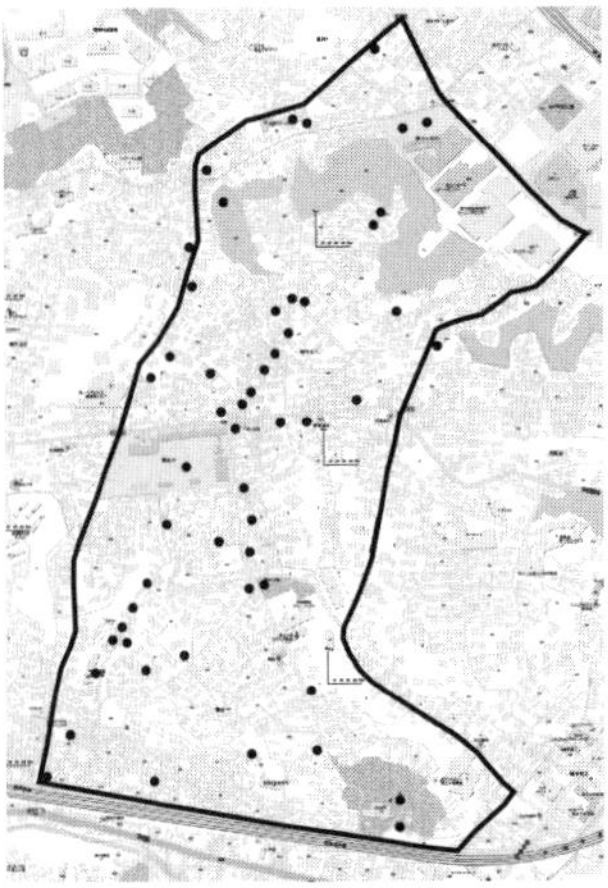

30年前の横浜市A地区のあそび場の分布

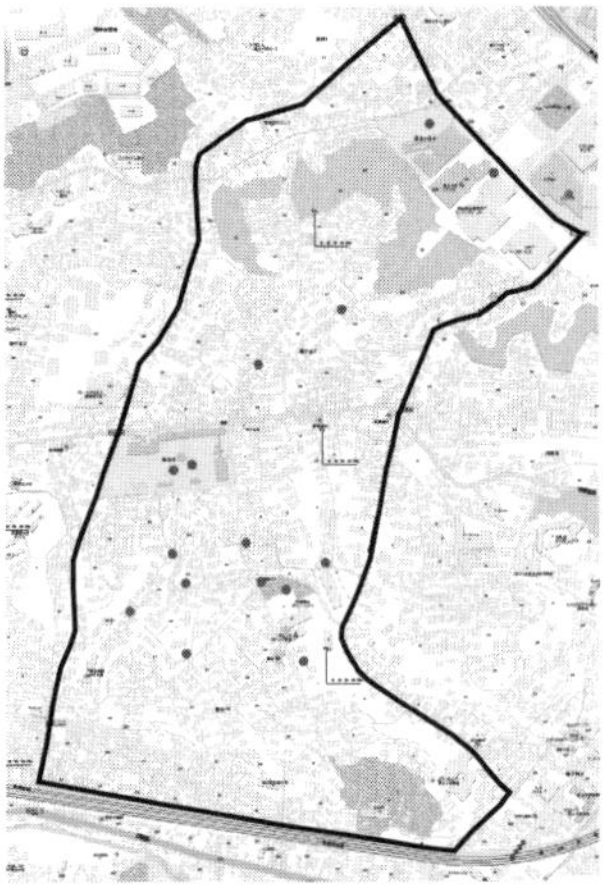

現在の横浜市A地区のあそび場の分布

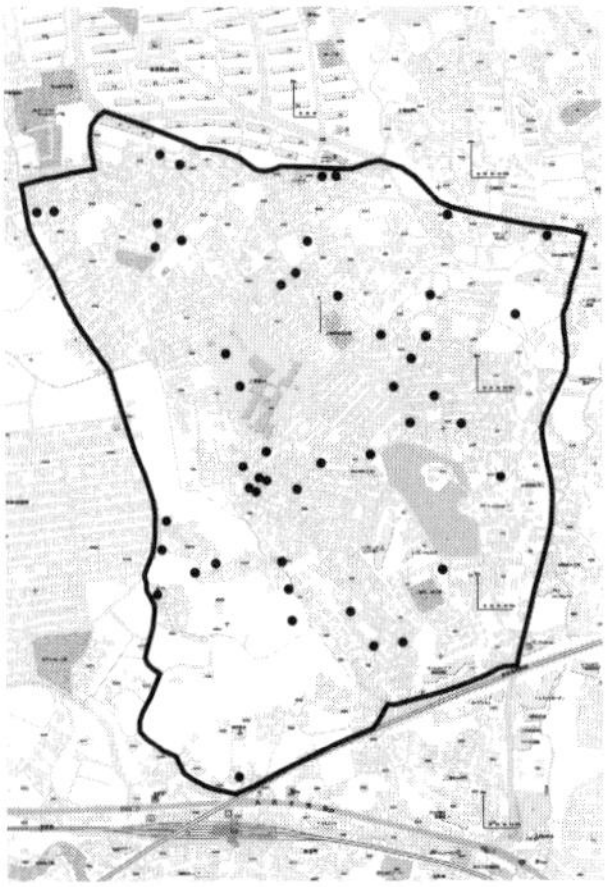

30年前の横浜市B地区のあそび場の分布

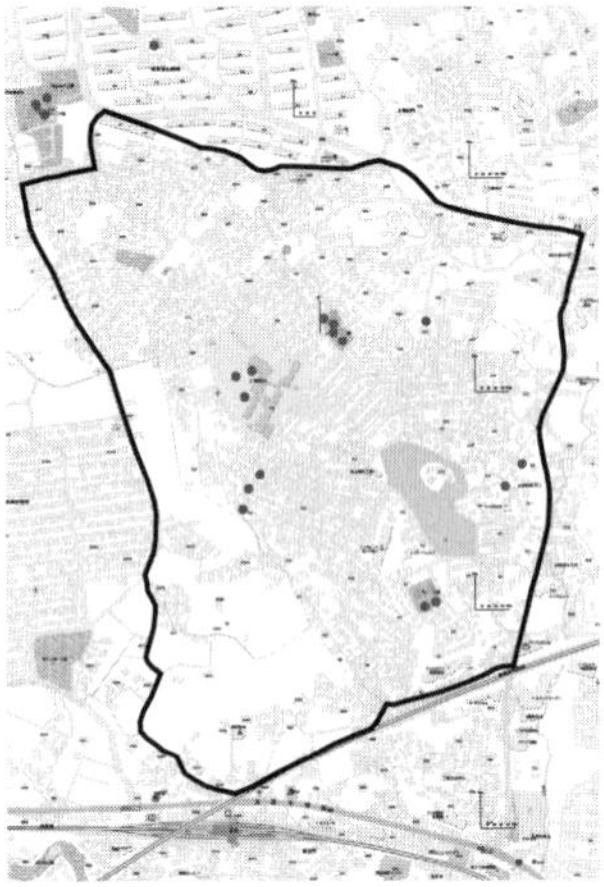

現在の横浜市B地区のあそび場の分布

補—5図　① 30年前と現在のあそび場の分布

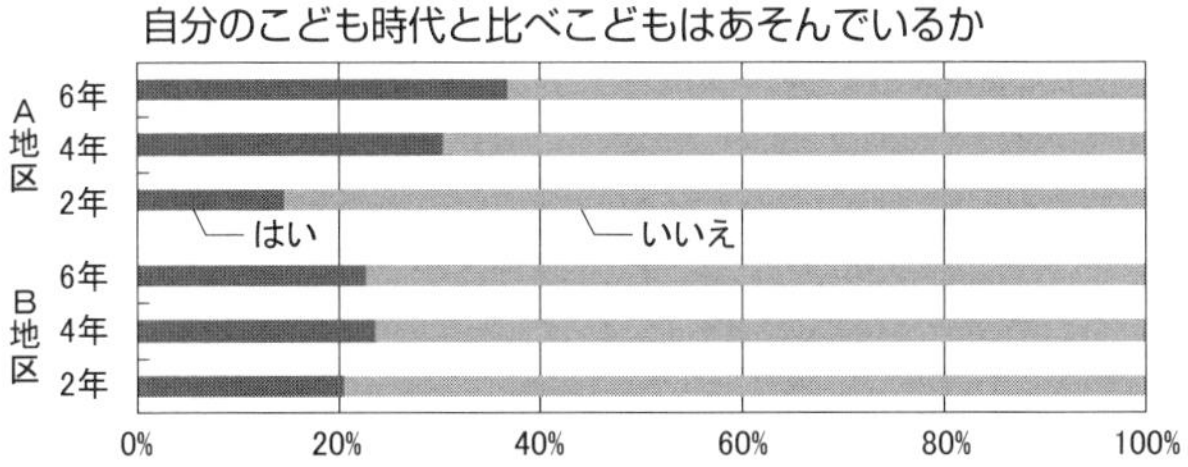

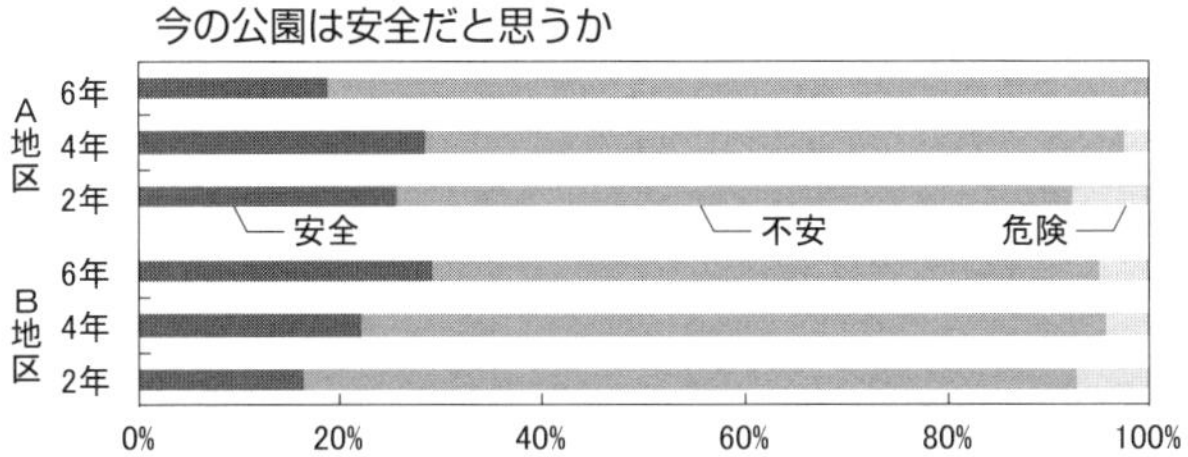

補—5図　②保護者へのアンケート

■三春台公園（平日利用）
隣接して塾があるためこどもが集まりやすいが、ついでに寄るというケースが多く公園にあそびに行くという目的では利用されていない。

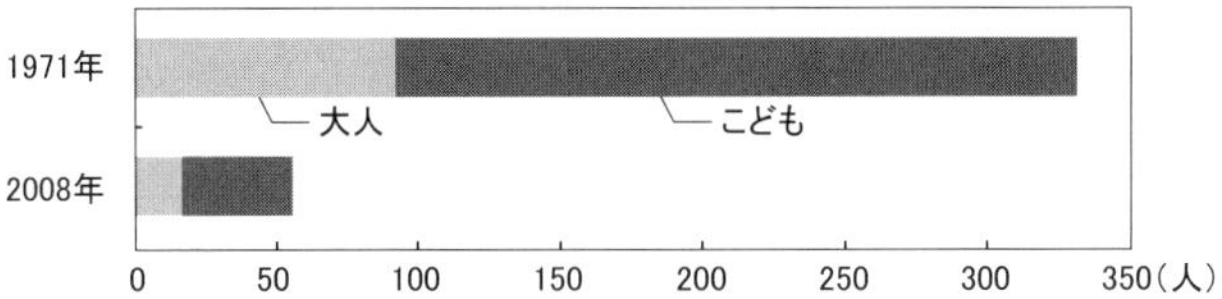

■勝田第二公園（平日利用）
団地の中の小さな公園なので利用頻度は高いと予想したが実際の利用者数は極めて低かった。

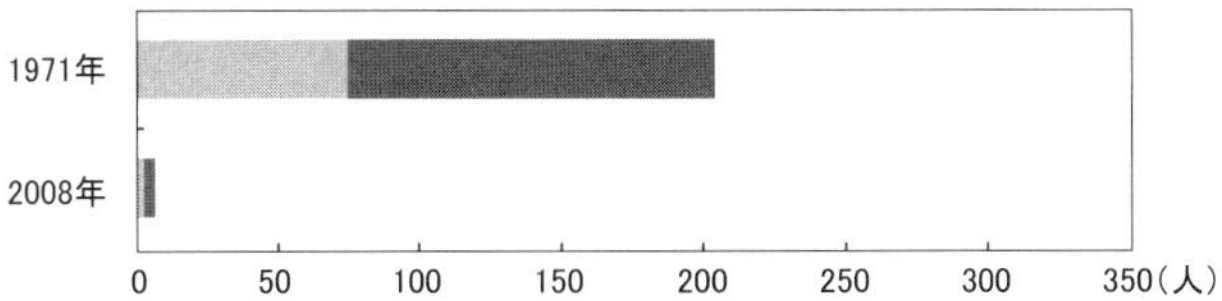

補—5図　③公園の利用人数

補―2　現代日本のこども達の劣化

前項に見られるように、日本のこども達は今、あそぶ環境が悪化しており、外であそぶ時間もあそぶ集団が小さく、またそれによって外あそびでの体験は極めて貧困になっている。そのことが現代日本のこども達の極めて深刻な状況をもたらしていると考えられる。

(1)　運動能力、体力の減退（補―6図）

この四〇年間のこどもの体位を見てみると、身長、胸囲、座高は約三%向上している一方で、体重だけは男子の場合一二%も増えている。これは肥満の傾向を示している。そのため糖尿病等の大人の病気がこどものときに発症する例が増えている。運動能力、体力もこの一〇年間で一〇%減少していることが示されている。不登校もこの二〇年間で約二倍、こどもの精神疾患も多くなっているといわれている。

(2)　意欲の減退（補―7図）

神奈川県藤沢市教育委員会の調査によれば、一九六五（昭和四〇）年から二〇〇五（平成一七）年の四〇年間で学習意欲は四〇%減じている。あそび意欲、運動意欲、学習意欲はパラレ

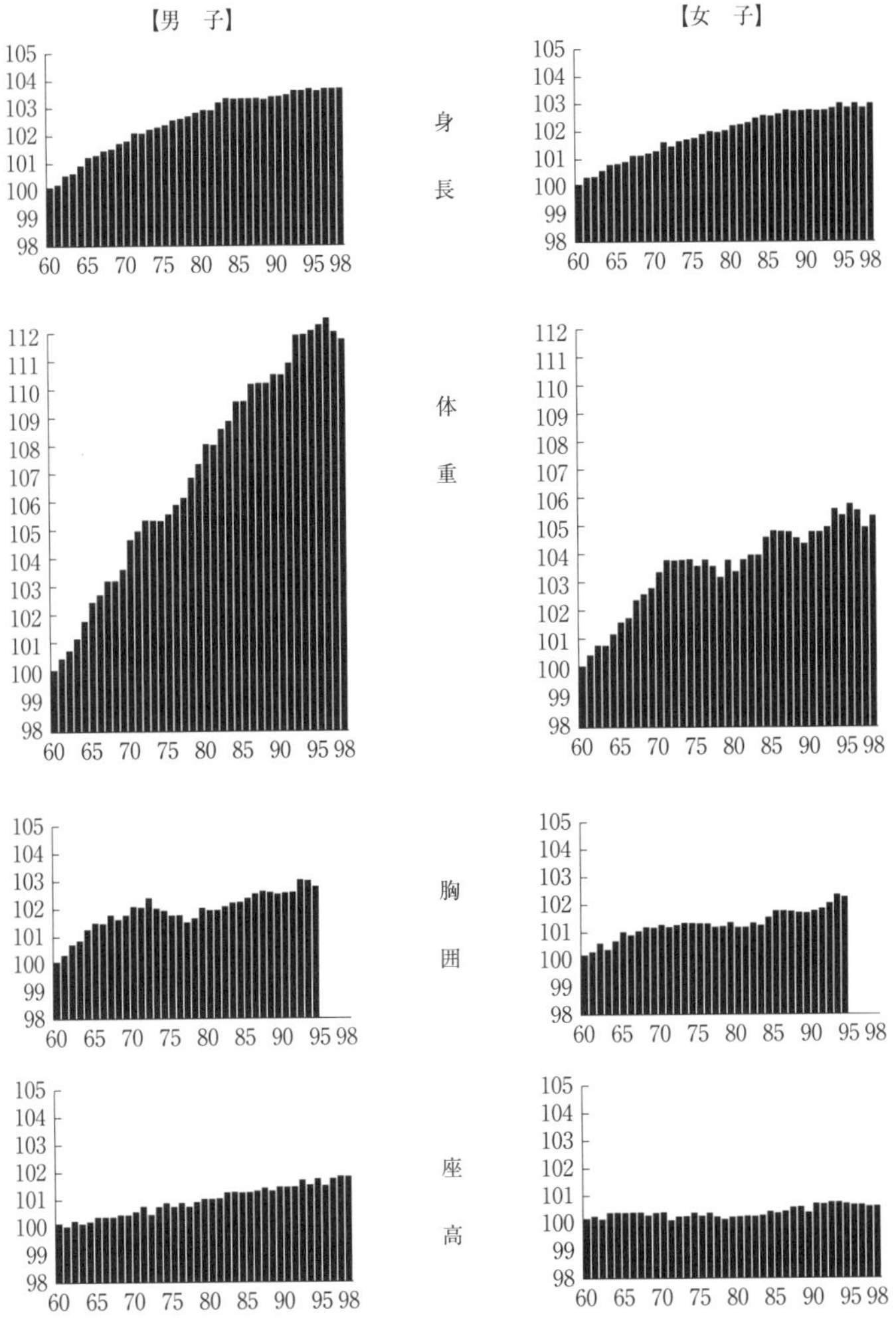

補―6図　身長・体重・胸囲・座高の年次推移（17歳：1960年を100として）
出典：文部省「学校保健統計調査報告書」

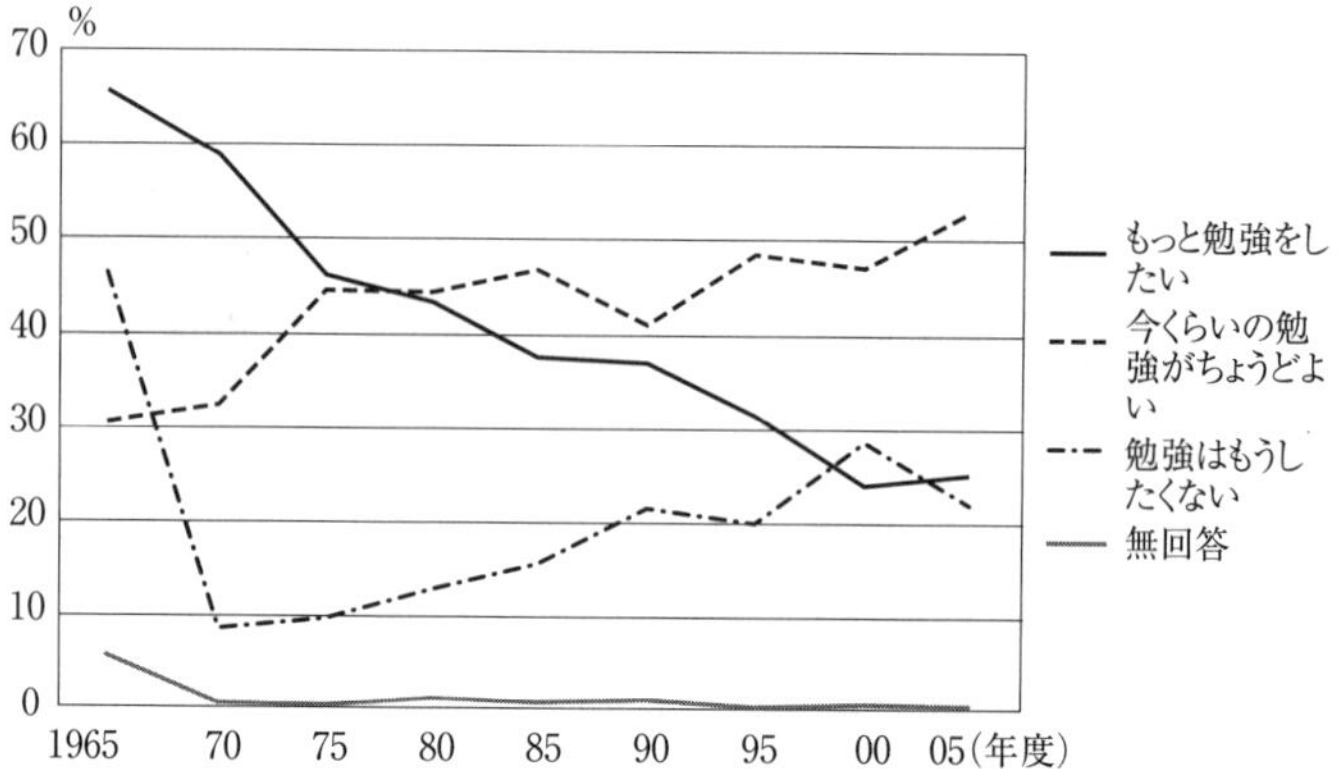

補—7図　学習意欲の推移
出典：藤沢市「2005年の学習意識調査の結果から見る中3生徒の学習意識」

ルと考えられ、これらの意欲の減退は極めて問題である。その大きな原因は、小さなこどもの頃から外あそびで夢中になるあそび体験の欠如ではないかと思われる。

(3)　孤独感の増大（補—8図）

二〇〇六（平成一六）年のOECD（経済協力開発機構）の調査によれば、孤独を感じる一五歳のこどもの割合は、日本では約三〇%と突出している。フランス、イギリス等は五%内外であり、多い国でも一〇%である。日本のこども達の孤独感の高さは極めて異常であるといわざるを得ない。こども集団の問題、家庭、地域、学校のこどもコミュニティの問題が深刻であることを示している。

(4)　あそびによってもたらされる能力と現代日本のこども達の危機

あそびによってこども達にもたらされる能力は四つ

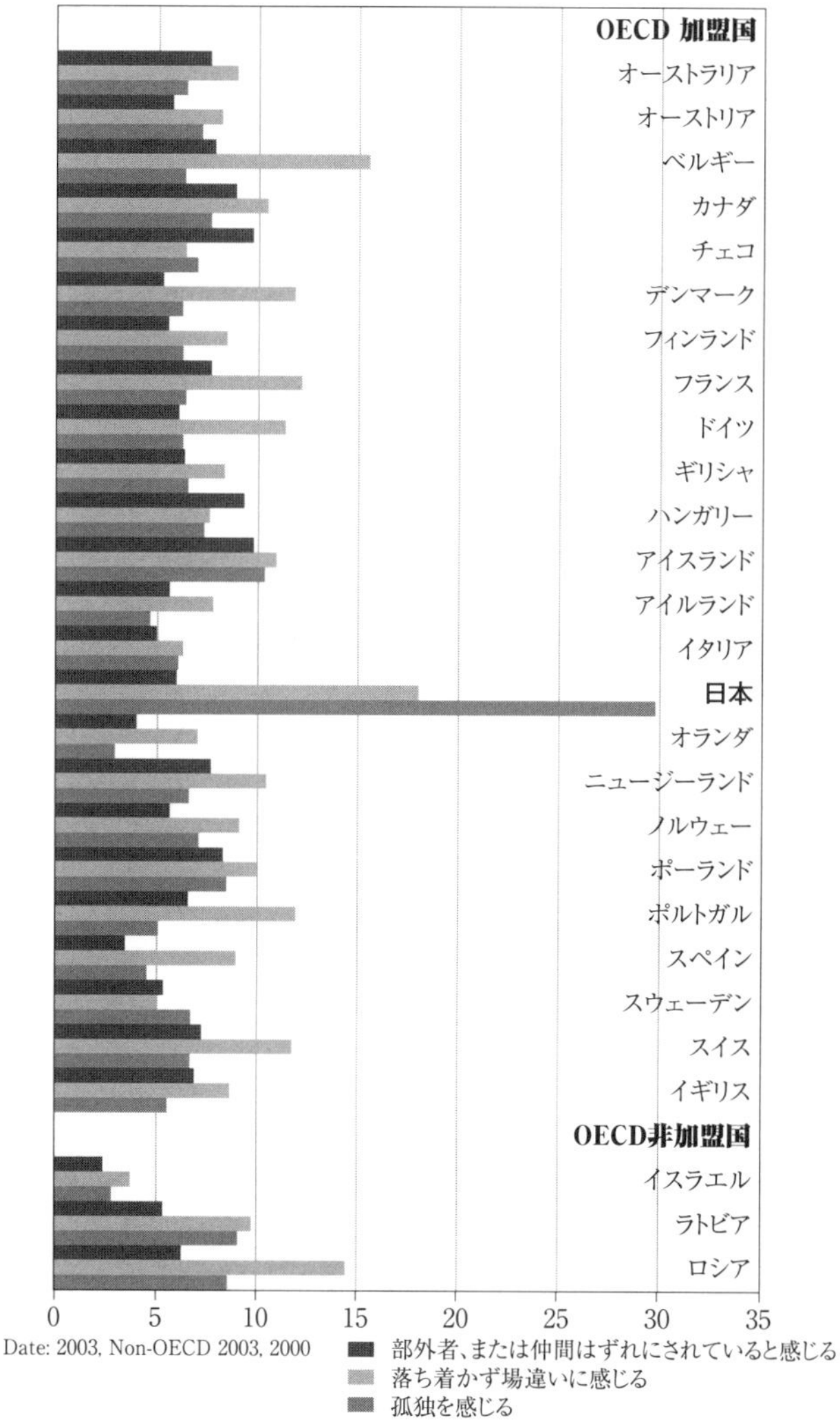

補－8 図　OECD 加盟 25 ヵ国における 15 歳の孤独度調査

あると考えられる。第一に身体性である。体力・運動能力をあそびを通して開発していく。第二に社会性である。アメリカの作家ロバート・フルガムが「人生にとって必要な知恵はすべて幼稚園の砂場にあった」と書いたように、コミュニケーションスキルは遊びを通して学んでいく。第三に感性である。特に自然あそびを通してこども達は感受性や情緒性を開発する。それは生物の生死に遭遇したり、自然の変化の中で美しさや感動にであったりすることにより開発される。第四に創造性である。あそびは自由なもので、強制されるものではない。自由な考えや活動の中で新しいものを創り出していく。よりおもしろいあそびを生み出していく過程で創造力の開発がもたらされる。つまりあそびが疎外されることによって、こども達はこの四つの能力を開発するチャンスを失うのである。現代日本のこども達はまさにあそびという体験によって獲得しなければならない能力を失っているといわざるを得ない。

補—3　日本のこどものあそび環境、成育環境の再構築に向けて

日本のこども達のあそび環境、成育環境の再構築に向けて筆者らは日本学術会議において、第二〇期課題別委員会「子どもを元気にする環境づくり戦略政策検討委員会」を立ちあげ、二〇〇七（平成一九）年七月に対外報告「我が国の子どもを元気にする環境づくりのための国家的戦略の確立に向けて」を発表した。この中で総合的戦略として、政府および関連機関は国民と

共に「子どもを元気にする国づくり」「子どもに優しい国づくり」を宣言し、国民運動として大きな目標を内外に示し、行動計画として成育空間、成育時間、成育コミュニティ、成育方法等の四つの要素にわたって行動的戦略を掲げ、組織的戦略としてこどもの成育環境の再構築のため、省庁の連携が極めて重要であることを指摘し、内閣府の調整機能強化を訴えた。また学術団体においてもその学際的な行動の必要性から、学術会議の中に第一部、第二部、第三部合同の分科会を設けることを提案し、実現し、活動している。

〈我が国のこどもの成育環境の改善に向けて〉

二〇〇八（平成二〇）年に「子どもの成育環境分科会」は、「我が国の子どもの成育環境の改善に向けて――成育空間の課題と提言――」と題する提言を発表した。ここでは三つの視点が強調された。

(1) こどもが群れる場の重要性

こどもは、仲間集団、とりわけ異年齢集団の人間関係の中で社会力を育む。授乳期を終えるころ以降、こどもは仲間と群れて遊ぶうちに仲間との関わり方等を学ぶとともに、運動能力のような基礎的な力を身につけてゆく。現代のこども達は群れて遊ぶ機会を失っており、群れて社会性を育む場の再構築が早急に求められる。

(2) 多くの人によってこどもが育まれる場の重要性

かつてこどもは多くの大人達によって見守られながら育ってきた。しかし、現代は核家族化の進行と、地域コミュニティの崩壊で、こどもと親を孤立させている。かつての縁側のような、誰もが気軽によりつける空間が見られない。建築も、都市も個別的、閉鎖的な状況を空間的に加速させている。こども達ができるだけ多くの人々に見守られながら育つような建築的、都市的環境を再構築することが求められている。

(3) こどもの視点に立つ環境形成の場の重要性

上記のような場の重要性を踏まえて、こどもの視点に立つまちづくりが構成される必要がある。それには、計画、整備、運営の各段階においてのこどもの参加、参画が不可欠である。そして提言として次の八つの提言が示された。

① こどもが群れて遊ぶ「公園・広場」の復活

我が国の公園は、欧米に比べて量的に少なく、こども達の身近な場所に設置されていない傾向にある。それを改善するためには民有地における公園に準ずる緑地広場に公的支援を行うべきである。公園の安全性確保が自由な利用を妨げる傾向にあるが、公園の安全性を担保するためにも、市民利用施設との複合等、規制緩和を図り、多機能にし、多くの人が利用しやすい方向にパークマネジメントを進めるべきである。またプレイリーダー等のプレイワーカー養成と専門職としての雇用が確立される必要がある。

② 多様な人に育まれる住環境整備の推進

子育てを推進する集合住宅、コモンスペースをもつ低層・中庭型、多世代共生型の集合住宅を推進すべきである。縁側的公私の中間的領域空間をもつ街並みや、街区づくりの推進を図るべきである。

③ 遊び道の復活

道はこども達の遊び空間を有機的につなぐ重要な基盤である。生活道路においては、こどもの遊びが保障されるよう法律上位置づけ、通過交通を可能な限り排除し、減速化をした上、小さな遊び場、休み場、緑の空間を積極的に付帯できるようにすべきである。

④ 自然体験が可能な環境づくり

我が国のこども達の自然体験の劣化は深刻である。身近な地域にこども達の発達段階に応じた自然体験の場を整備し、学校教育においてもできるだけ長期の自然体験・共同体験をプログラム化すべきである。

⑤ 健康を見守る環境づくり

勤務医も安心して勤務でき、こども達の体調不良に対して親のケア能力を高める場として小児科拠点病院の整備を推進すべきである。またこども達の入院施設においては単に治療だけでなく、安心して生活でき、回復を促す環境とすることが重要である。

⑥　生活のための環境基準の整備

食物、空気質はもちろん、口に入れる、舐める、触る、繰り返すという行動や、移動が限られ受身的になりやすいというこどもの行動の特性を考慮して、おもちゃ、建築材料、光（照度）、音（騒音）、映像、電磁波等においても、早急に健康被害から守るため、一層の環境基準整備を行う必要がある。

⑦　地域コミュニティの拠点としての教育保育環境整備

発達の連続性保障という視点に基づいて、多様な体験を可能とする施設整備をすべきである。特に、児童施設、学校施設の低層化（三層以下）による接地性の確保や、コミュニティ拠点としての学社融合型学校環境づくりを推進すべきである。

⑧　活発な運動を喚起する施設・都市空間づくり

こども達が十分に運動できる場を確保するため、保育所・幼稚園・学校の運動施設の基準の見直し、運動する環境と身体活動量に関する調査研究の推進、こどもの運動施設への適切な指導者の配置が必要である。そして、こども達が自由に運動できる空間や地域の歩道等、活発な運動が出来る環境を視野に入れたまちづくりの推進が望まれる。

補―4　こども環境学会と地球環境時代におけるこどもの成育環境の今後の課題

こどものあそび環境・成育環境の問題は、単に空間的側面のみでは当然解決できない。そのため教育、保育、小児医学、心理学、体育学、都市計画、土木、建築、インテリア、工業インダストリアルデザイン等多様な分野に渡った学際的な研究活動を行うことを構想し、二〇〇四（平成一六）年四月にこども環境学会が設立された。二〇〇八（平成二〇）年時点で、会員数は九〇〇名、毎年国際シンポジウムを含む大会を四月に行っており、大会ごとにアピールを行っている。

〈地球環境時代におけるこどもの成育環境の今後の課題〉

日本建築学会は一九九九（平成十一）年に、「子どものための建築・都市一二ヶ条」（起草委員長：仙田満）を発表した。そこで以下の十二か条を掲げている（補―8図）。また二〇〇〇（平成十二）年に「地球環境建築憲章」（起草委員長：仙田満）を制定した。五つのチャーターによって構成されている。長寿命、自然共生、省エネルギー、省資源循環、そして継承である。次の時代を担うこども達が元気に育つ環境をつくることが、サスティナブル社会を実現することで

第１条　建築・都市は子どもがその成長期に本物の多様な体験を得る機会を保障する。（本物の多様な経験）
第２条　建築・都市は身近な自然から大自然まで、子どもの感性を刺激し、その行動を受けとめる自然環境を内包する。（自然とのふれあい）
第３条　建築・都市はあそびを通して健全に育つ子どものために、あそび空間を整備するだけでなく、生活圏内の多くの場を遊べるものとする。（豊かな遊び空間）
第４条　建築・都市は幼い頃から自らの意志で友を得、異年齢の仲間やさまざまな世代と交流する機会を提供する。（さまざまな交流）
第５条　建築・都市は子どもと家族のため、共に楽しく充実した時を過ごす空間を特に住宅、子どもの施設、公共的な施設において用意する。（子どもと家族のための空間）
第６条　建築・都市は事故や犯罪から子どもを守るように計画・管理される。その時、過度な安全性が子どもを閉じこめることに留意するべきである。（安全）
第７条　建築・都市は子どもを環境汚染等から守り、子どもの健康で健全な生活を保障する。（健全で健康な生活）
第８条　建築・都市は子どもが孤立しないよう、住宅をはじめ子どもの育つ空間を屋外の刺激や交流性に富む大地に近接させて設ける。（接地）
第９条　建築・都市は子どもの生活行動の自由を保障するように閉鎖的にならず、オープンなものとする。（開放）
第10条　建築・都市は子どもとその社会が創り出す文化を尊重し、その固有な地域文化を継承する。（子ども文化）
第11条　建築・都市は子どもに自らの環境を自らつくる機会を与え、地域・自然そして地球環境について子どもが学ぶ機会を提供する。（参画と環境学習）
第12条　建築・都市は親が子育てについて学び、安心して子育てに取り組める社会システムと空間を用意する。（子育て環境）

補—8図　子どものための建築・都市12ヶ条

もある。いつも困難な時代は来る。それを乗り越える人々が育てられねばならない。こども達の挑戦力と創造力を喚起する環境を再構築することが私たち大人の責任である。

一九八五（昭和六〇）年以降私の研究の主なものを次に掲げる。参照いただければ幸いである。

学術研究論文

題名	発表年	発表誌	発行
1　こどものあそび環境のマスタープラン策定に関する研究	一九八五（昭和六〇）年	総合研究開発機構（NIRA）八四-一二二号	総合研究開発機構
2　こどものあそび環境の国際比較研究―東アジアのこどものあそび環境―	一九九〇（平成二）年	日本都市計画学会都市計画論文集第二五巻	日本都市計画学会
3　都市化によるこどものあそび環境の変化に関する研究―横浜市における経年比較調査	一九九一（平成三）年	日本都市計画学会　学術研究論文集第二六巻	日本都市計画学会
4　こどものあそび環境の国際比較研究―トロント、ミュンヘン、ソウル、台北、横浜、名古屋のこどものあそび環境―	一九九二（平成四）年	日本都市計画学会　学術研究論文集第二七巻	日本都市計画学会
5　こどものあそび環境の構造的変化に関する研究―横浜、山形における経年比較調査による―	一九九三（平成五）年	日本都市計画学会　学術研究論文集第二八巻	日本都市計画学会
6　日本における一九七五年頃から一九九五年頃の約二〇年間におけるこどものあそび環境の変化の研究	一九九八（平成一〇）年	日本都市計画学会都市計画第二一一号	日本都市計画学会
7　帰国子女へのアンケート調査・インタビュー調査に基づくこどものあそび環境の国際比較研究	一九九八（平成一〇）年	日本都市計画学会学術研究論文集別冊第三三号	日本都市計画学会

8　こどものあそび空間発生性に関する研究	二〇〇一（平成一三）年	日本建築学会計画系論文集第五三九号	日本建築学会
9　市街地におけるこどものあそび空間発生量の予測に関する研究	二〇〇一（平成一三）年	日本建築学会計画系論文集第五四三号	日本建築学会
10　こどものあそびの場となる道の特性に関する研究	二〇〇五（平成一七）年	日本建築学会計画系論文集第五九〇号	日本建築学会
11　子どもが安全な町づくり	二〇〇九（平成二一）年	都市・建築に関わる安全・安心のフロンティア総合論文誌第七号	日本建築学会

一般研究論文

題名	発表年	発表誌	発行
1　あそびの原風景の喪失と日本の将来	一九九一（平成三）年	Φ（ファイ）1991—3 No.18	富士総合研究所
2　こどものあそび環境の国際比較	一九九六（平成八）年	教育と情報四五七号	第一法規出版
3　こどもからみた戦後日本住宅の変遷に関する研究	一九九九（平成一一）年	日本建築学会大会学術講演梗概集E-2分冊	日本建築学会
4　こどもと住まい—こどもと住環境に関する4つの調査研究	二〇〇〇（平成一二）年	こどもを元気にする空間は可能か	日本建築学会

5　こどものあそび環境と原風景	二〇〇三（平成一五）年	第8回都市形成・計画史公開研究会「東京と郊外の原風景」	日本建築学会都市計画委員会、都市形成・計画史小委員会
6　子どものあそび環境の多様性と心身の活性に関する研究	二〇〇三（平成一五）年	日本建築学会大会学術講演梗概集E－1分冊	日本建築学会
7　子どものあそび空間および生活時間と心身の活性に関する研究	二〇〇三（平成一五）年	日本建築学会大会学術講演梗概集E－1分冊	日本建築学会
8　こどもの成育環境と環境学の確立に向けて	二〇〇四（平成一六）年	保健の科学	杏林書院
9　現代日本の子どもの成育環境　課題と展望	二〇〇八（平成二〇）年	日本教育方法学会12回研究集会報告書　巨大都市下の教育方法学の課題	日本教育方法学会
10　対外報告　我が国の子どもを元気にする環境づくりのための国家的戦略の確立に向けて	二〇〇七（平成一九）年		日本学術会議
11　提言　我が国の子どもの成育環境の改善に向けて—成育空間の課題と提言—	二〇〇八（平成二〇）年		日本学術会議

再版にあたってのおわりに

既に述べたとおり、本書は筑摩書房より一九八四（昭和五九）年に出版された。多くの方々から再発行が望まれ、今回鹿島出版会より再版するものである。私の研究は四〇年にわたっている。この間にこどものあそび環境、成育環境の変化は補論でも述べているとおり、悪化の一途といってもよい。日本の住宅政策や都市政策は、どちらかというとこどもの成育という視点を失っていたと思われる。研究者として、今までさまざまなところで「日本の最大の環境問題はこどものあそび環境・成育環境の問題だ」と言い続けてきたが、いまだ変革の兆しは現れていない。こどもに関する国家的投資は、老人の約五〇分の一といわれていたのは数年前のことである。投票権がこどもにないために、またこの国の将来をつくるこども達のことは、国の政策の根幹であると理解していない人々が多すぎることを嘆かざるを得ない。

「補―2　現代日本のこども達の劣化」でも述べたとおり、日本のこども達は孤立しているが、それは親も含めて孤独の状況にあるといえる。その悪化の循環を断ち切るのは、こどものあそび環境、成育環境の四つの要素である空間、時間、コミュニティ、方法のそれぞれを改善し、健全な関係にする以外に方法はない。それには我が国、国民一人一人が「こどもに優しい国」「こどもに優しい人」になることを宣言することから始めなければならないと考えている。一五〇年前に日本に訪れた外国人にとって、日本は「こどもの楽園」に見えたと歴史学者の渡辺京二氏は指摘している。こども達は町のあらゆるところで元気にあそび、大人はそれを優しく見守っていた。その人達はどこに行ってしまったのだろうか。「こどもの声がうるさいから幼稚園の庭でこども達をあそばせるな」という文句を一般の人がいうことに、日本のこどもの成育環境の深刻さがあるともいえる。そういう状況の中で「建築や都市デザインのみでは、こどものあそび環境や成育環境を改善できない。空間としての公園はもはや安心してあそべる空間ではなくなっている」と考えられ、こども環境学会が立ち上げられ、学術会議において学術横断的な「子どもの成育環境分科会」がつくられ、毎年提言が出されようとしている。

学習意欲、運動意欲、あそび意欲はパラレルなものと考えている。それが減退している状況によってようやく多くの人々がこどもの成育環境の問題に気がつき始めてきた。一方、園庭のない駅前保育園が認められていくように、こども達をまるでペットのような存在としている事例も横行しており、超高層居住がますます建設されている。短期的な経済原理によってこども達の成育環境の重要性は無視されている。本書がこども達のあそび環境、成育環境の再構築が極めて重要な国家的課題、国民的課題であることを理解していただくために寄与できれば幸いである。また補論以外にも参考文献として掲げた拙著を参考にしていただけると、より広範な理解が得られるのではないかと思われる。補論においても私が主宰する環境デザイン研究所の諸君はもちろん、琉球大学、名古屋工業大学、東京工業大学、国士舘大学の仙田研究室の学生・院生の献身的な共同研究があったことを付記し、感謝の気持ちとしたい。また日本建築学会、こども環境学会、学術会議での議論の成果をここに紹介しているが、議論に参加していただいた委員、会員の皆様に御礼申し上げたい。こどものあそび環境、成育環境についての議論が深まり、その方向性が明確になったことによって、今後もこどもの成育環境改善の努力が継続されることを期待したい。

なお、再版をお引き受けいただいた鹿島出版会、そして担当の久保田昭子さんと環境デザイン研究所の落合千春さんのご協力に感謝する。

遠くない将来この補論を拡大し、一九七五（昭和五〇）年以降の三〇年間のこども研究を集大成した「こどものあそび環境２、３」を引きつづき出す予定である。ご期待いただきたい。

著者　仙田　満

本書は、一九八四年九月に筑摩書房から
刊行されたものをもとにした増補版です。

著者略歴＝仙田 満（せんだ・みつる）
一九四一年横浜生まれ。東京工業大学建築学科卒業。環境デザイン研究所を設立し、IDプロダクト、インテリア、建築、造園、都市計画等の諸分野を通貫する〝こどものあそび環境のデザイン〟という新しいデザイン領域を開拓。現在、同研究所会長、工学博士。代表作品に野中保育園、沖縄県石川少年自然の家、茨城県自然博物館、愛知県児童総合センター、兵庫県立但馬ドーム等がある。毎日デザイン賞、日本造園学会賞、日本建築学会賞、国際建築賞等受賞。
現在、こども環境学会会長、日本建築学会名誉会員、東京工業大学名誉教授、放送大学教授、日本学術会議会員。

こどものあそび環境

発行　二〇〇九年六月三〇日　第一刷

著者　仙田 満
発行者　鹿島光一
発行所　鹿島出版会
〒一〇七-〇〇五二　東京都港区赤坂六-二-八
電話　〇三-五五七四-八六〇〇
振替　〇〇一六〇-二-一八〇八八三
DTP　エムツークリエイト
印刷　三美印刷
製本　牧製本

ISBN 978-4-306-04526-2 C3052
Printed in Japan

本書の内容に関するご意見・ご感想は左記までお寄せください。
URL　http://www.kajima-publishing.co.jp/
e-mail　info@kajima-publishing.co.jp